YouTube
무료강의 시청방법
★ 저자직강 ★

※ 사용방법은 안쪽에 있습니다.

(주)도서출판 성안당

찐합격

소방안전관리자 1급

8개년 기출문제

*공하성 저자의 무료강의 및 강의에 쓰인 교안은 저작권법으로 보호받는 콘텐츠로서 이 책을 구입한 독자에 한하여 강의 시청이 가능합니다.

| 저작권법 제136조 제1항 |
타인의 저작물을 '복제, 공연, 공중송신, 전시, 배포, 대여, 2차적 저작물 작성의 방법으로 침해' 한 경우 형사상 저작권법 위반죄 적용이 가능합니다.

저작권법 위반 시 형사상 책임 및 출판사와 원저작자에 대한 배상의 책임이 있으니 유의해주시기 바랍니다.

[이 책을 구입한 독자에게만 강의 제공]

YouTube
소방안전관리자 1급 8개년 기출문제
유튜브 무료강의 보는 방법

방법 1 스마트폰 카메라로 옆의 QR 코드를 스캔해서 동영상강의 보기

—————————— or ——————————

방법 2 다음 URL을 인터넷 주소창에 입력하여 동영상강의 보기

https://m.site.naver.com/1N4CO

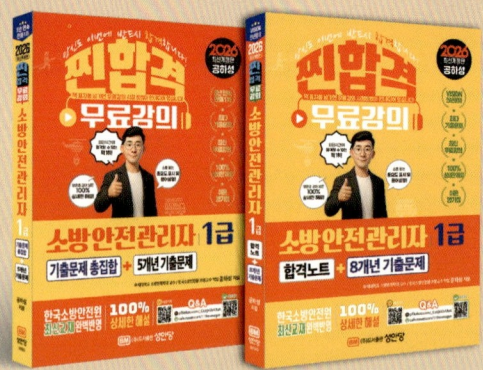

"공하성 교수의 노하우와 함께 소방안전관리자 시험 단번에 합격!"

쇼핑몰 QR코드 ▶ 다양한 전문서적을 빠르고 신속하게 만나실 수 있습니다.
경기도 파주시 문발로 112번지 파주 출판 문화도시 TEL. 031)950-6300 FAX. 031)955-0510 (주)도서출판 성안당

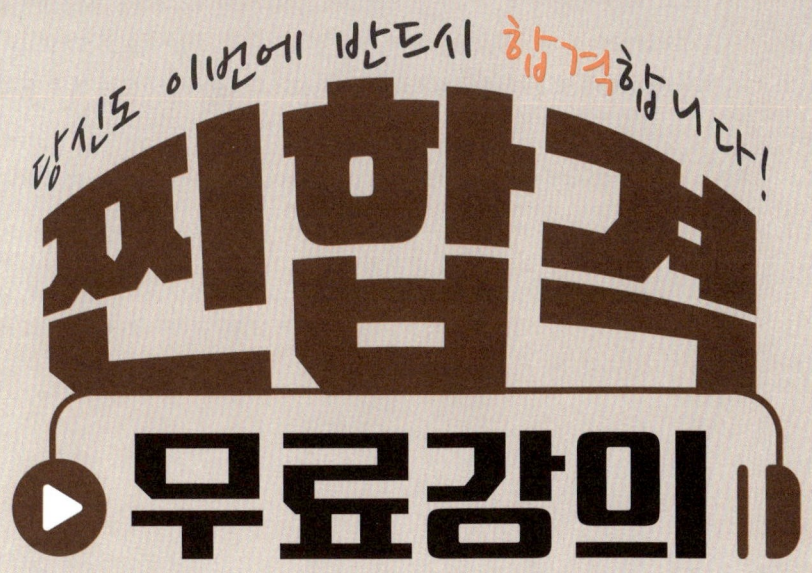

소방안전관리자 1급
합격노트 + 8개년 기출문제

소방공학박사
우석대학교 소방방재학과 교수 **공하성** 지음

BM 성안당 깜짝 알림

원퀵으로 기출문제를 보내고 원퀵으로 소방책을 받자!!

소방안전관리자 시험을 보신 후 기출문제를 재구성하여 성안당 출판사에 15문제 이상 보내주신 분에게 공하성 교수님의 소방시리즈 책 중 한 권을 무료로 보내드립니다.

독자 여러분들이 보내주신 재구성한 기출문제는 보다 더 나은 책을 만드는 데 큰 도움이 됩니다.

✉ 이메일 coh@cyber.co.kr(최옥현) ※메일을 보내실 때 성함, 연락처, 주소를 꼭 기재해 주시기 바랍니다.

- 독자분께서 보내주신 기출문제를 공하성 교수님이 검토 후 선별하여 무료로 책을 보내드립니다.
- 무료 증정 이벤트는 조기에 마감될 수 있습니다.

■ 도서 A/S 안내

성안당에서 발행하는 모든 도서는 저자와 출판사, 그리고 독자가 함께 만들어 나갑니다.

좋은 책을 펴내기 위해 많은 노력을 기울이고 있습니다. 혹시라도 내용상의 오류나 오탈자 등이 발견되면 "좋은 책은 나라의 보배"로서 우리 모두가 함께 만들어 간다는 마음으로 연락주시기 바랍니다. 수정 보완하여 더 나은 책이 되도록 최선을 다하겠습니다.

성안당은 늘 독자 여러분들의 소중한 의견을 기다리고 있습니다. 좋은 의견을 보내주시는 분께는 성안당 쇼핑몰의 포인트(3,000포인트)를 적립해 드립니다.

잘못 만들어진 책이나 부록 등이 파손된 경우에는 교환해 드립니다.

저자 문의 : pf.kakao.com/_Cuxjxkb/chat (공하성)
cafe.naver.com/119manager

본서 기획자 e-mail : coh@cyber.co.kr(최옥현)

홈페이지 : http://www.cyber.co.kr 전화 : 031) 950-6300

머리말

Preface

5일 끝장 합격!
한번에 합격할 수 있습니다.

- **1일** 2회분 기출
- **2일** 2회분 기출
- **3일** 2회분 기출
- **4일** 2회분 기출
- **5일** 틀린 문제 총정리

저는 소방분야에서 20여 년간 몸담았고 학생들에게 소방안전관리자 교육을 꾸준히 해왔습니다. 그래서 다년간 한국소방안전원에서 초빙교수로 소방안전관리자 교육을 하면서 어떤 문제가 주로 출제되고, 어떻게 공부하면 한번에 합격할 수 있는지 잘 알고 있습니다.

이 책은 한국소방안전원 교재를 함께보면서 공부할 수 있도록 구성했습니다. 하루 8시간씩 받는 강습 교육은 매우 따분하고 힘든 교육입니다. 이때 강습 교육을 받으면서 이 책으로 함께 시험 준비를 하면 효과 '짱'입니다.

이에 이 책은 강습 교육과 함께 공부할 수 있도록 문제에 한국소방안전원 교재페이지를 넣었습니다. 강습 교육 중 출제가 될 수 있는 중요한 문제를 이 책에 표시하면서 공부하면 학습에 효과적일 것입니다.

문제번호 위의 별표 개수로 출제확률을 확인하세요.

★ 출제확률 30%   ★★ 출제확률 70%   ★★★ 출제확률 90%

한번에 합격하신 여러분들의 밝은 미소를 기억하며…….
이 책에 대한 모든 영광을 그분께 돌려드립니다.

저자 공하성 올림

▶▶ **기출문제 작성에 도움 주신 분**
박제민(朴帝玟)

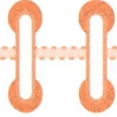

시험 가이드 GUIDE

① ▸▸ 시행처
한국소방안전원(www.kfsi.or.kr)

② ▸▸ 진로 및 전망
- 빌딩, 각 사업체, 공장 등에 소방안전관리자로 선임되어 소방안전관리자의 업무를 수행할 수 있다.
- 건물주가 자체 소방시설을 점검하고 자율적으로 화재예방을 책임지는 자율소방 제도를 시행함에 따라 소방안전관리자에 대한 수요가 증가하고 있는 추세이다.

③ ▸▸ 시험접수
- 시험접수방법

구 분	시·도지부 방문접수(근무시간 : 09:00~18:00)	한국소방안전원 사이트 접수(www.kfsi.or.kr)
접수 시 관련 서류	• 응시수수료 결제(현금, 신용카드 등) • 사진 1매 • 응시자격별 증빙서류(해당자에 한함)	• 응시수수료 결제(신용카드, 무통장입금 등)

- 시험접수 시 기본 제출서류
    - 시험응시원서 1부
    - 사진 1매(가로 3.5cm×세로 4.5cm)
    - 응시자격 서류심사 신청서(해당자에 한함)
    - 응시자격 증명서류(해당자에 한함)

④ ▸▸ 출제방법
- **시험유형** : 객관식(4지 선택형)
- **배점** : 1문제 4점
- **출제문항수** : 50문항(과목별 25문항)
- **시험시간** : 1시간(60분)

GUIDE

⑤ 시험과목

1과목	2과목
소방안전관리자 제도	소방시설(소화 · 경보 · 피난구조 · 소화용수 · 소화활동설비)의 점검 · 실습 · 평가
소방관계법령	소방계획 수립 이론 · 실습 · 평가 (화재안전취약자의 피난계획 등 포함)
건축관계법령	자위소방대 및 초기대응체계 구성 등 이론 · 실습 · 평가
소방학개론	작동기능점검표 작성 실습 · 평가
화기취급감독 및 화재위험작업 허가 · 관리	업무수행기록의 작성 · 유지 및 실습 · 평가
공사장 안전관리 계획 및 감독	구조 및 응급처치 이론 · 실습 · 평가
위험물 · 전기 · 가스 안전관리	소방안전 교육 및 훈련 이론 · 실습 · 평가
종합방재실 운영	화재 시 초기대응 및 피난 실습 · 평가
피난시설, 방화구획 및 방화시설의 관리	-
소방시설의 종류 및 기준	-
소방시설(소화 · 경보 · 피난구조 · 소화용수 · 소화활동설비)의 구조	-

⑥ 합격기준 및 시험일시

- **합격기준** : 매 과목 100점을 만점으로 하여 매 과목 40점 이상, 전 과목 평균 70점 이상
- **시험일정 및 장소** : 한국소방안전원 사이트(www.kfsi.or.kr)에서 시험일정 참고

⑦ 합격자 발표

홈페이지에서 확인 가능

⑧ 한국소방안전원 고객센터

1899-4819

CONTENTS 차 례

핵심이 곧 출제 포인트 ▶ 합격노트

- 제1과목 ·· 1
- 제2과목 ·· 10

기출문제가 곧 적중문제 ▶ 2025~2018년 기출문제

문제

- 2025년 기출문제 ·················· 1-1
- 2024년 기출문제 ·················· 1-19
- 2023년 기출문제 ·················· 1-41
- 2022년 기출문제 ·················· 1-61
- 2021년 기출문제 ·················· 1-79
- 2020년 기출문제 ·················· 1-99
- 2019년 기출문제 ·················· 1-119
- 2018년 기출문제 ·················· 1-141

정답 및 해설

- 2025년 기출문제 ·················· 2-3
- 2024년 기출문제 ·················· 2-18
- 2023년 기출문제 ·················· 2-35
- 2022년 기출문제 ·················· 2-49
- 2021년 기출문제 ·················· 2-65
- 2020년 기출문제 ·················· 2-85
- 2019년 기출문제 ·················· 2-103
- 2018년 기출문제 ·················· 2-121

핵심이 곧 출제 포인트

합격노트

당신도 해낼 수 있습니다.

소방안전관리자 1급 합격노트

제 1 과목

01 소방안전관리자 및 소방안전관리보조자를 선임하는 특정소방대상물

소방안전관리대상물	특정소방대상물
특급 소방안전관리대상물 (동식물원, 철강 등 불연성 물품 저장·취급창고, 지하구, 위험물 제조소 등 제외)	• 50층 이상(지하층 제외) 또는 지상 200m 이상 아파트 • 30층 이상(지하층 포함) 또는 지상 120m 이상(아파트 제외) • 연면적 10만m² 이상(아파트 제외)
1급 소방안전관리대상물 (동식물원, 철강 등 불연성 물품 저장·취급창고, 지하구, 위험물 제조소 등 제외)	• 30층 이상(지하층 제외) 또는 지상 120m 이상 아파트 • 연면적 15000m² 이상인 것(아파트 및 연립주택 제외) • 11층 이상(아파트 제외) • 가연성 가스를 1000톤 이상 저장·취급하는 시설
2급 소방안전관리대상물	• 지하구 • 가스제조설비를 갖추고 도시가스사업 허가를 받아야 하는 시설 또는 가연성 가스를 100톤 이상 1000톤 미만 저장·취급하는 시설 • 옥내소화전설비·스프링클러설비 설치대상물 • 물분무등소화설비(호스릴방식만을 설치한 경우 제외) 설치대상물 • 공동주택 • 목조건축물(국보·보물)
3급 소방안전관리대상물	• 자동화재탐지설비 • 간이스프링클러설비

02 소방안전관리자, 소방안전관리보조자 최초 선임기준

소방안전관리자	소방안전관리보조자
• 특정소방대상물마다 1명	• 300세대 이상 아파트 : 1명 (단, 300세대 초과마다 1명 이상 추가) • 연면적 15000m² 이상 : 1명 (단, 15000m² 초과마다 1명 이상 추가) • 공동주택(기숙사), 의료시설, 노유자시설, 수련시설 및 숙박시설(바닥면적 합계 1500m² 미만이고, 관계인이 24시간 상시 근무하고 있는 숙박시설 제외) : 1명

03 소방대

(1) **소**방공무원
(2) **의**무소방원
(3) **의**용소방대원

> **기억법** 소의(소의 가죽)

> **비교**
> 1. 소방대상물
> (1) **건**축물
> (2) **차**량
> (3) **선**박(항구에 매어둔 선박)
> (4) 선박건조구조물

(5) **산**림
(6) **인**공구조물 또는 **물**건

> 기억법 건차선 산인물

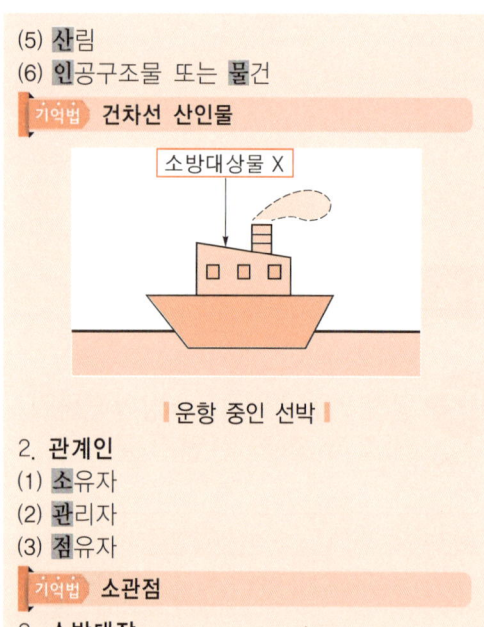

▮ 운항 중인 선박 ▮

2. 관계인
(1) **소**유자
(2) **관**리자
(3) **점**유자

> 기억법 소관점

3. 소방대장
현장에서 소방대를 지휘하는 사람

04 소방안전관리자의 실무교육

(1) 실시기관 및 실무교육주기

실시기관	실무교육주기
한국소방안전원	선임된 날부터 6개월 이내, 그 이후 **2년마다 1회**

(2) 실무교육 주기

강습수료일로부터 1년 이내 취업한 경우	강습수료일로부터 1년 넘어서 취업한 경우
강습수료일로부터 2년 마다 1회	선임된 날부터 6개월 이내, 그 이후 2년 마다 1회

05 5년 이하의 징역 또는 5000만원 이하의 벌금

(1) 위력을 사용하여 출동한 소방대의 화재진압·인명구조 또는 구급활동을 **방해**하는 행위

(2) 소방대가 화재진압·인명구조 또는 구급활동을 위하여 현장에 출동하거나 현장에 출입하는 것을 고의로 **방해**하는 행위

(3) 출동한 소방대원에게 폭행 또는 협박을 행사하여 화재진압·인명구조 또는 구급활동을 **방해**하는 행위

(4) 출동한 소방대의 소방장비를 파손하거나 그 효용을 해하여 화재진압·인명구조 또는 구급활동을 **방해**하는 행위

(5) 소방자동차의 **출동**을 **방해**한 사람

(6) 사람을 **구출**하는 일 또는 불을 끄거나 불이 번지지 아니하도록 하는 일을 **방해**한 사람

(7) 정당한 사유 없이 소방용수시설 또는 비상소화장치를 사용하거나 소방용수시설 또는 비상소화장치의 효용을 해하거나 그 정당한 사용을 **방해**한 사람

(8) 소방시설의 폐쇄·차단

06 무창층

지상층 중 다음에 해당하는 개구부면적의 합계가 그 층의 바닥면적의 $\frac{1}{30}$ 이하가 되는 층

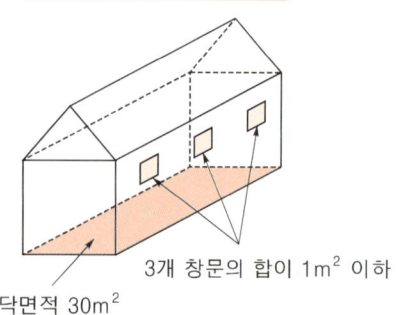

▮ 무창층 ▮

(1) 크기는 지름 **50cm 이상**의 원이 통과할 수 있을 것

1급 제1과목

비교	
개구부	소화수조·저수조
지름 50cm 이상	지름 60cm 이상

(2) 해당층의 바닥면으로부터 개구부 밑부분까지의 높이가 **1.2m** 이내일 것

화재발생시 사람이 통과할 수 있는 어깨 너비, 키 등의 최소기준을 생각해 봐요.

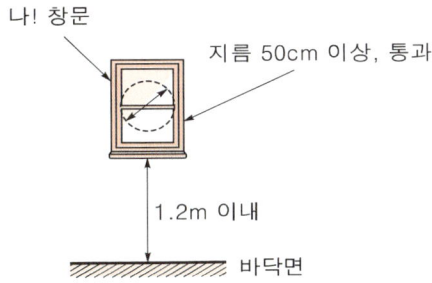

(3) **도로** 또는 **차량**이 진입할 수 있는 **빈터**를 향할 것
(4) 화재시 건축물로부터 쉽게 **피난**할 수 있도록 개구부에 **창살**이나 그 밖의 장애물이 설치되지 않을 것
(5) 내부 또는 외부에서 **쉽게 부수거나 열** 수 있을 것

07 피난계단의 종류 및 피난시 이동경로

피난계단의 종류	피난시 이동경로
옥내피난계단	옥내 → 계단실 → 피난층
옥외피난계단	옥내 → 옥외계단 → 지상층
특별피난계단	옥내 → 부속실 → 계단실 → 피난층

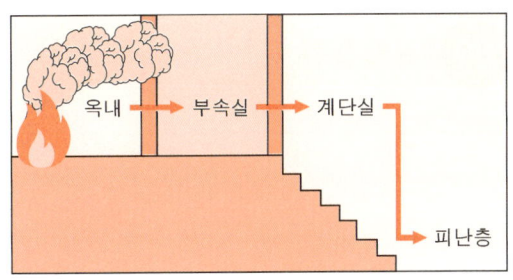

▎특별피난계단

08 방염대상물품

제조 또는 가공공정에서 방염처리를 한 물품	건축물 내부의 천장·벽에 부착·설치하는 것
① 창문에 설치하는 **커튼류**(블라인드 포함) ② **카펫** ③ **벽지류**(두께 2mm 미만인 종이벽지 제외) ④ **전시용 합판·목판·섬유판** ⑤ **무대용 합판·목판·섬유판** ⑥ **암막·무대막**(영화상영관·가상체험 체육시설업의 스크린 포함) ⑦ 섬유류 또는 합성수지류 등을 원료로 하여 제작된 **소파·의자**(단란주점·유흥주점·노래연습장에 한함)	① 종이류(두께 **2mm 이상**), 합성수지류 또는 섬유류를 주원료로 한 물품 ② **합판**이나 **목재** ③ 공간을 구획하기 위하여 설치하는 **간이칸막이** ④ **흡음·방음**을 위하여 설치하는 **흡음재**(흡음용 커튼 포함) 또는 **방음재**(방음용 커튼 포함) • **가구류**(옷장, 찬장, 식탁, 식탁용 의자, 사무용 책상, 사무용 의자 및 계산대)와 너비 **10cm 이하**인 반자돌림대, 내부마감재료 제외

▎방염커튼

09 종합점검

구 분	면 적
공공기관	1000m²
다중이용업	2000m²
물분무등(호스릴 ×)	5000m²

10 주요구조부

(1) 내력**벽**(그 밖에 이와 유사한 부분 제외)
(2) **보**(작은 보 제외)
(3) **지**붕틀(차양 제외)
(4) **바**닥(최하층 바닥 제외)
(5) **주**계단(옥외계단 제외)
(6) **기**둥(사이기둥 제외)

> 기억법 벽보지 바주기

11 위험물의 지정수량

위험물	지정수량
유 황	100kg
휘발유	200L
질 산	300kg
알코올류	400L
등유·경유	1000L
중 유	2000L

> 기억법 휘2

> 기억법 중2(간부 중위)

12 가연성 물질의 구비조건

(1) 화학반응을 일으킬 때 필요한 **활성화에너지값**이 **작아야** 한다.
(2) 열의 축적이 용이하도록 **열전도**의 값(열전도율)이 **작아야** 한다.

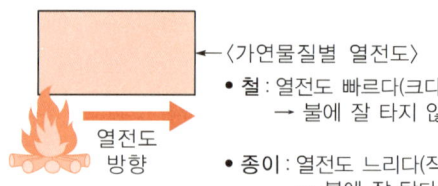

〈가연물질별 열전도〉
- **철** : 열전도 빠르다(크다).
  → 불에 잘 타지 않는다.
- **종이** : 열전도 느리다(작다).
  → 불에 잘 탄다.

| 열전도

> 용어 활성화에너지(최소 점화에너지)
> 가연물이 처음 연소하는 데 필요한 열

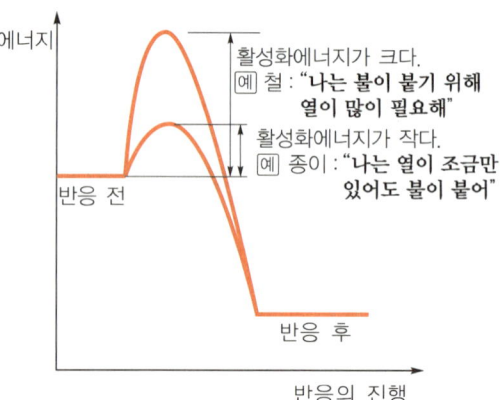

| 활성화에너지

13 화재의 종류

종 류	적응물질	소화약제
일반화재 (A급)	• 보통가연물(폴리에틸렌 등) • 종이 • 목재, 면화류, 석탄 • 재를 남김	① 물 ② 수용액

유류화재 (B급)	• 유류 • 알코올 • 재를 남기지 않음	① 포(폼)
전기화재 (C급)	• 변압기 • 배전반	① 이산화탄소 ② 분말소화약제 ③ 주수소화 금지
금속화재 (D급)	• 가연성 금속류(나트륨 등)	① 금속화재용 분말 소화약제 ② 마른 모래(건조사)
주방화재 (K급)	• 식용유 • 동·식물성 유지	① 강화액

14 소화방법

제거소화	질식소화	냉각소화	억제소화
가연물 제거	산소공급원 차단 (산소농도 15% 이하)	열을 뺏음 (착화온도 낮춤)	연쇄반응 약화

▮ 질식소화 ▮

15 위험물류별 특성

유 별	성 질	설 명
제1류	산화성 고체 기억법 1산고(일산고)	① 강산화제로서 다량의 산소 함유 ② 가열, 충격, 마찰 등에 의해 분해, 산소 방출
제2류	가연성 고체 기억법 2가고(이가 고장)	① 저온착화하기 쉬운 가연성 물질 ② 연소시 유독가스 발생
제3류	자연발화성 물질 및 금수성 물질 기억법 3발(세발낙지)	① 물과 반응하거나 자연발화에 의해 발열 또는 가연성 가스 발생 ② 용기 파손 또는 누출에 주의
제4류	인화성 액체	① **인화**가 용이 ② 대부분 **물보다 가볍고**, 증기는 **공기보다 무거움** ③ **주수소화가 불가능**한 것이 대부분임 ④ 대부분 물에 녹지 않음 ⑤ 증기는 공기와 혼합되어 연소·폭발
제5류	자기반응성 물질 기억법 5산(오산지역)	① 가연성으로 **산소**를 함유하여 **자기연소** ② **가열, 충격, 마찰** 등에 의해 착화, 폭발 ③ **연소속도**가 매우 **빨라서** 소화 곤란 ④ 자기반응성 물질 ⑤ 나이트로글리세린(NG), 셀룰로이드, 트리나이트로톨루엔(TNT)
제6류	산화성 액체 기억법 산액	① 조연성 액체 ② 산화제

16 정전기에 의한 재해 방지 예방 대책

(1) 접지시설
(2) 공기 이온화
(3) 습도 70% 이상
(4) 전도체 물질 사용

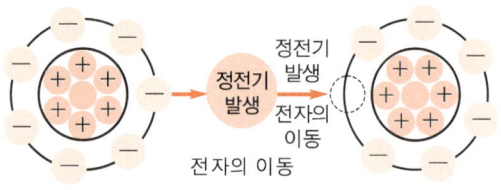

┃정전기 발생원리┃

17 LPG vs LNG

구분 \ 종류	액화석유가스 (LPG)	액화천연가스 (LNG)
주성분	• 프로판(C_3H_8) • 부탄(C_4H_{10}) 기억법 P프부	• 메탄(CH_4) 기억법 N메
비중	• 1.5~2(누출시 낮은 곳 체류)	• 0.6(누출시 천장쪽 체류)
폭발범위 (연소범위)	• 프로판 : 2.1~9.5% • 부탄 : 1.8~8.4%	• 5~15%
용도	• 가정용 • 공업용 • 자동차연료용	• 도시가스
증기비중	• 1보다 큰 가스	• 1보다 작은 가스
탐지기의 위치	• 탐지기의 **상단**은 바닥면의 상방 30cm 이내에 설치 ┃LPG 탐지기 위치┃ • 연소기 또는 관통부로부터 수평거리 4m 이내에 설치	• 탐지기의 **하단**은 천장면의 하방 30cm 이내에 설치 ┃LNG 탐지기 위치┃ • 연소기로부터 수평거리 8m 이내에 설치
공기와 무게 비교	• 공기보다 무겁다.	• 공기보다 가볍다.

18 소화기구

소화능력 단위기준 및 보행거리

소화기 분류		능력단위	보행거리
소형소화기		1단위 이상	20m 이내
대형소화기	A급	10단위 이상	30m 이내
	B급	20단위 이상	

기억법 보3대, 대2B(데이빗!)

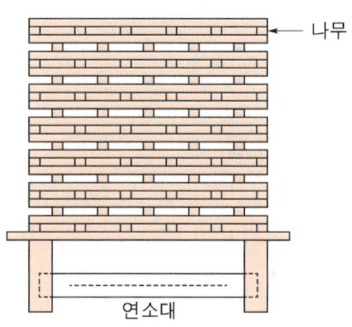

┃A급 소화능력시험┃

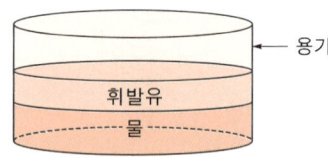

┃B급 소화능력시험┃

19 특정소방대상물별 소화기구의 능력단위기준

특정소방대상물	소화기구의 능력단위	건축물의 주요구조부가 내화구조이고, 벽 및 반자의 실내에 면하는 부분이 불연재료·준불연재료 또는 난연재료로 된 특정소방대상물의 능력단위
• **위**락시설 기억법 위3(위상)	바닥면적 30m²마다 1단위 이상	바닥면적 60m²마다 1단위 이상

		바닥면적 50m²마다 1단위 이상	바닥면적 100m²마다 1단위 이상
• 공연장 • 집회장 • 관람장 • 문화재 • 장례식장 및 의료시설			
기억법 5공연장 문의 집관람(손오공 연장 문의 집관람)			
• 근린생활시설 • 판매시설 • 운수시설 • 숙박시설 • 노유자시설 • 전시장 • 공동주택(아파트 등) • 업무시설(사무실 등) • 방송통신시설 • 공장 • 창고시설 • 항공기 및 자동차관련시설 및 관광휴게시설		바닥면적 100m²마다 1단위 이상	바닥면적 200m²마다 1단위 이상
기억법 근판숙노전 주업 방차창 1항 관광 (근판숙노전 주업 방차창 일본항 관광)			
• 그 밖의 것		바닥면적 200m²마다 1단위 이상	바닥면적 400m²마다 1단위 이상

$$단위 = \frac{바닥면적}{소화기구의 \ 능력단위} (소수점 \ 올림)$$

20 옥내 · 옥외소화전설비

(1) 옥내소화전설비 vs 옥외소화전설비

구 분	옥내소화전설비	옥외소화전설비
방수량	• 130L/min 이상	• 350L/min 이상
방수압	• 0.17~0.7MPa 이하	• 0.25~0.7MPa 이하
최소 방출시간	• **20분** : 29층 이하 • **40분** : 30~49층 이하 • **60분** : 50층 이상	• **20분**
소화전 최대개수	• 저층건축물 : 최대 **2개** • 고층건축물 : 최대 **5개**	

(2) 옥내소화전설비 호스구경

구 분	호 스
호스릴	25mm 이상
일 반	40mm 이상

기억법 내호25, 내4(내사 종결)

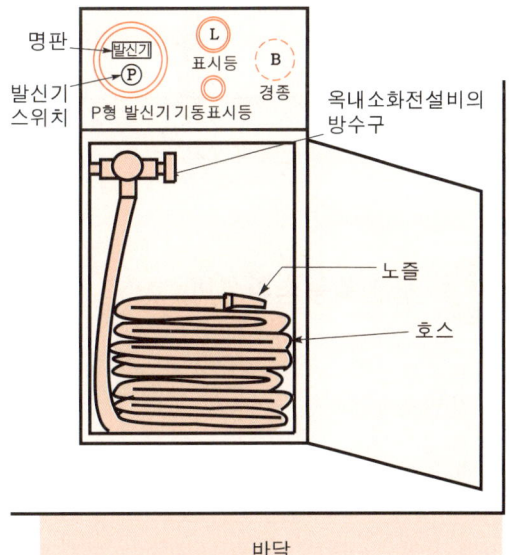

옥내소화전설비

21 옥내소화전설비 수원의 저수량

$Q = 2.6N$ (30층 미만, N : 최대 2개)
$Q = 5.2N$ (30~49층 이하, N : 최대 5개)
$Q = 7.8N$ (50층 이상, N : 최대 5개)

여기서, Q : 수원의 저수량[m^3]
N : 가장 많은 층의 소화전개수

22 옥외소화전설비의 설치기준

설치거리	호스구경
5m 이내	65mm

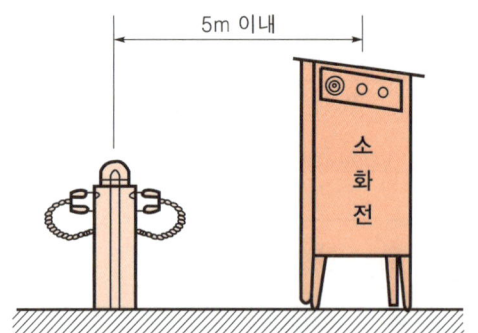

▶옥외소화전함의 설치거리◀

23 물분무등소화설비

(1) **물**분무소화설비
(2) **분**말소화설비
(3) **포**소화설비
(4) **할**론소화설비
(5) **이**산화탄소소화설비
(6) **할**로겐화합물 및 불활성 기체 소화설비
(7) **강**화액소화설비
(8) **미**분무소화설비
(9) **고**체에어로졸소화설비

기억법 분포할이 할강미고

24 감지기의 바닥면적

(단위 : m^2)

부착높이 및 소방대상물의 구분		감지기의 종류				
		차동식·보상식 스포트형		정온식 스포트형		
		1종	2종	특종	1종	2종
4m 미만	내화구조	90	70	70	60	20
	기타구조	50	40	40	30	15
4m 이상 8m 미만	내화구조	45	35	35	30	–
	기타구조	30	25	25	15	–

기억법
차   보   정
9   7   7 6 2
5   4   4 3 ①
④ ③   ③ 3 ×
3   ②   ② ① ×

※ 동그라미(○) 친 부분은 뒤에 5가 붙음

25 피난기구의 적응성

설치장소별 구분	층별 3층	4층 이상 10층 이하
노유자 시설	• 미끄럼대 • 구조대 • 피난교 • 다수인 피난장비 • 승강식 피난기	• 구조대 • 피난교 • 다수인 피난장비 • 승강식 피난기
의료시설·입원실이 있는 의원·접골원·조산원	• 미끄럼대 • 구조대 • 피난교 • 피난용 트랩 • 다수인 피난장비 • 승강식 피난기	• 구조대 • 피난교 • 피난용 트랩 • 다수인 피난장비 • 승강식 피난기

영업장의 위치가 4층 이하인 다중이용업소	• 미끄럼대 • 피난사다리 • 구조대 • 완강기 • 다수인 피난장비 • 승강식 피난기	• 미끄럼대 • 피난사다리 • 구조대 • 완강기 • 다수인 피난장비 • 승강식 피난기
그 밖의 것	• 미끄럼대 • 피난사다리 • 구조대 • 완강기 • 피난교 • 피난용 트랩 • 간이완강기[1] • 공기안전매트 • 다수인 피난장비 • 승강식 피난기	• 피난사다리 • 구조대 • 완강기 • 피난교 • 간이완강기[1] • 공기안전매트 • 다수인 피난장비 • 승강식 피난기

주 1) 간이완강기의 적응성은 **숙박시설**의 **3층 이상**에 있는 객실에 추가 설치

26 객석유도등 설치대상

(1) **유**흥주점영업(카바레, 나이트클럽 등)
(2) **문**화 및 집회시설
(3) **종**교시설
(4) **운**동시설

 유문종 운(유문종 운전해)

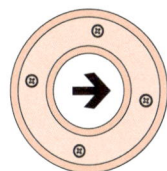

∥ 객석유도등 ∥

제 2 과목

27 분말소화기

소화약제 및 적응화재

적응화재	소화약제의 주성분	소화효과
BC급	탄산수소나트륨 (NaHCO₃)	• 질식효과 • 부촉매(억제) 효과
BC급	탄산수소칼륨 (KHCO₃)	
ABC급	제1인산암모늄 (NH₄H₂PO₄)	
BC급	탄산수소칼륨(KHCO₃) +요소((NH₂)₂CO)	

28 지시압력계

(1) 노란색(황색) : 압력부족
(2) 녹색 : 정상압력(0.7~0.98MPa)
(3) 적색 : 정상압력 초과

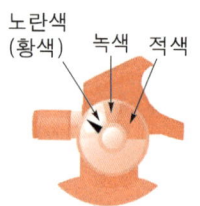

▎소화기 지시압력계▎

29 감시제어반

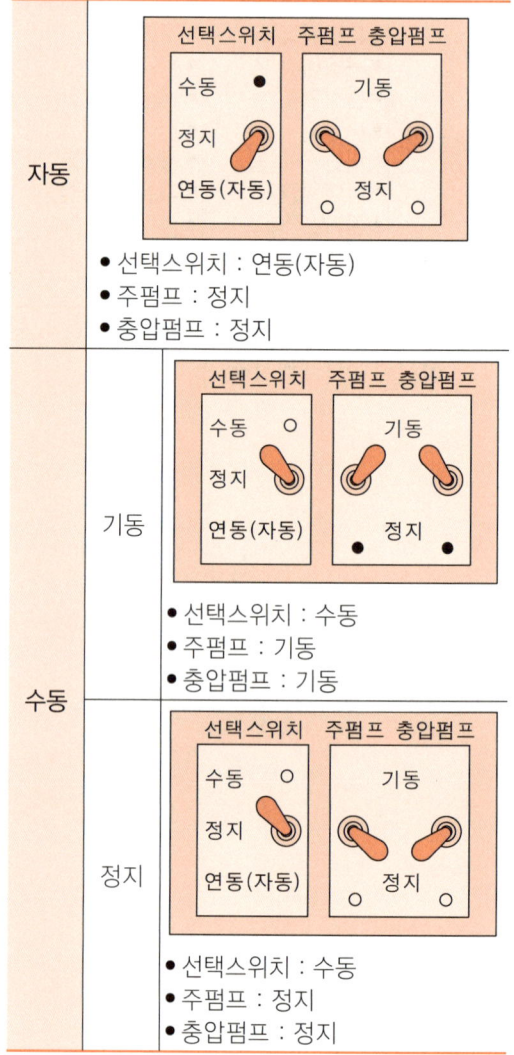

자동
- 선택스위치 : 연동(자동)
- 주펌프 : 정지
- 충압펌프 : 정지

기동 (수동)
- 선택스위치 : 수동
- 주펌프 : 기동
- 충압펌프 : 기동

정지 (수동)
- 선택스위치 : 수동
- 주펌프 : 정지
- 충압펌프 : 정지

30. 스프링클러설비의 종류

구 분		장 점	단 점
폐쇄형 헤드 사용	습식	• **구조**가 **간단**하고 **공사비 저렴** • 소화가 신속 • 타방식에 비해 유지·관리 용이	• **동결** 우려 장소 사용**제한** • 헤드 오작동시 수손피해 및 배관 부식 촉진
	건식	• 동결 우려 장소 및 옥외 사용 가능	• 살수개시시간 지연 및 복잡한 구조 • 화재 초기 **압축공기**에 의한 화재 촉진 우려 • 일반헤드인 경우 **상향형**으로 시공하여야 함
	준비 작동식	• 동결 우려 장소 사용 가능 • 헤드 오작동(개방)시 수손피해 우려 없음 • 헤드개방 전 경보로 조기 대처 용이	• 감지장치로 감지기 별도 시공 필요 • 구조 복잡, 시공비 고가 • 2차측 배관 부실시공 우려
개방형 헤드 사용	일제 살수식	• **초기화재**에 신속 대처 용이 • 층고가 높은 장소에서도 소화 가능	• 대량살수로 수손피해 우려 • 화재감지장치 별도 필요

31. 감지기 사용유무

습식·건식 스프링클러설비	준비작동식·일제살수식 스프링클러설비
감지기 ×	감지기 ○

32. 스프링클러설비의 기동점, 정지점

기동점(기동압력)	정지점(양정, 정지압력)
기동점 = RANGE−DIFF = 자연낙차압 +0.15MPa	정지점 = RANGE

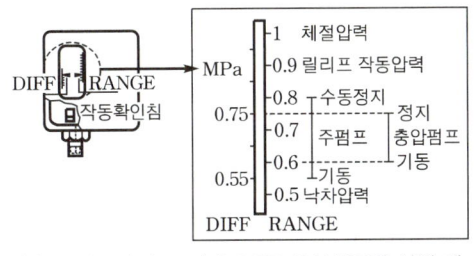

(a) 압력스위치 (b) DIFF, RANGE의 설정 예

33. 이산화탄소소화설비의 장단점

장 점	단 점
• **심부화재**에 적합하다. • 화재진화 후 깨끗하다. • 피연소물에 피해가 적다. • 비전도성이므로 **전기화재**에 좋다.	• 사람에게 질식의 우려가 있다. • 방사시 동상의 우려와 **소음**이 **크다**. • 설비가 고압으로 특별한 주의와 관리가 필요하다.

34. 기동용기함의 솔레노이드밸브의 점검 전 안전조치 순서

안전핀 체결 → 솔레노이드 분리 → 안전핀 제거

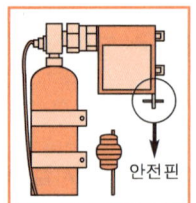

▮ 솔레노이드밸브 점검 전 ▮

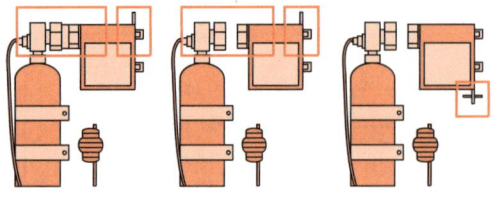

안전핀 체결   솔레노이드 분리   안전핀 제거

35 경계구역의 설정 기준

(1) 1경계구역이 2개 이상의 **건축물**에 미치지 않을 것

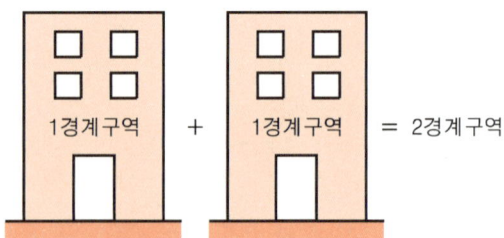

▮ 하나의 경계구역으로 설정불가 ▮

(2) 1경계구역이 2개 이상의 **층**에 미치지 않을 것(단, **500m²** 이하는 2개층을 1경계구역으로 할 수 있다.)
(3) 1경계구역의 면적은 **600m²** 이하로 하고, 1변의 길이는 **50m** 이하로 할 것(단, 내부 전체가 보이면 한변의 길이가 50m의 범위 내에서 **1000m²** 이하로 할 수 있다.)

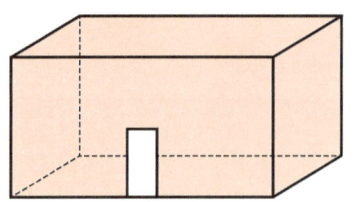

▮ 내부 전체가 보이면 1경계구역 면적 1000m² 이하, 1변의 길이 50m 이하 ▮

36 자동화재탐지설비의 직상 4개 층 우선경보방식 적용대상물

11층(공동주택 16층) 이상의 특정소방대상물의 경보

▮ 자동화재탐지설비 직상 4개층 우선경보방식 ▮

발화층	경보층	
	11층(공동주택 16층) 미만	11층(공동주택 16층) 이상
2층 이상 발화	전층 일제경보	• 발화층 • 직상 4개층
1층 발화		• 발화층 • 직상 4개층 • 지하층
지하층 발화		• 발화층 • 직상층 • 기타의 지하층

37 송배선식

도통시험(선로의 정상연결 유무 확인)을 원활히 하기 위한 배선방식

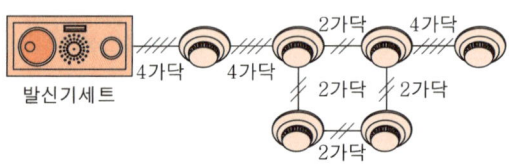

▮ 송배선식 ▮

38 회로도통시험

회로도통시험 적부 판정

구 분	전압계가 있는 경우	도통시험확인등이 있는 경우
정상	4~8V	정상확인등 점등(녹색)
단선	0V	단선확인등 점등(적색)

단선인 경우(적색등 점등)

용어 회로도통시험

수신기에서 감지기 사이 회로의 단선 유무와 기기 등의 접속 상황을 확인하기 위한 시험

예비전원시험 적부 판정

전압계인 경우 정상	램프방식인 경우 정상
19~29V	녹색

39 유도등의 설치높이

복도통로유도등, 계단통로유도등	피난구유도등, 거실통로유도등
바닥으로부터 높이 **1m** 이하	피난구의 바닥으로부터 높이 **1.5m 이상**
기억법 1복(일복 터졌다.)	기억법 피유15상

40 가슴압박

(1) 환자의 **어깨**를 두드린다.
(2) 쓰러진 환자의 얼굴과 가슴을 10초 이내로 관찰하여 호흡이 있는지를 확인한다.
(3) 구조자의 체중을 이용하여 압박한다.
(4) 인공호흡에 자신이 없으면 가슴압박만 시행한다.

구 분	설 명
속 도	분당 100~120회
깊 이	약 **5cm**(소아 4~5cm)

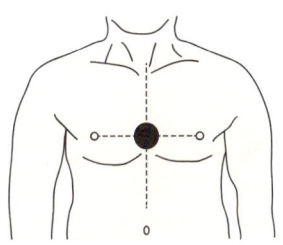

가슴압박 위치

41 자동심장충격기(AED) 사용방법

패드의 부착위치

패드 1	패드 2
오른쪽 빗장뼈(쇄골) 바로 아래	왼쪽 젖꼭지 아래의 중간겨드랑선

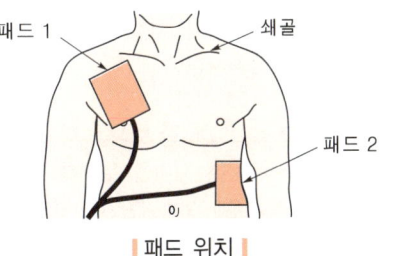

패드 위치

42 심폐소생술(CPR) vs 자동심장충격기(AED)

심폐소생술(CPR) 순서	자동심장충격기(AED) 사용 순서
① 반응 확인 ② 119 신고 ③ 호흡 확인 ④ 가슴압박 30회 시행 ⑤ 인공호흡 2회 시행 ⑥ 가슴압박과 인공호흡의 반복 ⑦ 회복 자세	① 전원 켜기 ② 두 개의 패드 부착 ③ 심장리듬 분석 ④ 심장충격 실시 ⑤ 심폐소생술 실시

43 소방교육 및 훈련의 원칙

원칙	설명
현실의 원칙	• 학습자의 능력을 고려하지 않은 훈련은 비현실적이고 불완전하다.
학습자 중심의 원칙	• **한 번에 한 가지씩** 습득 가능한 분량을 교육 및 훈련시킨다. • **쉬운 것**에서 **어려운 것**으로 교육을 실시하되 기능적 이해에 비중을 둔다. • 학습자에게 감동이 있는 교육이 되어야 한다. 기억법 학한
동기부여의 원칙	• **교육**의 **중요성**을 **전달**해야 한다. • 학습을 위해 적절한 스케줄을 적절히 배정해야 한다. • 교육은 시기적절하게 이루어져야 한다. • 핵심사항에 교육의 포커스를 맞추어야 한다. • 학습에 대한 보상을 제공해야 한다. • 교육에 재미를 부여해야 한다. • 교육에 있어 다양성을 활용해야 한다. • 사회적 상호작용을 제공해야 한다. • 전문성을 공유해야 한다. • 초기성공에 대해 격려해야 한다.
목적의 원칙	• 어떠한 기술을 어느 정도까지 익혀야 하는가를 명확하게 제시한다. • 습득하여야 할 기술이 활동 전체에서 어느 위치에 있는가를 인식하도록 한다.
실습의 원칙	• **실습**을 통해 지식을 습득한다. • 목적을 생각하고, 적절한 방법으로 정확하게 하도록 한다.
경험의 원칙	• 경험했던 사례를 들어 현실감 있게 하도록 한다.
관련성의 원칙	• 모든 교육 및 훈련 내용은 **실무적**인 **접목**과 **현장성**이 있어야 한다.

기출문제가 곧 적중문제

2025~2018년
기출문제

이 기출문제는 수험생의 기억에 의한 문제를 편집하였으므로 실제 문제와 차이가 있을 수 있습니다.

우리에겐 무한한 가능성이 있습니다.

작성시 유의사항

- 시험종목, 시험일자, 성명, 수험번호를 정확하게 기재하여 주십시오.
- 문제지 유형과 수험번호를 검정색 수성사인펜, 볼펜 등으로 바르게 ● 표기하십시오.
  ※ 수험번호는 아래에 0(숫자 6자리 작성 후 표기
- "감독확인"란은 응시자가 작성하지 않으며, 감독확인이 없는 답안지는 무효 처리합니다.
- 답안지는 구기거나 접지 마시고, 절대 낙서하지 마십시오.
- 이중 표기 등 잘못된 기재로 인한 OMR기의 인식 오류는 응시자 책임이므로 주의하시기 바랍니다.

바른 표기	잘못된 표기
●	⊘ ○ ⊙ ⊗

- 응시자는 시험시간이 종료되면 즉시 답안작성을 멈춰야 하며, 감독위원의 답안지 제출지시에 불응할 때에는 당해 시험은 무효 처리됩니다.

한국소방안전원 자격시험 및 평가 답안지

작성시 유의사항

- 시험종목, 시험일자, 성명, 수험번호를 정확하게 기재하여 주십시오.
- 문제지 유형과 수험번호를 검정색 수성사인펜, 볼펜 등으로 바르게 ● 표기하십시오.
  ※ 수험번호는 아라비아숫자 6자리 작성 후 표기
- 「감독확인」란은 응시자가 작성하지 않으며, 감독위원이 없는 답안지는 무효 처리됩니다.
- 답안지는 구기거나 접지 마시고, 절대 낙서하지 마십시오.
- 이중 표기 등 잘못된 기재로 인한 OMR기의 인식 오류는 응시자 책임이므로 주의하시기 바랍니다.

바른 표기	잘못된 표기
●	◐ ⊘ ⊙ ⊗

- 응시자는 시험시간이 종료되면 즉시 답안작성을 멈춰야 하며, 감독위원의 답안지 제출지시에 불응할 때에는 당해 시험은 무효 처리됩니다.

한국소방안전원 자격시험 및 평가 답안지

작성시 유의사항

- 시험종목, 시험일자, 성명, 수험번호를 정확하게 기재하여 주십시오.
- 문제지 유형과 수험번호를 검정색 수성사인펜, 볼펜 등으로 바르게 ● 표기하십시오.
  ※ 수험번호는 아라비아숫자 6자리 작성 후 표기
- 「감독확인」란은 응시자가 작성하지 않으며, 감독확인이 없는 답안지는 무효 처리합니다.
- 답안지는 구기거나 접지 마시고, 절대 낙서하지 마십시오.
- 이중 표기 등 잘못된 기재로 인한 OMR기의 인식 오류는 응시자 책임이므로 주의하시기 바랍니다.

바른 표기	잘못된 표기
●	◐ ⊙ ⊗

- 응시자는 시험시간이 종료되면 즉시 답안작성을 멈춰야 하며, 감독위원이 답안지 제출지시에 불응할 때에는 당해 시험은 무효 처리됩니다.

작성시 유의사항

- 시험종목, 시험일자, 성명, 수험번호를 정확하게 기재하여 주십시오.
- 문제지 유형과 수험번호를 검정색 수성사인펜, 볼펜 등으로 바르게 ● 표기하십시오.

※ 수험번호는 아래비어있는 6자리 작성 후 표기

- 「감독확인」란은 응시자가 작성하지 않으며, 감독확인이 없는 답안지는 무효 처리합니다.
- 답안지는 구기거나 접지 마시고, 절대 낙서하지 마십시오.
- 이중 표기 등 잘못된 기재로 인한 OMR기의 인식 오류는 응시자 책임이므로 주의하시기 바랍니다.

바른 표기		잘못된 표기
●		◐ ⊘ ⊙ ⊗

- 응시자는 시험시간이 종료되면 즉시 답안작성을 멈추어 하며, 감독위원의 답안지 제출지시에 불응할 때에는 당해 시험은 무효 처리됩니다.

한국소방안전원 자격시험 및 평가 답안지

작성시 유의사항

- 시험종목, 시험일자, 성명, 수험번호를 정확하게 기재하여 주십시오.
- 문제지 유형과 수험번호를 검정색 수성사인펜, 볼펜 등으로 바르게 ● 표기하십시오.
  ※ 수험번호는 아래바이숫자 6자리 작성 후 표기
- 「감독확인」란은 응시자가 작성하지 않으며, 감독확인이 없는 답안지는 무효 처리합니다.
- 답안지는 구기거나 접지 마시고, 절대 낙서하지 마십시오.
- 이중 표기 등 잘못된 기재로 인한 OMR기의 인식 오류는 응시자 책임이므로 주의하시기 바랍니다.

바른 표기	잘못된 표기
●	◐ ⊘ ⊙ ⊗

- 응시자는 시험시간이 종료되면 즉시 답안작성을 멈춰야 하며, 감독위원의 답안지 제출지시에 불응할 때에는 당해 시험은 무효 처리됩니다.

한국소방안전원 자격시험 및 평가 답안지

▶ 정답 마크도 훼손에 주의합니다.

작성시 유의사항

- 시험종목, 시험일자, 성명, 수험번호를 정확하게 기재하여 주십시오.
- 문제지 유형과 수험번호를 검정색 수성사인펜, 볼펜 등으로 바르게 ● 표기하십시오.
  ※ 수험번호는 아래배０이숫자 6자리 작성 후 표기
- 「감독확인」란은 응시자가 작성하지 않으며, 감독확인이 없는 답안지는 무효 처리합니다.
- 답안지는 구기거나 접지 마시고, 절대 낙서하지 마십시오.
- 이중 표기 등 잘못된 기재로 인한 OMR기의 인식 오류는 응시자 책임이므로 주의하시기 바랍니다.

바른 표기

●

잘못된 표기

◐ ⊘ ⊙ ⊗

- 응시자는 시험시간이 종료되면 즉시 답안작성을 멈춰야 하며, 감독위원의 답안지 제출지시에 불응할 때에는 당해 시험은 무효 처리됩니다.

작성시 유의사항

- 시험종목, 시험일자, 성명, 수험번호를 정확하게 기재하여 주십시오.
- 문제지 유형과 수험번호를 검정색 수성사인펜, 볼펜 등으로 바르게 ● 표기하십시오.
  ※ 수험번호는 아라비아숫자 6자리 작성 후 표기
- '감독확인'란은 응시자가 작성하지 않으며, 감독위원이 없는 답안지는 무효 처리합니다.
- 답안지는 구기거나 접지 마시고, 절대 낙서하지 마십시오.
- 이중 표기 등 잘못된 기재로 인한 OMR기의 인식 오류는 응시자 책임이므로 주의하시기 바랍니다.

바른 표기	잘못된 표기
●	⊘ ⊙ ⊗

- 응시자는 시험시간이 종료되면 즉시 답안작성을 멈춰야 하며, 감독위원의 답안지 제출지시에 불응할 때에는 당해 시험은 무효 처리됩니다.

한국소방안전원 자격시험 및 평가 답안지

작성시 유의사항

- 시험종목, 시험일자, 성명, 수험번호를 정확하게 기재하여 주십시오.
- 문제지 유형과 수험번호를 검정색 수성사인펜, 볼펜 등으로 바르게 ● 표기하십시오.
  ※ 수험번호는 아라비아숫자 6자리 작성 후 표기
- 「감독위원」란은 응시자가 작성하지 않으며, 감독위원이 없는 답안지는 무효 처리됩니다.
- 답안지는 구기거나 접지 마시고, 절대 낙서하지 마십시오.
- 이중 표기 등 잘못된 기재로 인한 OMR기의 인식 오류는 응시자 책임이므로 주의하시기 바랍니다.

바른 표기	잘못된 표기
●	⊘ ⊙ ⊗

- 응시자는 시험시간이 종료되면 즉시 답안작성을 멈춰야 하며, 감독위원의 답안지 제출지시에 불응할 때에는 당해 시험은 무효 처리됩니다.

2025년 기출문제

제 1 과목

01 전기화재 예방요령으로 틀린 것을 모두 고른 것은?

　㉠ 사용하지 않는 기구는 전원을 끄고 플러그를 꽂아둔다.
　㉡ 과전류 차단장치를 설치한다.
　㉢ 전선을 묶거나 꼬아둔다.
　㉣ 비닐장판 밑으로 전선이 보이지 않게 정리하여 넣어둔다.

① ㉠, ㉢
② ㉠, ㉣
③ ㉡, ㉢
④ ㉠, ㉢, ㉣

02 다음 중 자기반응성 물질에 해당하는 것은 몇 류 위험물인가?

① 제2류
② 제3류
③ 제4류
④ 제5류

03 화기취급작업의 일반적인 절차 중 안전조치 업무내용으로 옳지 않은 것은?

① 소방시설 작동 확인
② 가연물 이동 및 보호조치
③ 화재안전교육
④ 관계자 입회

04 나트륨 화재시 적절한 소화방법으로 옳은 것은?

① 주수소화
② 마른 모래(건조사)
③ 이산화탄소
④ 분말소화약제

05 햇빛이 유리나 거울에 방사되어 가연성 물질에 장시간 노출시 열이 축적되어 발화하는 현상은 무엇인가?

① 전도
② 대류
③ 복사
④ 비화

06 다음 중 건축관계법령에서 정하는 용어에 대한 설명으로 옳지 않은 것은?

① 바닥면적 : 건축물의 각 층 또는 그 일부로서 벽, 기둥, 기타 이와 유사한 구획의 중심선으로 둘러싸인 부분의 수평투영면적
② 연면적 : 하나의 건축물의 각 층의 바닥면적의 합계
③ 건폐율 : 대지면적에 대한 바닥면적의 비율
④ 용적률 : 대지면적에 대한 연면적의 비율

07 피난층에 대한 뜻이 옳은 것은?

① 곧바로 지상으로 갈 수 있는 출입구가 있는 층
② 건축물 중 지상 1층
③ 직접 지상으로 통하는 계단과 연결된 지상 2층 이상의 층
④ 옥상의 지하층으로서 옥상으로 직접 피난할 수 있는 층

08 다음 중 개구부의 요건이 아닌 것은?

① 크기는 지름 50cm 이하의 원이 통과할 수 있을 것
② 해당층의 바닥면으로부터 개구부 밑부분까지의 높이가 1.2m 이내일 것
③ 도로 또는 차량이 진입할 수 있는 빈터를 향할 것
④ 내부 또는 외부에서 쉽게 부수거나 열 수 있는 것

09 다음 중 100만원 이하의 벌금이 아닌 것은?

① 피난명령을 위반한 자
② 정당한 사유 없이 물의 사용이나 수도의 개폐장치의 사용 또는 조작을 하지 못하게 방해한 자
③ 정당한 사유 없이 소방대가 현장에 도착할 때까지 사람을 구출하는 조치 또는 불을 끄거나 불이 번지지 않도록 조치를 아니한 사람
④ 소방자동차 전용구역에 주차하거나 전용구역에의 진입을 가로막는 등의 방해행위를 한 자

10 300만원 이하의 벌금이 아닌 것은?

① 화재안전조사를 정당한 사유 없이 거부·방해 또는 기피한 자
② 소방안전관리자, 총괄소방안전관리자, 소방안전관리보조자를 선임하지 아니한 자
③ 특정소방대상물의 소방안전관리업무를 수행하지 아니한 관계인
④ 소방안전관리자에게 불이익한 처우를 한 관계인

11 다음 보기를 보고 소방안전관리자의 실무교육 최대 이수기한을 고르시오. (단, 강습수료일은 2022년 4월 5일이다.)

[소방안전관리자의 선임신고]
- 소방안전관리자 이름 : ○○○
- 선임일자 : 2023년 3월 15일
- 건물면적 : 4800m²
- 기타 : 아직 실무교육은 받지 않음

① 2023년 9월 4일 ② 2024년 4월 4일
③ 2025년 4월 4일 ④ 2025년 9월 4일

12. 연면적 4500m² 소방안전관리대상물의 등급 및 소방안전관리보조자 선임인원으로 옳은 것은?

① 1급 소방안전관리대상물, 소방안전관리보조자 선임대상 아님
② 1급 소방안전관리대상물, 소방안전관리보조자 1명
③ 2급 소방안전관리대상물, 소방안전관리보조자 선임대상 아님
④ 2급 소방안전관리대상물, 소방안전관리보조자 1명

13. 화재를 진압하고 화재, 재난·재해, 그 밖의 위급한 상황에서 구조·구급활동 등을 하기 위하여 구성된 조직체로 틀린 것은?

① 소방공무원
② 의무소방원
③ 의용소방대원
④ 소방관리직원

14. 위험물안전관리자는 며칠 이내로 선임신고를 해야 하는가?

① 15일
② 30일
③ 7일
④ 14일

15. 다음 중 D급 화재에 대한 설명으로 옳지 않은 것은?

① 금속화재이다.
② 이산화탄소소화약제로 소화가 가능하다.
③ 적응 물질로 나트륨이 있다.
④ 마른 모래(건조사)로 소화가 가능하다.

16. 주수소화와 이산화탄소소화약제의 공통된 소화방식은 무엇인가?

① 질식소화
② 냉각소화
③ 제거소화
④ 부촉매소화

17 다음 중 전기화재의 주요 원인으로 옳지 않은 것은?
① 누전
② 과전류(과부하)
③ 과전류 차단기 설치
④ 전선단락

18 소방안전관리자를 선임하지 아니하는 특정소방대상물의 관계인의 업무에 해당하지 않는 것은?
① 화기취급의 감독
② 소방시설 그 밖의 소방관련시설의 관리
③ 자위소방대 및 초기대응체계의 구성·운영·교육
④ 피난시설, 방화구획 및 방화시설의 관리

19 다음 중 점화원에 관한 설명으로 옳지 않은 것은?
① 단열압축 : 기체를 높은 압력으로 압축하면 온도가 상승하는데, 이때 상승한 열에 의한 가연물을 착화시킨다.
② 정전기불꽃 : 물체가 접촉하거나 결합한 후 떨어질 때 양(+)전하와 음(-)전하로 전하의 분리가 일어나 발생한 과잉전하가 물체(물질)에 축적되는 현상
③ 전기불꽃 : 장시간에 집중적으로 에너지가 방사되므로 에너지밀도가 높은 점화원이다.
④ 자연발화 : 물질이 외부로부터 에너지를 공급받지 않아도 온도가 상승하여 발화하는 현상이다.

20 20000m² 특정소방대상물의 소방안전관리 선임자격이 없는 사람은? (단, 해당 소방안전관리자 자격증을 받은 경우이다.)
① 소방설비기사의 자격이 있는 사람
② 소방설비산업기사의 자격이 있는 사람
③ 소방공무원으로서 7년 이상 근무한 경력이 있는 사람
④ 2급 소방안전관리대상물의 소방안전관리자 자격이 인정되는 사람

21 공기 중에 산소(체적비)는 약 몇 %가 존재하는가?
① 15
② 18
③ 21
④ 23

22 다음 중 물질이 격렬한 산화반응을 함으로써 열과 빛을 발생하는 현상을 무엇이라 하는가?
① 발화
② 인화
③ 연소
④ 화염

23 건축물의 주요구조부에 해당되는 것은?
① 지붕틀
② 사이기둥
③ 최하층 바닥
④ 옥외계단

24 공기 중의 산소농도를 15% 이하로 억제함으로써 화재를 소화하는 방법은?
① 제거소화
② 질식소화
③ 냉각소화
④ 억제소화

25 다음 중 관련 금지행위가 다른 것은?
① 피난시설, 방화구획 및 방화시설을 폐쇄(잠금 포함)하거나 훼손하는 등의 행위
② 피난시설, 방화구획 및 방화시설의 주위에 물건을 쌓아두거나 장애물을 설치하는 행위
③ 피난시설, 방화구획 및 방화시설의 용도에 장애를 주거나 「소방기본법 시행령」에 따른 소방활동에 지장을 주는 행위
④ 그 밖에 피난시설, 방화구획 및 방화시설을 변경하는 행위

제 ② 과목

정답 및 해설은 여기로!
정답 및 해설 p. 2-9

26 다음 소방계획의 주요 원리 및 설명으로 옳지 않은 것은?

교재 2권
176
-177

① 포괄적 안전관리 : 모든 형태의 위험을 포괄
② 지속적 발전모델 : 계획, 이행/운영, 모니터링, 개선 4단계의 PDCA Cycle
③ 종합적 안전관리 : 예방·대비, 대응, 복구단계의 위험성 평가
④ 통합적 안전관리 : 협력 및 파트너십 구축, 전원 참여

27 다음 중 심폐소생술(CPR)과 자동심장충격기(AED) 사용 순서로 옳은 것은?

유사문제
24년 문35
23년 문37
23년 문43
23년 문50
22년 문45
22년 문49
21년 문31
21년 문37
21년 문43
21년 문49

교재 1권
262
-267

① 반응 확인 → 119 신고 → 심장리듬 분석 → 인공호흡
② 119 신고 → 인공호흡 → 심장리듬 분석 → 가슴압박
③ 119 신고 → 가슴압박 → 반응 확인 → 심장리듬 분석
④ 반응 확인 → 119 신고 → 가슴압박 → 심장리듬 분석

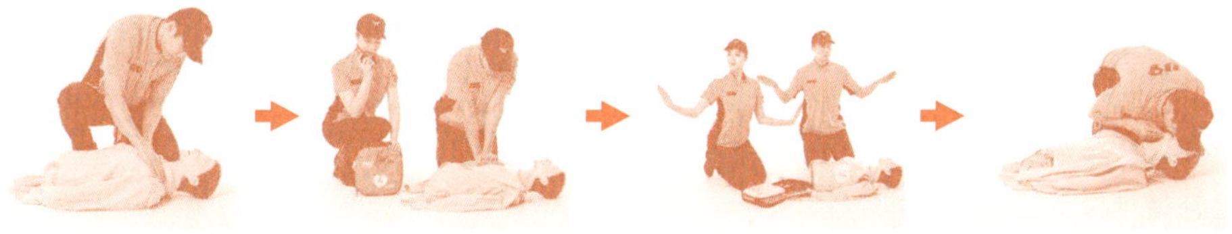

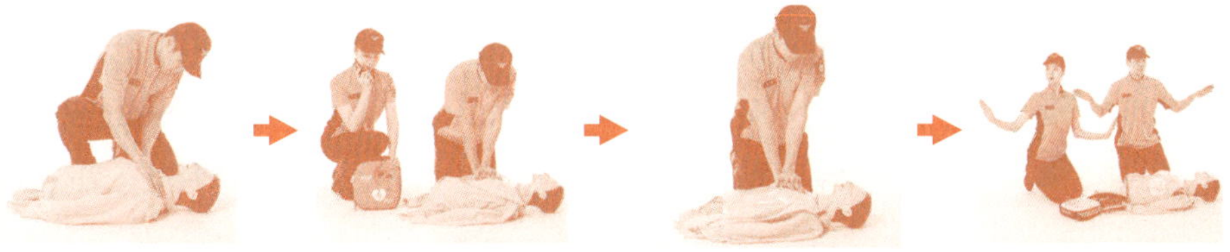

28 예비전원 시험스위치 누를시 측정되는 정상 전압계의 범위로 옳은 것은?

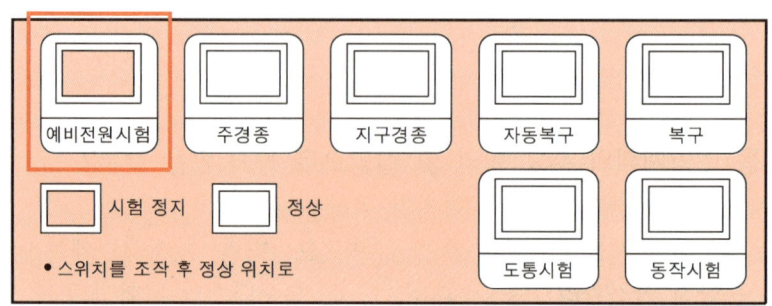

① 5~10V ② 0~5V
③ 12~24V ④ 19~29V

29 다음 중 소방교육 및 훈련의 원칙에 해당되지 않는 것은?

① 목적의 원칙
② 관련성의 원칙
③ 학습자 중심의 원칙
④ 이론의 원칙

30 최상층의 옥내소화전 방수압력을 측정한 후 점검표를 작성했다. 점검표(㉠~㉡) 작성에 대한 내용으로 옳은 것은? (단, 방수압력 측정시 방수압력측정계의 압력은 0.3MPa로 측정되었고, 주펌프가 기동하였다.)

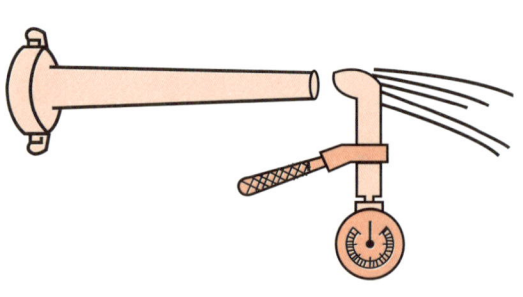
| 방수압력측정계 |

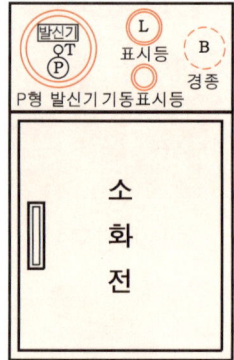
| 옥내소화전함 |

점검번호	점검항목	점검결과
2-C	펌프방식	
2-C-002	옥내소화전 방수량 및 방수압력 적정 여부	㉠
2-F	함 및 방수구 등	
2-F-002	위치 기동표시등 적정설치 및 정상점등 여부	㉡

① ㉠ : O, ㉡ : O
② ㉠ : ×, ㉡ : ×
③ ㉠ : ×, ㉡ : O
④ ㉠ : O, ㉡ : ×

31 그림의 밸브를 작동시켰을 때 확인해야 할 사항으로 옳지 않은 것은?

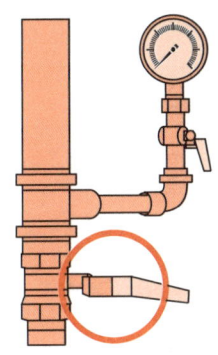

① 펌프 작동상태
② 감시제어반 밸브개방표시등
③ 음향장치 작동
④ 방출표시등 점등

32 화재안전취약자의 장애유형별 피난보조 예시에 관한 사항으로 옳지 않은 것은?
① 휠체어 사용자는 평지보다 계단에서 주의가 필요하며, 많은 사람들이 보조하면 피난에 정체현상이 발생하므로 한 명이 보조한다.
② 청각장애인은 표정이나 제스처를 사용한다.
③ 시각장애인은 서로 손을 잡고 질서있게 피난한다.
④ 노약자는 장애인에 준하여 피난보조를 실시한다.

33. 다음 중 그림 A~C에 대한 설명으로 옳지 않은 것은?

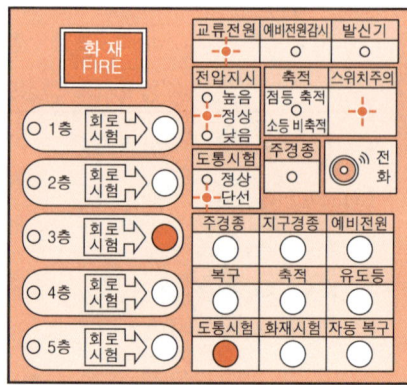
| 그림 A |

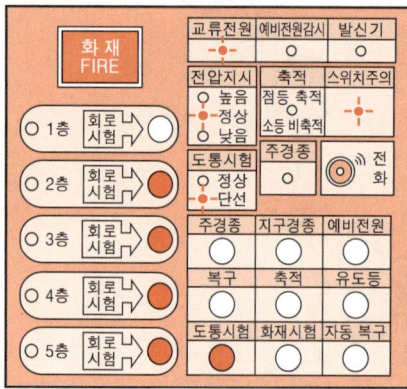
| 그림 B |

| 그림 C |

① 그림 A를 봤을 때 2층의 도통시험 결과가 정상임을 알 수 있다.
② 그림 A를 봤을 때 스위치 주의표시등이 점등된 것은 정상이다.
③ 그림 B를 봤을 때 3층의 도통시험 결과 단선임을 알 수 있다.
④ 그림 C를 봤을 때 모든 경계구역은 단선이다.

34. 가스계 소화설비의 점검을 위하여 솔레노이드밸브를 분리한 수동조작함을 조작하였다. 다음 결과 중 옳지 않은 것은?

① 감시제어반 연동확인
② 솔레노이드 격발
③ 방출표시등 점등
④ 음향장치 작동

35. 다음 사진은 유도등의 점검내용 중 어떤 점검에 해당되는가?

① 예비전원(배터리)점검
② 3선식 유도등점검
③ 2선식 유도등점검
④ 상용전원점검

36. 다음 중 이산화탄소소화설비에 대한 설명으로 틀린 것은 무엇인가?

① 소음이 작다.
② 가연물 내부에서 연소하는 심부화재에 적합하다.
③ 전기화재(C급)에 좋다.
④ 설비가 고압으로 특별한 주의와 관리가 필요하다.

37. 응급처치의 중요성에 관한 설명으로 틀린 것은?

① 환자의 건강체크와 사전예방
② 긴급한 환자의 생명 유지
③ 환자의 고통 경감
④ 현장처치의 원활화로 의료비 절감

38. 작동점검표 작성시 점검 전 준비사항으로 옳지 않은 것은?

① 음향장치 및 각 실별 방문점검을 미리 공지
② 점검의 목적과 필요성에 대하여 건물 관계인에게 사전안내
③ 건축물대장을 이용하여 건물개요 확인
④ 협의나 협조받을 건물 관계인 등 연락처를 사전확보

39. 다음 그림은 기동용 수압개폐장치이다. ㉠, ㉡, ㉢, ㉣의 명칭으로 알맞은 것은?

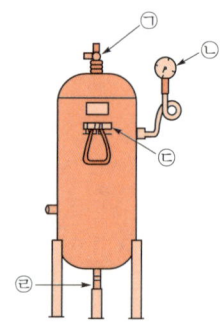

① ㉠ 안전밸브, ㉡ 압력계, ㉢ 압력스위치, ㉣ 배수밸브
② ㉠ 배수밸브, ㉡ 압력계, ㉢ 압력스위치, ㉣ 안전밸브
③ ㉠ 안전밸브, ㉡ 충압계, ㉢ 변동스위치, ㉣ 배수밸브
④ ㉠ 배수밸브, ㉡ 충압계, ㉢ 변동스위치, ㉣ 안전밸브

40. 다음 두 건축물의 최소 경계구역수를 합한 값으로 옳은 것은? (단, 건축물 (a)는 내부 전체가 보이는 구조이다.)

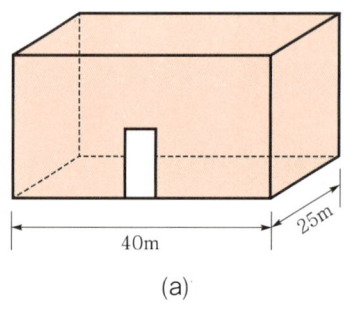
(a)

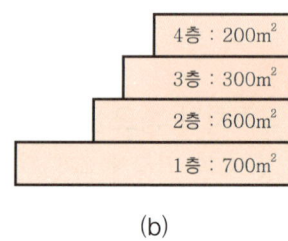
(b)

① 3개 ② 4개
③ 5개 ④ 6개

41. 다음 중 바닥으로부터 1m 이하의 높이에 설치해야 하는 유도등으로 옳은 것은?

① 피난구유도등, 복도통로유도등
② 계단통로유도등, 거실통로유도등
③ 복도통로유도등, 계단통로유도등
④ 피난구유도등, 거실통로유도등

42 종합점검 중 주펌프 성능시험을 위하여 주펌프만 수동으로 기동하려고 한다. 감시제어반의 스위치 상태로 옳은 것은?

유사문제
24년 문34
23년 문40
22년 문36

교재 2권
42-43

①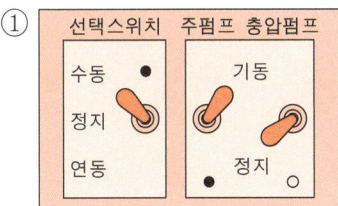
②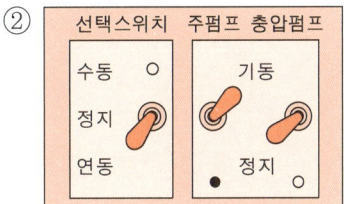
③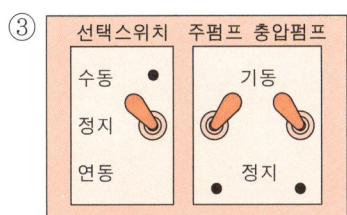
④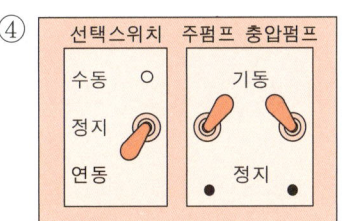

43 다음 보기는 준비작동식 스프링클러설비의 작동순서를 나타낸다. 작동순서로 옳은 것은?

유사문제
24년 문26
23년 문21
23년 문22
23년 문35
21년 문48

교재 2권
64

㉠ 화재발생
㉡ 감지기 A and B 감지기 작동 또는 수동기동장치(SVP) 작동
㉢ 준비작동식 유수검지장치 작동
㉣ 교차회로방식의 A or B 감지기 작동(경종 또는 사이렌 경보, 화재표시등 점등)
㉤ 배관 내 압력저하로 기동용 수압개폐장치의 압력스위치 작동 → 펌프 기동
㉥ 2차측으로 급수
㉦ 헤드 개방, 방수

① ㉠ → ㉣ → ㉡ → ㉢ → ㉥ → ㉦ → ㉤
② ㉠ → ㉣ → ㉥ → ㉤ → ㉡ → ㉢ → ㉦
③ ㉠ → ㉡ → ㉢ → ㉥ → ㉣ → ㉦ → ㉤
④ ㉠ → ㉡ → ㉢ → ㉥ → ㉣ → ㉤ → ㉦

44 다음 분말소화기의 약제의 주성분은 무엇인가?

① $NH_4H_2PO_4$
② $NaHCO_3$
③ $KHCO_3$
④ $KHCO_3+(NH_2)_2CO$

45 다음 빈칸에 들어갈 말로 옳은 것은?

- 소형소화기의 능력단위는 (㉠)단위이고 특정소방대상물의 각 부분으로부터 1개의 소화기까지의 보행거리는 (㉡) 이내이다.
- A급 대형소화기의 능력단위는 (㉢)단위 이상, B급 대형소화기의 능력단위는 (㉣)단위 이상이다.

① ㉠ : 1단위, ㉡ : 10m, ㉢ : 10단위, ㉣ : 20단위
② ㉠ : 1단위, ㉡ : 20m, ㉢ : 10단위, ㉣ : 20단위
③ ㉠ : 10단위, ㉡ : 10m, ㉢ : 20단위, ㉣ : 30단위
④ ㉠ : 10단위, ㉡ : 20m, ㉢ : 20단위, ㉣ : 30단위

46 다음 감지기회로는 어떤 방식으로 연결되었는가?

① 송배선식
② 직렬식
③ 병렬식
④ 교차회로방식

47 자위소방대의 인력편성 및 개별 임무 부여에 관한 사항으로 틀린 것은?

① 초기대응체계의 인원편성은 휴일 및 야간에 무인경비시스템을 통해 감시하는 경우에는 무인경비회사와 비상연락체계를 구축할 수 있다.
② 각 팀별로 기능에 기초하여 자위소방대원별 개별 임무를 부여한다. 이 경우 대원별 임무를 복수로 하거나 중복하여 지정할 수 없다.
③ 초기대응체계의 인원편성은 근무자의 근무위치, 근무인원 등을 고려하여 편성한다.
④ 초기대응체계의 인원편성은 근무자 또는 대상물관리인 등 상시근무자를 중심으로 구성한다.

48 다음 그림을 보고 현재 축압식 분말소화기의 지시압력계와 옥내소화전설비 동력제어반의 상태로 옳은 것은?

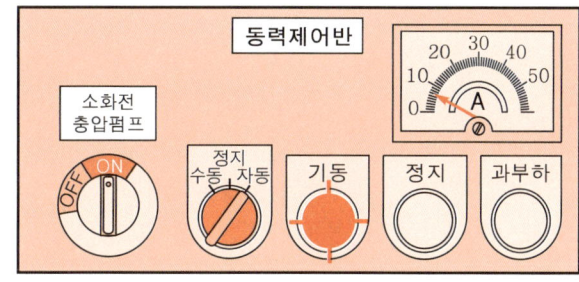

① 정상 - 불량
② 불량 - 불량
③ 불량 - 정상
④ 정상 - 정상

49 다음 중 소방시설 등이 신설된 2급 소방안전관리 대상물이다. 소방시설 점검표의 일부를 보고 다음 작동점검과 종합점검을 실시해야 하는 날짜로 옳은 것은? (단, 사용승인일은 2023년 8월 10일이다.)

[ ] 작동점검, 종합점검([✓]최초점검, [ ]그 밖의 종합점검)

소방시설등 자체점검 실시결과 보고서

※ [ ]에는 해당되는 곳에 √표를 합니다.

특정소방 대 상 물	명칭(상호)		대상물 구분(용도)	
	소재지			

점검기간	2023년 10월 4일 ~ 2023년 10월 5일 (총 점검일수 : 2일)

점검자	[ ]관계인 (성명: , 전화번호:)
	[ ]소방안전관리자 (성명: , 전화번호:)
	[ ]소방시설관리업자 (업체명: , 전화번호:)
	전자우편 송달 동의	「행정절차법」 제14조에 따라 정보통신망을 이용한 문서 송달에 동의합니다. [ ] 동의함 [ ] 동의하지 않음 관계인 (서명 또는 인) 전자우편 주소 @

점검인력	구분	성명	자격구분	자격번호	점검참여일(기간)
	주된 점검인력				
	보조 점검인력				
	보조 점검인력				
	보조 점검인력				
	보조 점검인력				
	보조 점검인력				

「소방시설 설치 및 관리에 관한 법률」 제23조 제3항 및 같은 법 시행규칙 제23조 제1항 및 제2항에 따라 위와 같이 소방시설등 자체점검 실시결과 보고서를 제출합니다.

2023년 10월 5일

소방시설관리업자 · 소방안전관리자 · 관계인: 아무개   (서명 또는 인)

① 종합점검 2024년 8월 4일, 작동점검 2025년 2월 3일
② 종합점검 2024년 10월 3일, 작동점검 2024년 4월 4일
③ 종합점검 2024년 4월 4일, 작동점검 미실시
④ 종합점검 미실시, 작동점검 2024년 4월 4일

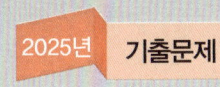

50 옥내소화전설비의 정상 방수압력 범위로 옳은 것은?

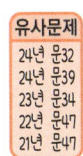

① 0.25~0.7MPa
② 0.17~0.7MPa
③ 0.17~1.2MPa
④ 0.25~1.2MPa

" 인생에서는 누구나 1등이 될 수 있다.
우리 모두 1등이 되는 삶을 향하여 한 발짝씩 전진해 봅시다. "
         - 김영식 '10m만 더 뛰어봐' -

2024년 기출문제

정답 및 해설은 여기로!
정답 및 해설 p. 2-18

정답 및 해설은 여기로!
정답 및 해설 p. 2-18

01 11층의 건물에 옥내소화전 7개, 옥외소화전 3개가 설치되어 있을 때 필요한 수원의 양은?

① $19.2m^3$
② $25m^3$
③ $27m^3$
④ $39.2m^3$

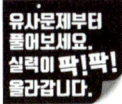

02 차동식 스포트형 감지기의 설명으로 옳은 것은?

① 감열실, 다이어프램, 리크구멍, 접점 등으로 구분한다.
② 바이메탈, 감열판 및 접점 등으로 구분한다.
③ 주위 온도가 일정온도 이상이 되었을 때 작동한다.
④ 보일러실, 주방 등에 설치한다.

03 위험물류별 특성으로 틀린 것은?

① 제1류 위험물은 산화성 고체로 가열, 충격, 마찰 등에 의해 분해되고 산소를 방출한다.
② 제2류 위험물은 가연성 고체로 연소시 유독가스가 발생한다.
③ 제4류 위험물은 인화성 액체로 주수소화 불가능한 것이 대부분이다.
④ 제6류 위험물은 산화성 액체로 가열, 충격, 마찰 등에 의해 분해되고 산소를 방출한다.

04 종합방재실의 설치기준에 대한 설명으로 옳은 것은?

① 공동주택의 경우 관리사무소 내에 설치할 수 없다.
② 종합방재실은 반드시 1층에 설치해야 한다.
③ 종합방재실의 면적은 30m² 로 해야 한다.
④ 재난정보 수집 및 제공, 방재활동의 거점 역할을 할 수 있는 곳이어야 한다.

05 다음 방염대상물품 중 제조 또는 가공공정에서 방염처리를 한 물품이 아닌 것은?

① 창문에 설치하는 커튼류(블라인드 포함)
② 종이류(두께 2mm 이상)
③ 암막·무대막(영화상영관에서 설치하는 스크린과 가상체험 체육시설업에 설치되는 스크린을 포함)
④ 섬유류 또는 합성수지류 등을 원료로 하여 제작된 소파·의자(단란주점, 유흥주점 및 노래연습장에 한함)

[06–08] 지상 4층, 연면적 5000m²인 공장 건물에 자동화재탐지설비 및 유도등이 설치되어 있다. 이 공장에 소방안전관리자 등을 2021년 3월 5일에 선임하였을 경우 다음 물음에 답하시오.

06 다음 특정소방대상물에 관하여 소방안전관리자, 소방안전관리보조자 선임에 관하여 옳은 것은?

① 2급 소방안전관리자 1명, 소방안전관리보조자 1명
② 3급 소방안전관리자 1명, 소방안전관리보조자 1명
③ 2급 소방안전관리자 1명, 소방안전관리보조자 2명
④ 3급 소방안전관리자 1명, 소방안전관리보조자 없음

07 다음 특정소방대상물에 소방안전관리자 선임조건으로 옳은 것은? (단, 해당 소방안전관리자 자격증을 받은 경우이다.)

① 2급 소방안전관리자 자격증을 받은 사람
② 3급 소방안전관리자 교육을 수료한 사람
③ 공공기관 소방안전관리에 관한 강습교육을 수료한 사람
④ 위험물기능사 자격이 있는 사람

08. 실무교육은 언제까지 받아야 하는가?

① 2021년 9월 1일
② 2021년 10월 1일
③ 2022년 3월 4일
④ 2023년 3월 4일

09. 다음 복사에 대한 설명 중 틀린 것은?

① 유체의 흐름에 의하여 열이 전달된다.
② 화재시 열의 이동에 가장 크게 작용하는 열이동방식이다.
③ 열에너지를 파장의 형태로 계속적으로 방사한다.
④ 열복사라고 하며 양지바른 곳에서 햇볕을 쬐면 따뜻한 것은 복사열을 받기 때문이다.

10. 다음 중 200만원 이하의 과태료 처분에 해당되지 않는 것은?

① 소방활동구역에 출입한 사람
② 소방자동차의 출동에 지장을 준 자
③ 기간 내에 소방안전관리자 선임을 하지 아니한 자
④ 기간 내에 소방훈련 및 교육 결과를 제출하지 아니한 자

11. 전기안전관리상 주요 화재원인이 아닌 것은?

① 전선의 합선(단락)에 의한 발화
② 누전에 의한 발화
③ 과전류(과부하)에 의한 발화
④ 전기절연저항에 의한 발화

12. 거실제연설비의 점검방법으로 틀린 것은?

① 화재경보가 발생하는지 확인한다.
② 제연커튼이 설치된 장소에는 제연커튼이 작동(내려오는지)되는지 확인한다.
③ 배기·급기댐퍼가 작동하여 폐쇄되는지 확인한다.
④ 배풍기(배기팬)·송풍기(급기팬)이 작동하여 송풍 및 배풍이 정상적으로 되는지 확인한다.

13. 장애유형별 피난보조에 대한 내용으로 틀린 것은?

① 지체장애인은 2인 이상이 1조가 되어 피난을 보조한다.
② 시각장애인은 표정이나 제스처를 사용하고 조명을 적극 활용한다.
③ 지적장애인은 공황상태에 빠질 수 있으므로 차분하고 느린 어조로 도움을 주러 왔음을 밝히고 피난을 보조한다.
④ 노인은 지병이 있는 경우가 많으므로 구조대가 알기 쉽게 지병을 표시한다.

14. 연료가스의 종류와 특성에 대한 설명으로 틀린 것은?

① LPG의 비중은 1.5~2이다.
② 프로판의 폭발범위는 2.1~9.5%이다.
③ 부탄의 폭발범위는 1.8~8.4%이다.
④ LNG의 폭발범위는 6~19%이다.

15. 다음 중 100만원 이하의 벌금에 해당되지 않는 것은?

① 피난명령을 위반한 자
② 정당한 사유 없이 물의 사용이나 수도의 개폐장치의 사용 또는 조작을 하지 못하게 방해한 자
③ 정당한 사유 없이 소방대가 현장에 도착할 때까지 사람을 구출하는 조치 또는 불을 끄거나 불이 번지지 않도록 조치를 아니한 소방대상물 관계인
④ 정당한 사유 없이 소방용수시설 또는 비상소화장치를 사용하거나 소방용수시설 또는 비상소화장치의 효용을 해하거나 그 정당한 사용을 방해한 사람

16. 다음 중 자동화재탐지설비에 관한 설명 중 옳은 것은?

① 도통시험순서는 도통시험스위치 누름 → 자동복구스위치 누름 → 회로시험스위치 돌림이다.
② 도통시험은 정상 19~29V, 단선 0V이다.
③ 예비전원시험시 전압계가 있는 경우 정상일 때 19~29V를 가리킨다.
④ 감지기 사이의 회로배선은 교차회로방식이다.

17. 다음 중 종합방재실의 위치에 대한 설명으로 틀린 것은?

① 1층 또는 피난층
② 초고층 건축물에 특별피난계단이 설치되어 있고, 특별피난계단 출입구로부터 5m 이내에 종합방재실을 설치하려는 경우에는 지하 1층 또는 지하 2층에 설치할 수 있다.
③ 화재 및 침수 등으로 인하여 피해를 입을 우려가 적은 곳
④ 공동주택의 경우에는 관리사무소 내에 설치할 수 있다.

18. 4층 이상 노유자시설의 피난기구 중 적응성이 있는 것은?

① 피난용 트랩
② 피난교
③ 피난사다리
④ 완강기

19. 다음 보기에서 설명하는 소방교육 및 훈련의 실시원칙으로 옳은 것은?

• 어떠한 기술을 어느 정도까지 익혀야 하는가를 명확하게 제시한다.
• 습득하여야 할 기술이 활동 전체에서 어느 위치에 있는가를 인식하도록 한다.

① 학습자 중심의 원칙
② 동기부여의 원칙
③ 목적의 원칙
④ 경험의 원칙

20 다음 스프링클러설비의 내용 중 옳은 것은?
① 습식 스프링클러설비는 소화가 신속하다.
② 건식 스프링클러설비는 동결 우려 장소에 사용이 불가능하다.
③ 준비작동식 스프링클러설비는 수손피해가 크다.
④ 일제살수식 스프링클러설비는 대량살수에 의한 수손피해가 없다.

21 노유자시설의 피난기구 중 적응성이 없는 것은?
① 완강기
② 다수인 피난장비
③ 미끄럼대
④ 구조대

22 경계구역 설정방법으로 틀린 것은?
① 하나의 경계구역이 2개 이상의 건축물에 미치지 아니하도록 하여야 한다.
② 500m² 이하의 범위 안에서는 2개의 층을 하나의 경계구역으로 할 수 있다.
③ 하나의 경계구역의 면적은 600m², 한 변의 길이는 50m 이하로 한다.
④ 내부 전체가 보이는 것에 있어서는 한 변의 길이가 70m의 범위 내에서 1000m² 이하로 할 수 있다.

23 다음 사진은 유도등의 점검내용 중 어떤 점검에 해당되는가?

① 예비전원(배터리)점검　　② 3선식 유도등점검
③ 2선식 유도등점검　　④ 상용전원점검

24. 다음 건축법 관련 용어 중 재축의 정의 및 재축이 갖추어야 할 요건으로 옳지 않은 것은?

① 연면적 합계는 종전 규모 이하로 할 것
② 동수, 층수 및 높이가 모두 종전 규모 이하일 것
③ 동수, 층수 또는 높이의 어느 하나가 종전 규모를 초과하는 경우에는 해당 동수, 층수 및 높이가 건축법령에 모두 적합할 것
④ 재축이란 기존 건축물의 전부 또는 일부를 해체하고 그 대지에 종전과 동일한 규모의 범위 안에서 건축물을 다시 축조하는 것을 말한다.

25. 제연설비에서 방연풍속이 다른 하나는?

① 계단실 및 그 부속실을 동시 제연하는 것
② 부속실이 면하는 옥내가 거실인 경우
③ 부속실이 면하는 옥내가 복도로서 그 구조가 방화구조인 것
④ 계단실만 단독으로 제연하는 것

제 2 과목

정답 및 해설은 여기로!
정답 및 해설 p. 2-29

26. 습식 스프링클러설비 점검 그림이다. 점검시 스프링클러설비의 상태로 옳지 않은 것은? (단, 설비는 정상상태이며, 제시된 조건을 제외하고 나머지 조건은 무시한다.)

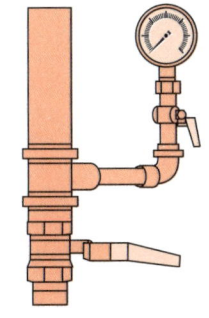

∥3층 말단시험밸브 모습∥

① 감지기 작동 ② 알람밸브 작동
③ 주, 충압펌프 작동 ④ 사이렌 작동

27. 제연설비 점검시 감지기를 작동시켜 정상동작을 위한 각 제어반의 스위치 위치로 옳은 것은? (단, 제시된 조건을 제외하고 나머지 조건은 무시한다.)

유사문제
24년 문41
23년 문30
23년 문48
21년 문26
21년 문42

실무교재 113~115

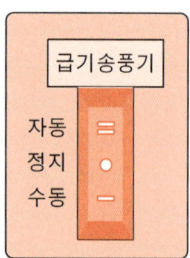
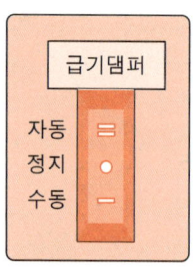
▎감시제어반▎

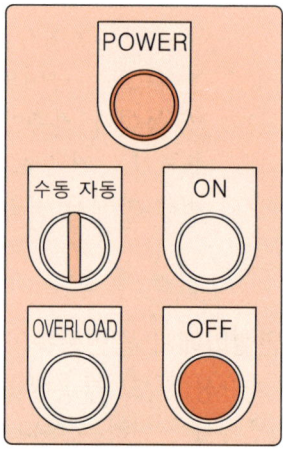
▎동력제어반▎

	감시제어반				동력제어반	
	스위치	상태	스위치	상태	스위치	상태
①	급기송풍기	수동	급기댐퍼	수동	동력제어반 수동/자동	자동
②	급기송풍기	자동	급기댐퍼	자동	동력제어반 수동/자동	자동
③	급기송풍기	자동	급기댐퍼	자동	동력제어반 수동/자동	수동
④	급기송풍기	수동	급기댐퍼	수동	동력제어반 수동/자동	수동

28 계단감지기 점검시 수신기에 나타나는 모습으로 옳은 것은?

유사문제
23년 문38
23년 문44
22년 문28
22년 문39
21년 문45

교재 2권
111

① 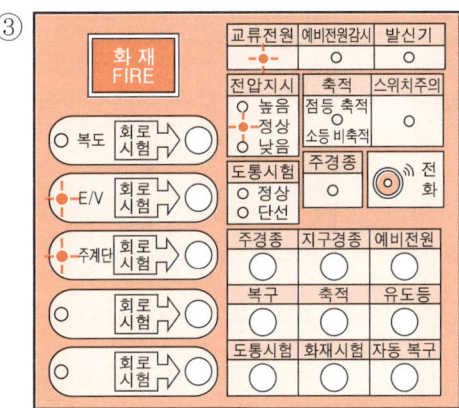 ②

③ 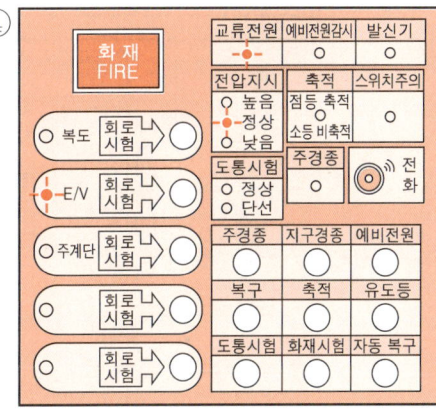 ④

29

건물 내 2F에서 발신기 오작동이 발생하였다. 수신기의 상태로 볼 수 있는 것으로 옳은 것은? (단, 건물은 직상 4개층 경보방식이다.)

① 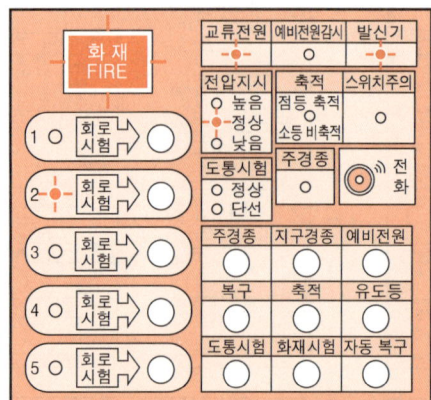   ②

③ 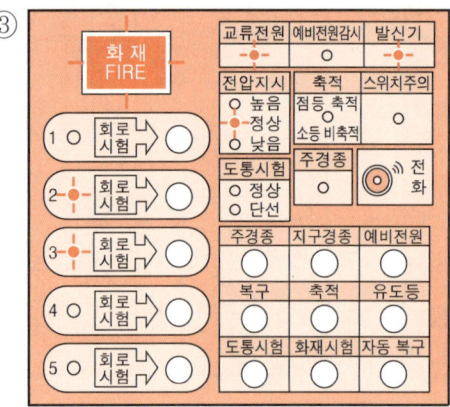   ④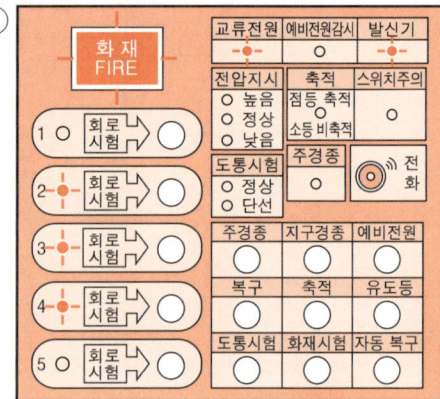

30 다음 자동화재탐지설비 점검시 5층의 선로 단선을 확인하는 순서로 옳은 것은?

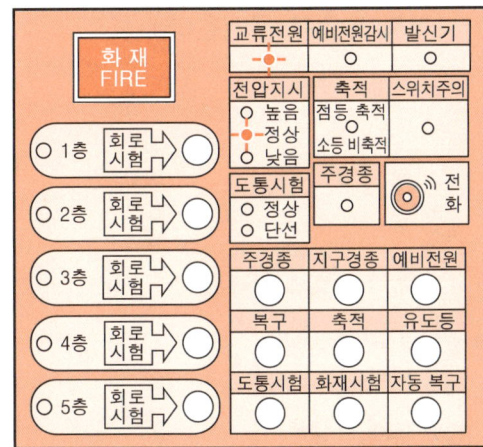

① 주경종 버튼 누름 → 5층 회로시험 누름
② 화재시험 버튼 누름 → 5층 회로시험 누름
③ 축적 버튼 누름 → 5층 회로시험 누름
④ 도통시험 버튼 누름 → 5층 회로시험 버튼 누름

31 다음 옥내소화전(감시 또는 동력)제어반에서 주펌프를 수동으로 기동시키기 위하여 보기에서 조작해야 할 스위치로 옳은 것은? (단, 설비는 정상상태이며 제시된 조건을 제외한 나머지 조건은 무시한다.)

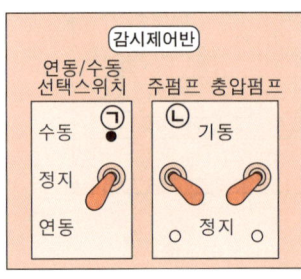
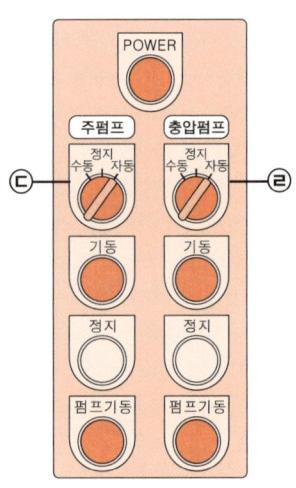

① ㉠만 수동으로 조작
② ㉠은 연동에 두고 ㉡을 기동으로 조작
③ ㉢을 수동으로 두고 기동버튼 누름
④ ㉣을 수동으로 두고 기동버튼 누름

32 다음 중 옥내소화전설비의 방수압력 측정조건 및 방법으로 옳은 것은?

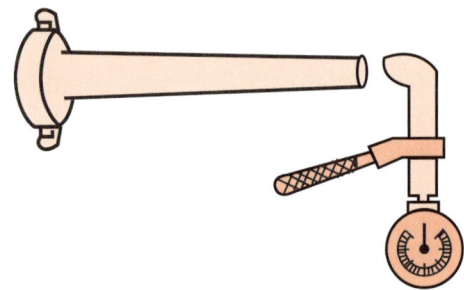

① 반드시 방사형 관창을 이용하여 측정해야 한다.
② 방수압력측정계는 노즐의 선단에서 근접$\left(노즐구경의 \dfrac{1}{2}\right)$하여 측정한다.
③ 방수압력 측정시 정상압력은 0.15MPa 이하로 측정되어야 한다.
④ 방수압력측정계로 측정할 경우 물이 나가는 방향과 방수압력측정계의 각도는 상관없다.

33 다음 그림의 밸브가 개방(작동)되는 조건으로 옳지 않은 것은?

┃프리액션밸브┃

① 방화문 감지기 작동
② SVP(수동조작함) 수동조작 버튼 기동
③ 감시제어반에서 동작시험
④ 감시제어반에서 수동조작

34 다음 옥내소화전 감시제어반 스위치 상태를 보고 옳은 것을 고르시오.

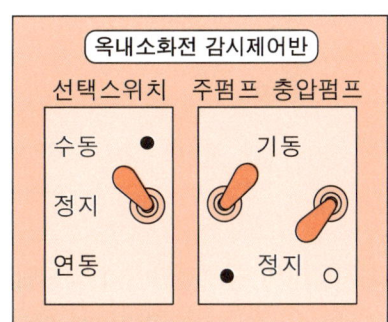

① 충압펌프를 수동으로 기동 중이다.
② 주펌프를 수동으로 기동 중이다.
③ 충압펌프를 자동으로 기동 중이다.
④ 주펌프는 자동으로 기동 중이다.

35. 다음 그림 중 심폐소생술(CPR)과 자동심장충격기(AED) 사용 순서로 옳은 것은?

① 반응 확인 → 119 신고 → 심장리듬 분석 → 인공호흡
② 119 신고 → 인공호흡 → 심장리듬 분석 → 가슴압박
③ 119 신고 → 가슴압박 → 반응 확인 → 심장리듬 분석
④ 반응 확인 → 119 신고 → 가슴압박 → 심장리듬 분석

36. 아래와 같이 옥내소화전설비의 감시제어반이 유지되고 있다. 다음 중 주펌프를 수동기동하는 방법(㉠, ㉡, ㉢)과 이때 감시제어반에서 작동되는 음향장치(㉣)를 올바르게 나열한 것은? (단, 설비는 정상상태이며 제시된 조건을 제외한 나머지 조건은 무시한다.)

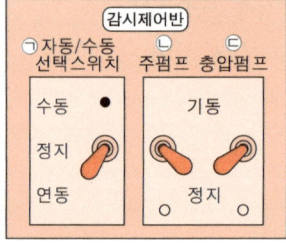

① ㉠ 연동, ㉡ 기동, ㉢ 정지, ㉣ 사이렌   ② ㉠ 연동, ㉡ 정지, ㉢ 정지, ㉣ 부저
③ ㉠ 수동, ㉡ 기동, ㉢ 정지, ㉣ 부저   ④ ㉠ 수동, ㉡ 기동, ㉢ 정지, ㉣ 사이렌

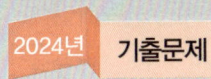

37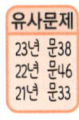

수신기의 예비전원시험을 진행한 결과 다음과 같이 수신기의 표시등이 점등되었을 때, 조치사항으로 옳은 것은?

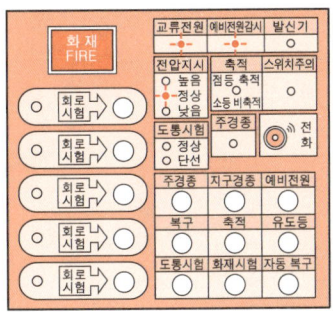

① 축적스위치를 누름
② 복구스위치를 누름
③ 예비전원 시험스위치 불량 여부 확인
④ 예비전원 불량 여부 확인

38

다음 중 그림 A~C에 대한 설명으로 옳지 않은 것은?

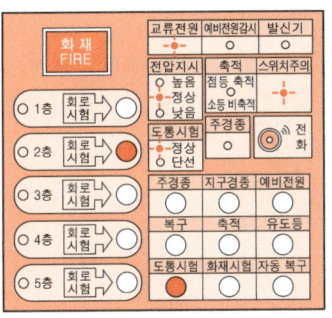

|그림 A|

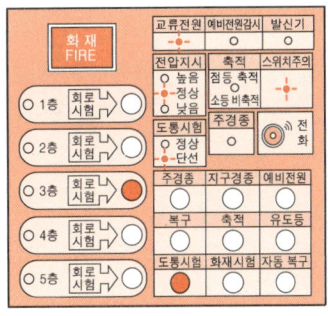

|그림 B|

|그림 C|

① 그림 A를 봤을 때 2층의 도통시험 결과가 정상임을 알 수 있다.
② 그림 A를 봤을 때 스위치주의표시등이 점등된 것은 정상이다.
③ 그림 B를 봤을 때 3층의 도통시험 결과 단선임을 알 수 있다.
④ 그림 C를 봤을 때 모든 경계구역은 단선이다.

39. 옥내소화전 방수압력시험에 필요한 장비로 옳은 것은?

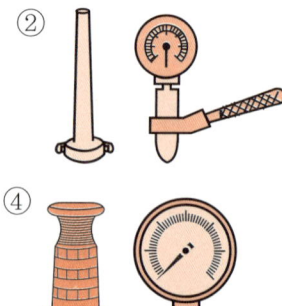

40. 동력제어반 상태를 확인하여 감시제어반의 예상되는 모습으로 옳은 것은? (단, 현재 감시제어반에서 펌프를 수동 조작하고 있다.)

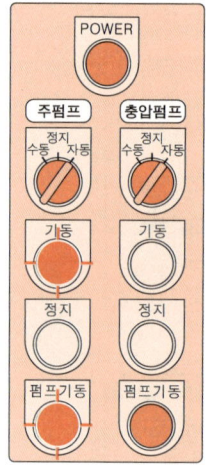

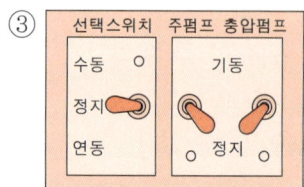

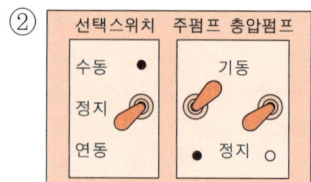

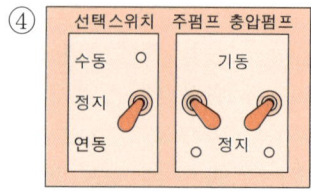

41 급기댐퍼 수동기동장치를 작동시켰을 때 감시제어반에서 확인되는 사항으로 옳지 않은 것만 〈보기〉에서 있는 대로 고른 것은? (단, 모든 설비는 정상상태이다.)

〈보기〉

구 분	감시제어반 표시등	작동상태
㉠	감지기	점등
㉡	댐퍼 확인	소등
㉢	댐퍼수동기동	점등
㉣	송풍기 확인	소등

① ㉠, ㉡ ② ㉡, ㉢
③ ㉠, ㉡, ㉣ ④ ㉢, ㉣

42 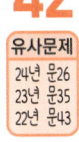 그림 A의 밸브를 화살표 방향으로 내렸을 때 그림 B와 같이 감시제어반에 표시되었다. 감시제어반 상태에 대한 설명으로 옳은 것은? (단, 설비는 정상상태이며 제시된 조건을 제외한 나머지 조건은 무시한다.)

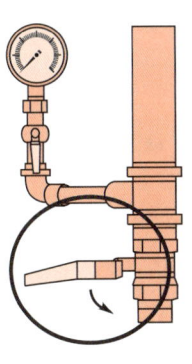
| 그림 A |

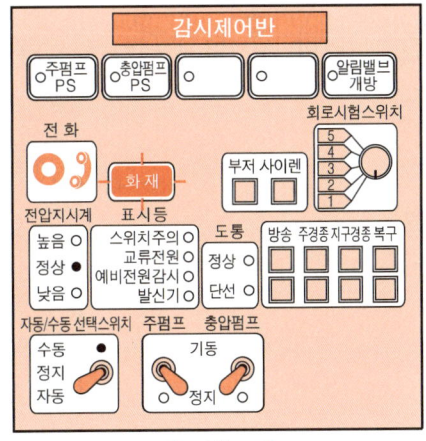
| 그림 B |

① 주펌프 및 충압펌프는 정상적으로 작동하고 있다.
② 화재표시등이 꺼져있다.
③ 알람밸브는 개방되어 있지 않다.
④ 자동/수동 선택스위치는 현재 수동에 위치하고 있다.

43 펌프성능시험을 위해 그림과 같이 펌프를 작동하였다. 다음 그림에 대한 설명으로 옳지 않은 것은? (단, 설비는 정상상태이며 제시된 조건을 제외한 나머지 조건은 무시한다.)

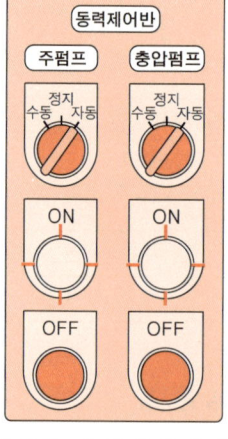
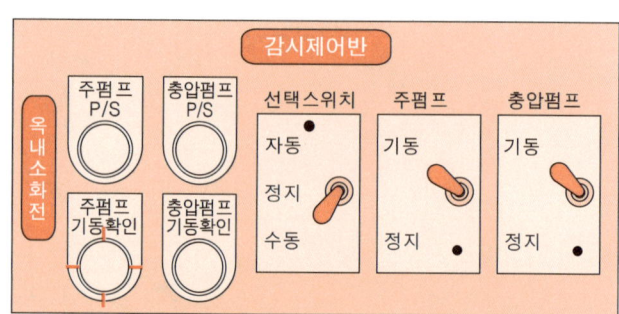

① 기동용 수압개폐장치(압력챔버) 주펌프 압력스위치는 미작동 상태이다.
② 감시제어반의 주펌프 스위치를 정지위치로 내리면 주펌프는 정지한다.
③ 현재 주펌프는 자동으로, 충압펌프는 수동으로 작동하고 있다.
④ 감시제어반 충압펌프 기동확인등이 소등되어 있으므로 불량이다.

44 그림의 수신기에 대하여 올바르게 이해하고 있는 사람은?

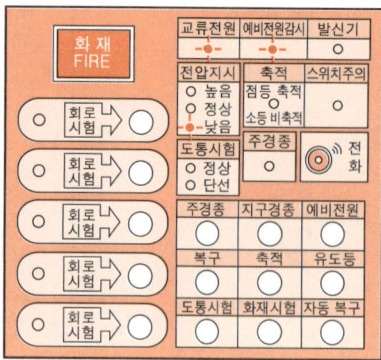

① 김씨 : 현재 전력은 안정적으로 공급되고 있네요.
② 이씨 : 전력공급이 불안정할 때는 예비전원스위치를 눌러서 전원을 공급해야 해.
③ 박씨 : 예비전원 배터리에 문제가 있을 것으로 예상되므로 예비전원을 교체해야 해.
④ 최씨 : 정전, 화재 등 비상시 소방설비가 정상적으로 작동될거야.

45. 추운 곳에 설치하기 곤란한 스프링클러설비는?

① 습식
② 건식
③ 준비작동식
④ 일제살수식

46. 다음 중 수신기 그림의 설명으로 옳은 것은?

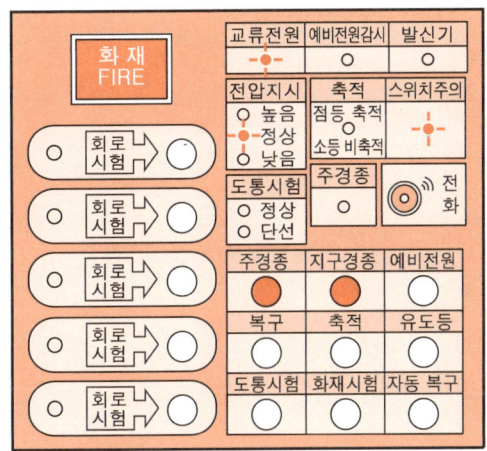

① 스위치 주의표시등이 점등되어 있으므로 119에 신속히 신고한다.
② 스위치 주의표시등이 점등되어 있으므로 화재 위치를 확인하여 조치한다.
③ 스위치 주의표시등이 점등되어 있으므로 스위치상태를 확인하여 정상위치에 놓는다.
④ 스위치 주의표시등이 점등되어 있으므로 예비전원 상태를 확인한다.

47 그림은 P형 수신기의 도통시험을 위하여 도통시험 버튼 및 회로 3번 시험버튼을 누른 모습이다. 점검표 작성 내용으로 옳은 것은? (단, 회로 1, 2, 4, 5번의 점검결과는 회로 3번 결과와 동일하다.)

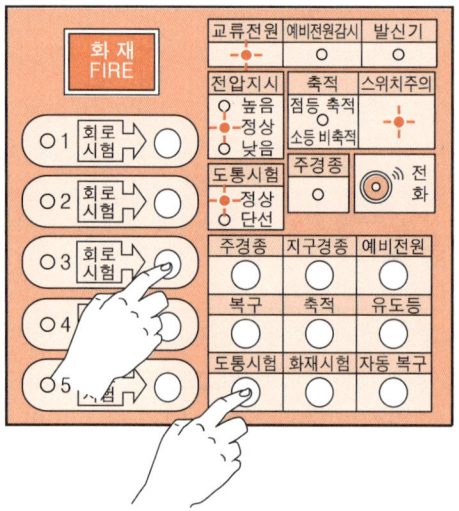

점검항목	점검내용	점검결과	
		결과	불량내용
수신기 도통시험	회로단선 여부	㉠	㉡

① ㉠ ×, ㉡ 회로 1, 2번의 단선 여부를 확인할 수 없음
② ㉠ ○, ㉡ 이상 없음
③ ㉠ ×, ㉡ 1번 회로 단선
④ ㉠ ○, ㉡ 회로 3번은 정상, 나머지 회선은 단선

48 그림은 옥내소화전 감시제어반 중 펌프제어를 위한 스위치의 예시를 나타낸 것이다. 평상시 및 펌프점검시 스위치 위치에 대한 설명으로 옳은 것만 보기에서 있는대로 고른 것은?

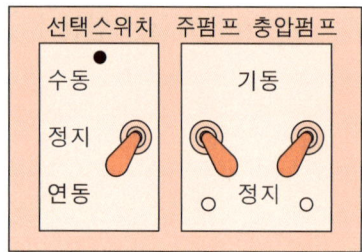

㉠ 평상시 펌프선택스위치는 '수동' 위치에 있어야 한다.
㉡ 평상시 주펌프스위치는 '기동' 위치에 있어야 한다.
㉢ 펌프 수동기동시 펌프 선택스위치는 '수동'에 있어야 한다.

① ㉠
② ㉢
③ ㉠, ㉡
④ ㉠, ㉡, ㉢

49. 다음은 인공호흡에 관한 내용이다. 보기 중 옳은 것을 있는 대로 고른 것은?

▎인공호흡▎

㉠ 턱을 목 아래쪽으로 내려 공기가 잘 들어가도록 해준다.
㉡ 머리를 젖혔던 손의 엄지와 검지로 환자의 코를 잡아서 막고, 입을 크게 벌려 환자의 입을 완전히 막은 후 가슴이 올라올 정도로 1초에 걸쳐서 숨을 불어 넣는다.
㉢ 숨을 불어 넣을 때에는 환자의 가슴이 부풀어 오르는지 눈으로 확인하고 공기가 배출되도록 해야 한다.
㉣ 인공호흡이 꺼려지는 경우에는 가슴압박만 시행할 수 있다.

① ㉠   ② ㉡
③ ㉡, ㉣   ④ ㉠, ㉢

50. 그림은 자동화재탐지설비 수신기의 작동 상태를 나타낸 것이다. 보기 중 옳은 것을 있는 대로 고른 것은?

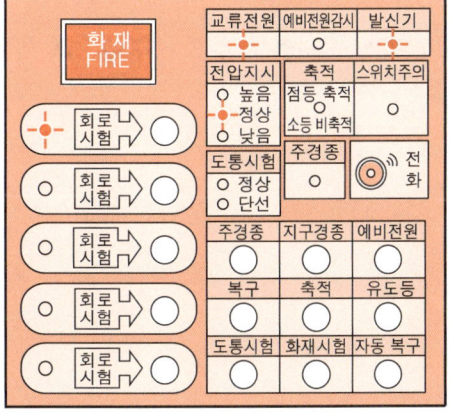

㉠ 도통시험을 실시하고 있으며 좌측 구역은 단선이다.
㉡ 화재통보기기는 발신기이다.
㉢ 스위치주의등이 점멸되지 않는 것은 조작스위치가 눌러져 작동된 상태를 나타낸다.
㉣ 수신기의 전원상태는 이상이 없다.

① ㉠, ㉡   ② ㉡, ㉢
③ ㉢, ㉣   ④ ㉡, ㉣

" 내가 못하면 아무도 못하는 그 날까지
                    - H.S. Kong - "

2023년 기출문제

제 1 과목

01 소방대상물의 관계인이 아닌 것은?
① 감독자
② 관리자
③ 소유자
④ 점유자

02 다음 중 대수선에 해당하지 않은 것은?
① 기둥 2개를 수선 또는 변경하는 것
② 지붕틀 3개를 수선 또는 변경하는 것
③ 보 3개를 수선 또는 변경하는 것
④ 주계단, 피난계단 또는 특별피난계단을 증설 또는 해체하는 것

03 방화구획의 설치기준 중 스프링클러설비, 기타 이와 유사한 자동식 소화설비를 설치한 10층 이하의 층은 몇 m² 이내마다 구획하여야 하는가?
① 1000
② 1500
③ 2000
④ 3000

04. 다음은 연소의 3요소 중 가연물이 될 수 없는 조건과 물질이다. 아래의 조건과 해당되는 물질이 옳게 짝지어진 것은?

조 건	물 질
㉠ 불활성 기체 ㉡ 완전산화물 ㉢ 흡열반응물질	ⓐ 돌, 흙 ⓑ 질소 또는 질소산화물 ⓒ 물, 이산화탄소 ⓓ 헬륨, 네온, 아르곤 ⓔ 일산화탄소

① ㉠-ⓔ, ㉡-ⓓ, ㉢-ⓑ
② ㉠-ⓓ, ㉡-ⓑ, ㉢-ⓐ
③ ㉠-ⓓ, ㉡-ⓒ, ㉢-ⓑ
④ ㉠-ⓓ, ㉡-ⓑ, ㉢-ⓒ

05. 가연성 물질의 구비조건으로 옳은 것은?

① 산소와의 친화력이 작다.
② 건조도가 낮다.
③ 연소열이 작다.
④ 열전도율이 작다.

06. 다음 중 연소의 형태에 따른 물질로 짝지어진 것 중 옳지 않은 것은?

① 표면연소 : 마그네슘
② 분해연소 : 석탄
③ 증발연소 : 열가소성수지
④ 자기연소 : 황

07. 다음 중 연소 후 재를 남기지 않는 것은 무슨 화재인가?

① 일반화재
② 유류화재
③ 주방화재
④ 금속화재

08 열전달의 설명 중 화재에서 화염의 접촉 없이 연소가 확산되는 현상을 무엇이라 하는가?

① 전도 ② 대류
③ 복사 ④ 비화

09 연기의 수평방향 확산속도는?

① 0.5~1.0m/sec ② 1.0~1.2m/sec
③ 2~3m/sec ④ 3~5m/sec

10 ( ) 안에 들어갈 말로 옳은 것은?

> 위험물이란 ( ) 또는 ( ) 등의 성질을 가지는 것으로 대통령령이 정하는 물품이다.

① 발화성 또는 점화성
② 위험성 또는 인화성
③ 인화성 또는 발화성
④ 인화성 또는 점화성

11 액화석유가스(LPG)에 대한 설명으로 옳지 않은 것은?

① 가정용, 공업용으로 주로 사용된다.
② CH_4이 주성분이다.
③ 프로판의 폭발범위는 2.1~9.5%이다.
④ 비중이 1.5~2로 누출시 낮은 곳으로 체류한다.

12 다음 중 종합방재실의 구축효과로 옳지 않은 것은?

① 화재피해의 최소화 ② 화재시 신속한 대응
③ 시스템 안전성 향상 ④ 유지관리 비용 증가

13 다음 중 자동화재탐지설비의 소방시설 적용기준으로 틀린 것은?

① 근린생활시설(목욕장 제외)로서 연면적 600m² 이상
② 판매시설로서 연면적 1000m² 이상
③ 업무시설로서 연면적 1000m² 이상
④ 교육연구시설로서 연면적 1500m² 이상

14 소방안전관리보조자는 몇 명이 필요한가?

① 1명
② 2명
③ 3명
④ 4명

15 소화설비 중 소화기구에 대한 설명으로 옳지 않은 것은?

① 소화기는 각 층마다 설치하고 소형소화기는 특정소방대상물의 각 부분으로부터 1개 소화기까지 보행거리는 20m 이내로 한다.
② ABC급 분말소화기의 주성분은 제1인산암모늄이다.
③ 능력단위가 2단위 이상이 되도록 소화기를 설치하여야 하는 특정소방대상물 또는 그 부분에 있어서는 간이소화용구의 능력단위가 전체 능력단위를 초과하지 않도록 하여야 한다.
④ 소화기의 내용연수는 10년으로 하고 내용연수가 지난 제품은 교체 또는 성능확인을 받아야 한다.

16 건축물의 주요구조부가 내화구조이고, 벽 및 반자의 실내에 면하는 부분이 불연재료로 된 바닥면적 600m²인 의료시설에 필요한 소화기구의 능력단위는?

① 2단위
② 3단위
③ 4단위
④ 6단위

17 옥내소화전설비에 대한 설명으로 옳은 것은?

① 옥내소화전(2개 이상인 경우 2개, 고층건축물의 경우 최대 5개)을 동시에 방수할 경우 방수압은 0.17MPa 이상, 0.7MPa 이하가 되어야 한다.
② 옥내소화전(2개 이상인 경우 2개, 고층건축물의 경우 최대 5개)을 동시에 방수할 경우 방수량은 350L/min 이상이어야 한다.
③ 방수구는 바닥으로부터 0.8m~1.5m 이하의 위치에 설치한다.
④ 옥내소화전설비의 호스의 구경은 25mm 이상의 것을 사용하여야 한다.

18 30층 미만인 어느 건물에 옥내소화전이 1층에 6개, 2층에 4개, 3층에 4개가 설치된 소방대상물의 최소수원의 양은?

① $2.6m^3$
② $5.2m^3$
③ $10.8m^3$
④ $13m^3$

19 폐쇄형 스프링클러헤드는 설치장소의 평상시 최고 주위온도가 39℃ 이상 64℃ 미만인 경우 표시온도는 어떤 것을 설치하여야 하는가?

① 79℃ 미만
② 79℃ 이상 121℃ 미만
③ 79℃ 이상 121℃ 이하
④ 121℃ 이상 162℃ 미만

20 지하층을 제외한 10층 이하인 소방대상물 중 공장(특수가연물을 저장ㆍ취급하는 것)의 경우 스프링클러헤드의 기준개수는?

① 10개
② 20개
③ 30개
④ 40개

21. 습식 스프링클러설비에서 알람밸브 2차측 압력이 저하되어 클래퍼가 개방(작동)되면 이후 일어나는 현상은?

① 클래퍼 개방에 따른 압력수 유입으로 압력스위치가 작동한다.
② 가속기의 작동으로 1차측 물이 2차측으로 더욱 빠르게 이동한다.
③ 주펌프와 충압펌프가 번갈아가면서 기동된다.
④ 주펌프만 기동된다.

22. 준비작동식 스프링클러설비의 점검시 A감지기 또는 B감지기 하나만 작동시 확인하여야 할 사항은?

① 솔레노이드밸브 개방 여부 확인
② 경종 또는 사이렌 경보, 화재표시등 점등 여부 확인
③ 감시제어반 밸브개방 표시등 점등 여부 확인
④ 펌프의 자동기동 여부 확인

23. 그림에서 펌프토출측의 개폐표시형 개폐밸브를 잠그고 성능시험배관의 유량조절밸브를 잠근상태로 펌프를 기동하여 압력을 확인하며, 정격토출압력의 140% 이하인지를 확인하는 시험을 무엇이라고 하는가?

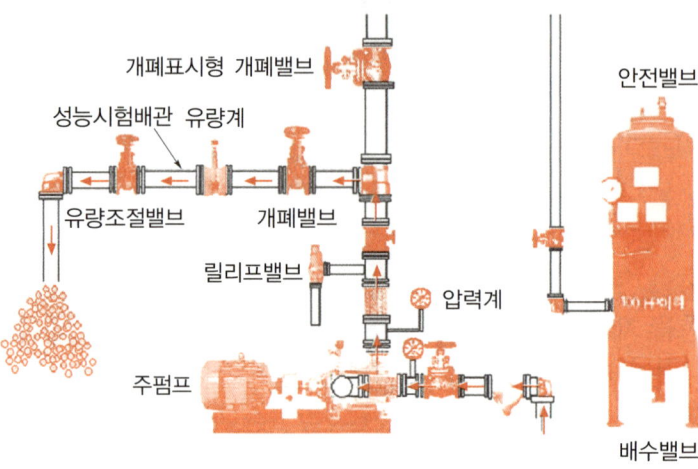

① 체절운전
② 최대운전
③ 정격부하운전
④ 피크부하운전

24 어느 건축물의 바닥면적이 각각 1층 700m², 2층 600m², 3층 300m², 4층 200m²이다. 이 건축물의 최소 경계구역수는?

① 3개
② 4개
③ 5개
④ 6개

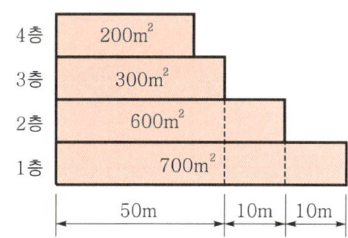

25 주방에 설치하는 감지기는?

① 차동식 스포트형 감지기
② 이온화식 스포트형 감지기
③ 정온식 스포트형 감지기
④ 광전식 스포트형 감지기

26 다음 그림의 소화기를 점검하였다. 점검결과에 대한 내용으로 옳은 것은?

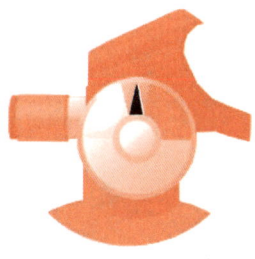

주의사항
1. 매월 1회 이상 지시압력계의 바늘이 정상위치에 있는가를 확인
2. 소화기 설치시에는 태양의 직사 고온다습의 장소를 피한다.
3. 사용시에는 바람을 등지고 방사하고 사용 후에는 내부약제를 완전 방출하여야 한다.
4. 사람을 향하여 방사하지 마십시오.
※ 소화약제 물질 안전자료 관련정보(MSDS정보) ① 위험물질 정보(0.1% 초과시 목록) : 없음 ② 내용물의 5%를 초과하는 화학물질목록 : 제1인산암모늄, 석분 ③ 위험한 약제에 관한 정보 : 폐자극성 분진

제조연월	2008.06

번 호	점검항목	점검결과
1-A-007	○ 지시압력계(녹색범위)의 적정 여부	㉠
1-A-008	○ 수동식 분말소화기 내용연수(10년) 적정 여부	㉡

설비명	점검항목	불량내용
소화설비	1-A-007	㉢
	1-A-008	

① ㉠ ×, ㉡ ○, ㉢ 약제량 부족
② ㉠ ○, ㉡ ○, ㉢ 없음
③ ㉠ ×, ㉡ ×, ㉢ 약제량 부족, 내용연수 초과
④ ㉠ ○, ㉡ ×, ㉢ 내용연수 초과

27 ★★

유사문제
24년 문16
24년 문37

교재 2권
114
-115

P형 수신기 예비전원시험(전압계 방식)을 하기 위해 예비전원버튼을 눌렀을 때 전압계가 다음과 같이 지시하였다. 다음 중 옳은 설명은?

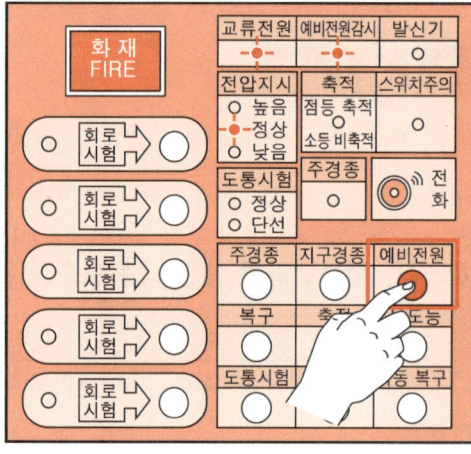

① 예비전원이 정상이다.
② 예비전원이 불량이다.
③ 교류전원을 점검하여야 한다.
④ 예비전원전압이 과도하게 높다.

28 아래의 그림은 준비작동식 스프링클러 점검시 유수검지장치를 작동시키는 방법과 감시제어반에서 확인해야 할 사항이다. 다음 중 옳은 것을 모두 고르시오.

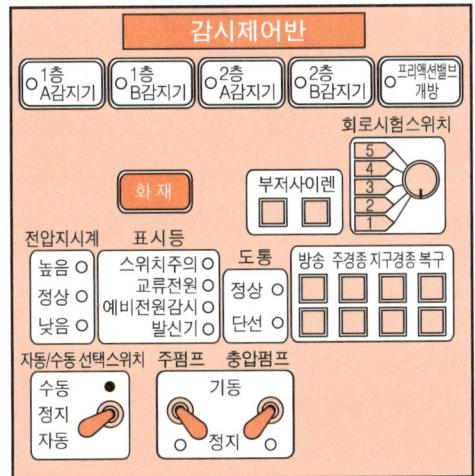

1. 프리액션밸브 유수검지장치를 작동시키는 방법
   ㉠ 화재동작시험을 통한 A, B 감지기 작동
   ㉡ 해당 구역 감지기(A, B) 2개 회로 작동
   ㉢ 말단시험밸브 개방
2. 감시제어반 확인사항
   ㉣ 해당 구역 감지기 A, B 지구표시등 점등
   ㉤ 프리액션밸브 개방표시등 점등
   ㉥ 도통시험회로 단선 여부 확인
   ㉦ 발신기 응답표시등 점등 확인

① ㉠, ㉡, ㉣, ㉥
② ㉠, ㉢, ㉣, ㉤
③ ㉠, ㉡, ㉣, ㉤
④ ㉠, ㉢, ㉥, ㉦

29 가스계 소화설비 기동용기함의 솔레노이드밸브 점검 전 상태를 참고하여 안전조치의 순서로 옳은 것은?

유사문제
23년 문36
22년 문32
21년 문30

교재 2권 87

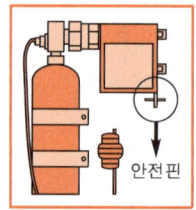
솔레노이드밸브 점검 전

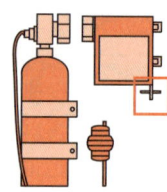
㉠ 안전핀 제거

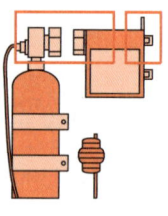
㉡ 솔레노이드 분리

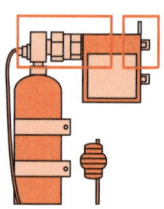
㉢ 안전핀 체결

① ㉡ - ㉢ - ㉠
② ㉢ - ㉡ - ㉠
③ ㉢ - ㉠ - ㉡
④ ㉡ - ㉠ - ㉢

30 화재발생시 제연설비 작동순서로 옳은 것은?

유사문제
24년 문27
23년 문48
22년 문27
21년 문26
21년 문42

교재 2권 161

㉠ 화재발생
㉡ 감지기 작동, 발신기 수동기동장치 누름, 댐퍼 수동기동장치 누름
㉢ 급기송풍기 작동
㉣ 급기댐퍼 개방

① ㉠ - ㉡ - ㉣ - ㉢
② ㉢ - ㉣ - ㉠ - ㉡
③ ㉠ - ㉢ - ㉡ - ㉣
④ ㉠ - ㉡ - ㉢ - ㉣

31

김소방씨는 어느 건물에 자동화재탐지설비의 작동점검을 한 후 작동점검표에 점검결과를 다음과 같이 작성하였다. 점검항목에 '조작스위치가 정상위치에 있는지 여부'는 어떤 것을 확인하여야 알 수 있었겠는가?

자동화재탐지설비 (양호○, 불량×, 해당 없음/)

구 분	점검번호	점검항목	점검결과
수신기	15-B-002	• 조작스위치가 정상위치에 있는지 여부	○
	15-B-006	• 수신기 음향기구의 음량·음색 구별 가능 여부	○
감지기	15-D-009	• 감지기 변형·손상 확인 및 작동시험 적합 여부	○
전원	15-H-002	• 예비전원 성능 적정 및 상용전원 차단시 예비전원 자동전환 여부	×
배선	15-I-003	• 수신기 도통시험회로 정상 여부	○

① 회로단선 여부 확인
② 예비전원 및 예비전원감시등 확인
③ 교류전원감시등 확인
④ 스위치주의등 확인

32

수신기 점검시 1F 발신기를 눌렀을 때 건물 어디에서도 경종(음향장치)이 울리지 않았다. 이때 수신기의 스위치 상태로 옳은 것은?

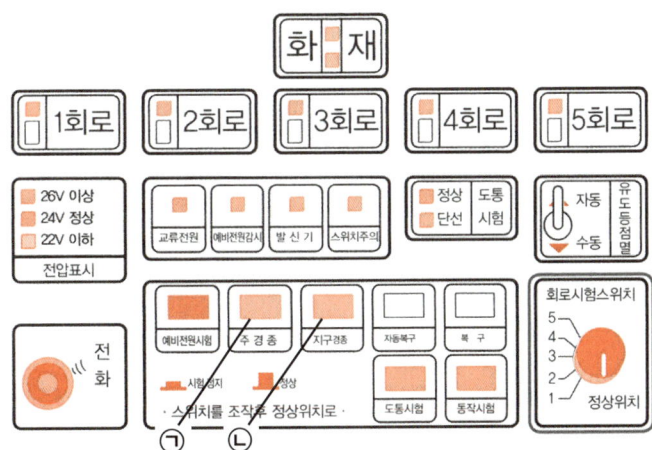

① ㉠ 스위치가 눌러져 있다.
② ㉡ 스위치가 눌러져 있다.
③ ㉠, ㉡ 스위치가 눌러져 있다.
④ 스위치가 눌러져 있지 않다.

33. 다음 소화기 점검 후 아래 점검결과표의 작성(㉠~㉢순)으로 가장 적합한 것은?

소화기 점검사항

번 호	점검항목	점검결과
1-A-006	○ 소화기의 변형손상 또는 부식 등 외관의 이상 여부	㉠
1-A-007	○ 지시압력계(녹색범위)의 적정 여부	㉡

설비명	점검항목	불량내용
소화설비	1-A-007	㉢
	1-A-008	

① ㉠ ○, ㉡ ×, ㉢ 약제량 부족
② ㉠ ○, ㉡ ×, ㉢ 외관부식, 호스파손
③ ㉠ ×, ㉡ ○, ㉢ 외관부식, 호스파손
④ ㉠ ×, ㉡ ○, ㉢ 약제량 부족

34. 옥내소화전 방수압력시험에 필요한 장비로 옳은 것은?

①

②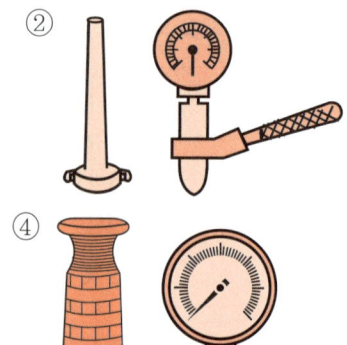

③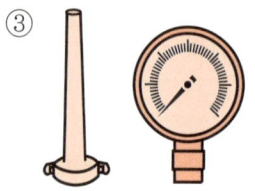

④

35

습식 스프링클러설비 시험밸브 개방시 감시제어반의 표시등이 점등되어야 할 것으로 올바르게 짝지어 진 것으로 옳은 것은? (단, 설비는 정상상태이며, 주어지지 않은 조건을 무시한다.)

① ㉠, ㉡
② ㉡, ㉢
③ ㉢, ㉣
④ ㉣, ㉤

36

보기(㉠~㉣)를 보고 가스계 소화설비의 점검 전 안전조치를 순서대로 나열한 것으로 옳은 것은?

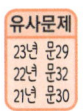

㉠ 솔레노이드밸브 분리
㉡ 연결된 조작동관 분리
㉢ 감시제어반 연동 정지
㉣ 솔레노이드밸브 안전핀 제거

① ㉡ - ㉢ - ㉣ - ㉠
② ㉡ - ㉢ - ㉠ - ㉣
③ ㉡ - ㉠ - ㉢ - ㉣
④ ㉢ - ㉡ - ㉣ - ㉠

37. 환자를 발견 후 그림과 같이 심폐소생술을 하고 있다. 이때 올바른 속도와 가슴압박 깊이로 옳은 것은?

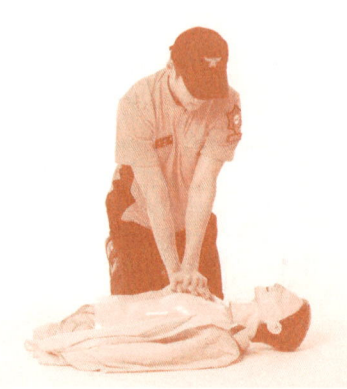

① 속도 : 40~60회/분, 압박 깊이 : 1cm
② 속도 : 40~60회/분, 압박 깊이 : 5cm
③ 속도 : 100~120회/분, 압박 깊이 : 1cm
④ 속도 : 100~120회/분, 압박 깊이 : 5cm

38. 그림의 수신기가 비화재보인 경우, 화재를 복구하는 순서로 옳은 것은?

㉠ 수신기 확인
㉡ 수신반 복구
㉢ 음향장치 정지
㉣ 실제 화재 여부 확인
㉤ 발신기 복구
㉥ 음향장치 복구

① ㉠ - ㉣ - ㉢ - ㉤ - ㉥ - ㉡
② ㉠ - ㉣ - ㉢ - ㉤ - ㉡ - ㉥
③ ㉣ - ㉠ - ㉤ - ㉢ - ㉡ - ㉥
④ ㉣ - ㉠ - ㉢ - ㉤ - ㉡ - ㉥

39. 다음 그림의 축압식 분말소화기 지시압력계에 대한 설명으로 옳은 것은?

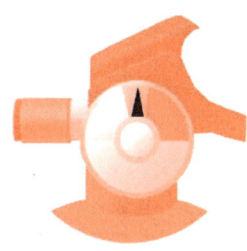

① 압력이 부족한 상태이다.
② 압력이 0.7MPa을 가리키게 되면 소화기를 교체하여야 한다.
③ 지시압력이 0.7~0.98MPa에 위치하고 있으므로 정상이다.
④ 소화약제를 정상적으로 방출하기 어려울 것으로 보인다.

40. 종합점검 중 주펌프 성능시험을 위하여 주펌프만 수동으로 기동하려고 한다. 감시제어반의 스위치 상태로 옳은 것은?

①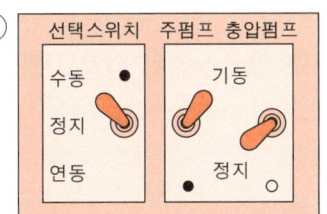

②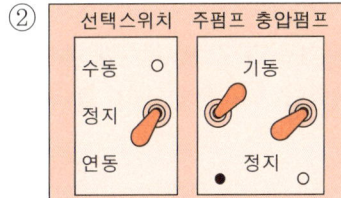

③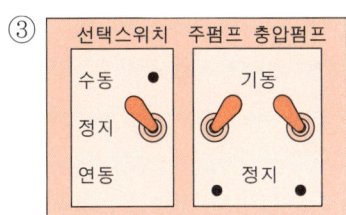

④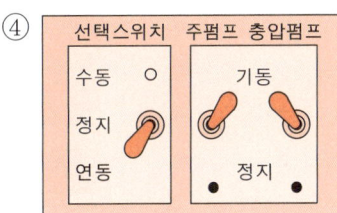

41 준비작동식 스프링클러설비 밸브개방시험 전 유수검지장치실에서 안전조치를 하려고 한다. 보기 중 안전조치 사항으로 옳은 것은?

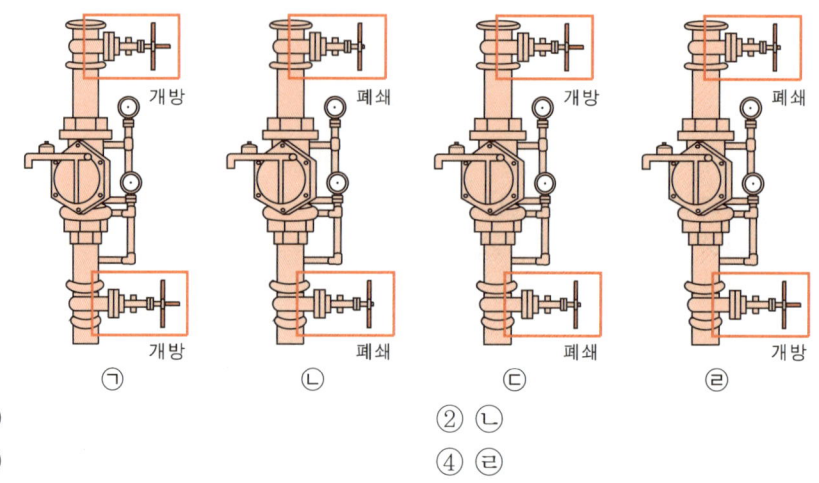

① ㄱ ② ㄴ
③ ㄷ ④ ㄹ

42 다음 그림과 같이 가스계 소화설비 기동용기함의 압력스위치 점검(작동)시험을 실시하였을 때, 확인해야 할 사항으로 옳은 것은?

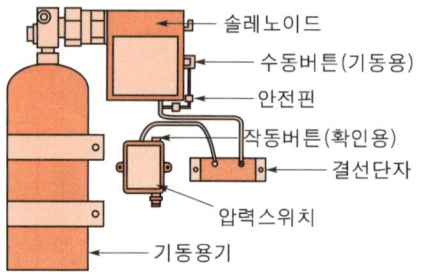

① 솔레노이드밸브의 격발을 확인한다.
② 제어반에서 화재표시등의 점등을 확인한다.
③ 수동조작함 방출등 점등을 확인한다.
④ 경보발령 여부를 확인한다.

43 성인심폐소생술의 가슴압박에 대한 설명으로 옳지 않은 것은?

유사문제
24년 문35
23년 문37
23년 문50
21년 문43

교재 1권
262
-264

① 환자를 바닥이 단단하고 평평한 곳에 등을 대고 눕힌다.
② 가슴압박시 가슴뼈(흉골) 위쪽의 절반 부위에 깍지를 낀 두 손의 손바닥 뒤꿈치를 댄다.
③ 구조자는 양팔을 쭉 편 상태로 체중을 실어서 환자의 몸과 수직이 되도록 가슴을 압박한다.
④ 100~120회/분의 속도로 환자의 가슴이 약 5cm 깊이로 눌릴 수 있게 압박한다.

44 그림과 같이 감지기 점검시 점등되는 표시등으로 옳은 것은?

유사문제
24년 문28
22년 문28
22년 문39
21년 문45

교재 2권
107,
122

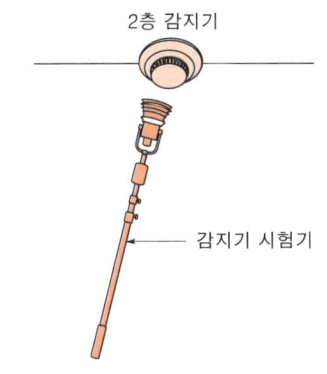
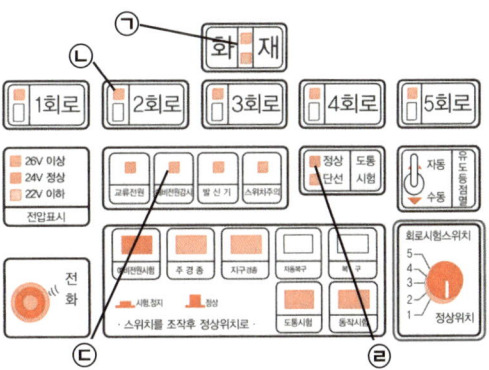

① ㉠, ㉡
② ㉡, ㉢
③ ㉡, ㉣
④ ㉠, ㉡, ㉢, ㉣

45 다음 분말소화기의 약제의 주성분은 무엇인가?

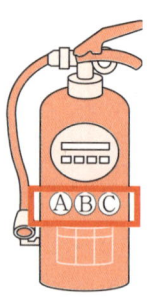

① $NH_4H_2PO_4$
② $NaHCO_3$
③ $KHCO_3$
④ $KHCO_3+(NH_2)_2CO$

46 화재발생시 옥내소화전을 사용하여 충압펌프가 작동하였다. 다음 그림을 보고 표시등(㉠~㉤) 중 점등되는 것을 모두 고른 것은? (단, 설비는 정상상태이며 제시된 조건을 제외하고 나머지 조건은 무시한다.)

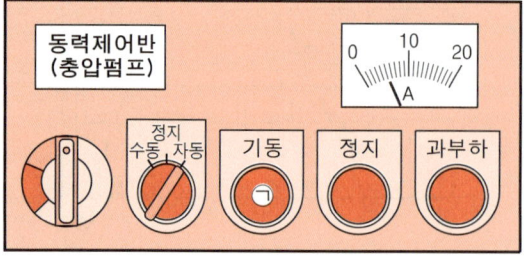
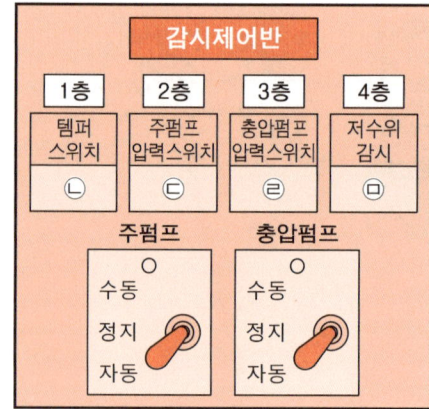

① ㉠, ㉡, ㉢
② ㉠, ㉢, ㉣
③ ㉠, ㉣
④ ㉠, ㉣, ㉤

47 다음 조건을 기준으로 스프링클러설비의 주펌프 압력스위치의 설정값으로 옳은 것은? (단, 압력스위치의 단자는 고정되어 있으며, 옥상수조는 없다.)

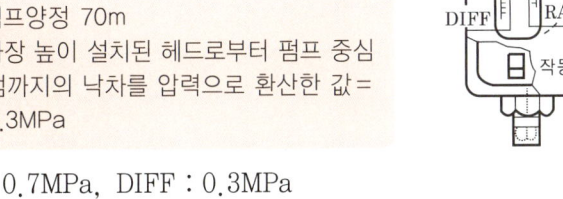

- 조건1 : 펌프양정 70m
- 조건2 : 가장 높이 설치된 헤드로부터 펌프 중심 점까지의 낙차를 압력으로 환산한 값 = 0.3MPa

① RANGE : 0.7MPa, DIFF : 0.3MPa
② RANGE : 0.3MPa, DIFF : 0.7MPa
③ RANGE : 0.7MPa, DIFF : 0.25MPa
④ RANGE : 0.7MPa, DIFF : 0.2MPa

48 제연설비 점검시 감시제어반의 표시등 상태를 나타낸 것이다. 다음 점검표 서식에 작성한 점검결과와 불량내용으로 옳은 것은? (단, 제시된 조건을 제외한 나머지 조건은 무시한다.)

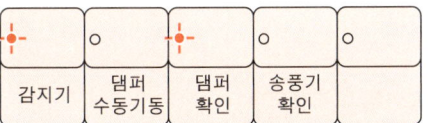
| 감지기 동작시 |

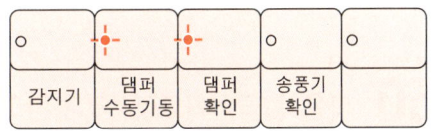
| 댐퍼 수동기동스위치 기동시 |

구 분	점검번호	점검항목	점검결과
급기구	25-C-001	급기댐퍼 설치상태(화재감지기 동작에 따른 개방) 적정 여부	㉠
송풍기	25-D-002	화재감지기 동작 및 수동 조작에 따라 작동하는지 여부	㉡

① ㉠ ○, ㉡ ×, 불량내용 : 송풍기 미작동
② ㉠ ○, ㉡ ○, 불량내용 : 없음
③ ㉠ ×, ㉡ ○, 불량내용 : 감지기 미작동
④ ㉠ ×, ㉡ ×, 불량내용 : 송풍기 미작동

49 다음 감시제어반 및 동력제어반의 스위치 위치를 보고 정상위치(평상시 상태)가 아닌 것을 고르시오. (단, 설비는 정상상태이며 상기 조건을 제외하고 나머지 조건은 무시한다.)

유사문제
24년 문31
24년 문40
23년 문46
22년 문30
22년 문36
21년 문28
21년 문41

교재 2권
42~43

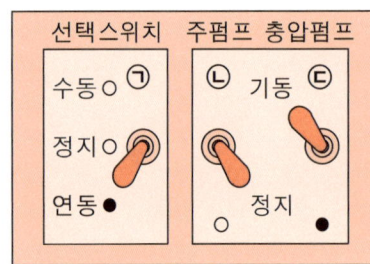
|감시제어반|

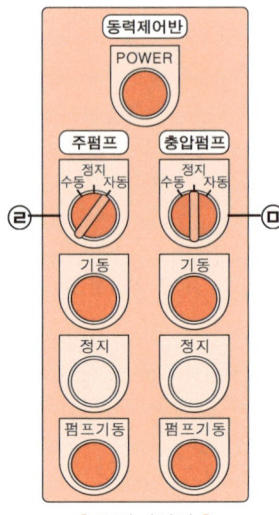
|동력제어반|

① ㉠, ㉡   ② ㉡, ㉢
③ ㉣, ㉤   ④ ㉢, ㉤

50 다음 응급처치요령 중 빈칸의 내용으로 옳은 것은?

유사문제
24년 문35
23년 문37
23년 문43
22년 문40
22년 문45
22년 문49
21년 문31
21년 문37
21년 문43
21년 문49

교재 1권
263, 265

□ 가슴압박
 - 위치 : 환자의 가슴뼈(흉골)의 아래쪽 절반부위
 - 자세 : 양팔을 쭉 편 상태로 체중을 실어서 환자의 몸과 수직이 되도록 가슴을 압박하고, 압박된 가슴은 완전히 이완되도록 한다.
 - 속도 및 깊이 : 소아를 기준으로 속도는 (㉠)회/분, 깊이는 약(㉡)cm
□ 자동심장충격기(AED) 사용
 - 자동심장충격기의 전원을 켜고 환자의 상체에 패드를 부착한다.
  • 부착위치 : (㉢) 아래, (㉣) 젖꼭지 아래의 중간겨드랑선
 - "분석 중..."이라는 음성 지시가 나오면, 심폐소생술을 멈추고 환자에게서 손을 뗀다. (이하 생략)

① ㉠ 80~100, ㉡ 5~6, ㉢ 왼쪽 빗장뼈, ㉣ 오른쪽
② ㉠ 100~120, ㉡ 4~5, ㉢ 오른쪽 빗장뼈, ㉣ 왼쪽
③ ㉠ 90~100, ㉡ 1~2, ㉢ 오른쪽 빗장뼈, ㉣ 왼쪽
④ ㉠ 100~120, ㉡ 4~5, ㉢ 왼쪽 빗장뼈, ㉣ 오른쪽

2022년 기출문제

제1과목

01 소방기본법 용어 정의 중 소방대상물이 아닌 것은?
① 운항 중인 선박
② 산림
③ 차량
④ 인공구조물

02 다음 중 화재가 발생할 우려가 높거나 화재가 발생하는 경우 그로 인하여 피해가 클 것으로 예상되는 지역이 아닌 것은?
① 시장지역
② 공장·창고가 밀집한 지역
③ 위험물의 저장 및 처리시설이 밀집한 지역
④ 석유화학제품을 보관하는 공장이 있는 지역

03 건축허가 등의 동의절차에 관한 사항으로 적절하지 않은 것은?
① 동의요구자는 건축허가 등의 권한이 있는 행정기관이다.
② 5일(특급대상은 10일) 이내 동의 여부 회신
③ 보완이 필요시 7일 이내 기간을 정하여 보완요구 가능
④ 허가청에서 허가 등의 취소시 7일 이내 취소통보

04 객석통로의 직선부분의 길이가 24m일 때, 객석유도등의 최소 설치개수는?
① 3개
② 4개
③ 5개
④ 6개

05 다음 위험물의 지정수량 중 잘못된 것은?

① 휘발유-200L
② 황-100kg
③ 알코올류-400L
④ 중유-1000L

06 다음 중 무창층에 대한 설명으로 옳지 않은 것은?

① 크기는 지름 50cm 이상의 원이 통과할 수 있을 것
② 해당층의 바닥면으로부터 개구부 밑부분까지의 높이가 1.0m 이내일 것
③ 도로 또는 차량이 진입할 수 있는 빈터를 향할 것
④ 내부 또는 외부에서 쉽게 부수거나 열 수 있을 것

07 소방시설 등의 점검결과를 보고하지 아니하거나 거짓으로 한 관계인의 과태료 부과기준으로 옳은 것은?

① 지연보고기간이 10일 미만인 경우 : 30만원
② 지연보고기간이 10일 이상 1개월 미만인 경우 : 50만원
③ 지연보고기간이 1개월 이상 또는 보고하지 않은 경우 : 100만원
④ 점검결과를 축소·삭제하는 등 거짓으로 보고한 경우 : 300만원

08 소방대장이 소방활동구역 출입을 제한할 수 있는 자는?

① 의사, 간호사, 구조·구급업무에 종사하는 자
② 취재인력 등 보도업무에 종사하는 자
③ 수사업무에 종사하는 자
④ 보험업무에 종사하는 자

09 다음 중 한국소방안전원에 대한 설명으로 틀린 것은?

① 소방기술과 안전관리기술의 향상 및 홍보
② 교육·훈련 등 행정기관이 위탁하는 업무의 수행
③ 소방안전관리자·소방기술자 또는 위험물안전관리자로 선임된 사람은 회원이 될 수 있다.
④ 인사권자는 행정안전부장관이다.

10 다음 중 벌금이 가장 높은 것은?

① 소방용수시설 또는 비상소화장치의 정당한 사용을 방해한 자
② 소방안전관리자에게 불이익한 처우를 한 관계인
③ 화재안전조사를 정당한 사유 없이 거부·방해 또는 기피한 자
④ 피난명령을 위반한 자

11 다음 중 벌칙이 다른 것은?

① 사람을 구출하는 일을 방해한 자
② 소방용수시설의 효용을 해치거나 방해한 자
③ 불을 끄거나 불이 번지지 아니하도록 하는 일을 방해한 자
④ 소방안전관리자에게 불이익한 처우를 한 관계인

[12-13] 다음 보기를 보고 물음에 답하시오.

- 지상 26층, 지하 3층
- 연면적 40000m²

12 어떤 소방안전관리대상물인가?

① 특급 소방안전관리대상물
② 1급 소방안전관리대상물
③ 2급 소방안전관리대상물
④ 3급 소방안전관리대상물

13 소방안전관리보조자는 몇 명이 필요한가?

① 1명
② 2명
③ 3명
④ 4명

14 어떤 특정소방대상물에 소방안전관리자를 선임 중 2021년 4월 15일 소방안전관리자를 해임하였다. 해임한 날부터 며칠 이내에 선임하여야 하고 소방안전관리자를 선임한 날부터 며칠 이내에 관할소방서장에게 신고하여야 하는지 옳은 것은?

① 선임일 : 2021년 4월 30일, 선임신고일 : 2021년 5월 14일
② 선임일 : 2021년 5월 10일, 선임신고일 : 2021년 5월 25일
③ 선임일 : 2021년 5월 15일, 선임신고일 : 2021년 5월 30일
④ 선임일 : 2021년 5월 20일, 선임신고일 : 2021년 5월 30일

15 다음 중 관련 금지행위가 다른 것은?

① 피난시설, 방화구획 및 방화시설을 폐쇄(잠금 포함)하거나 훼손하는 등의 행위
② 피난시설, 방화구획 및 방화시설의 주위에 물건을 쌓아두거나 장애물을 설치하는 행위
③ 피난시설, 방화구획 및 방화시설의 용도에 장애를 주거나「소방기본법 시행령」에 따른 소방활동에 지장을 주는 행위
④ 그 밖에 피난시설, 방화구획 및 방화시설을 변경하는 행위

16 방염에 관한 다음 (   ) 안에 적당한 말을 고른 것은?

방염성능기준 이상의 실내장식물 등을 설치하여야 할 장소는 (㉠)이며, 방염대상물품은 (㉡)에 설치하는 스크린이다.

① ㉠ : 운동시설, ㉡ : 가상체험 체육시설업
② ㉠ : 노유자시설, ㉡ : 야구연습장
③ ㉠ : 아파트, ㉡ : 농구연습장
④ ㉠ : 방송국, ㉡ : 탁구연습장

17 어떤 특정소방대상물에 2021년 3월 15일 소방안전관리자로 선임되었다. 실무교육은 언제까지 받아야 하는가?

① 2021년 9월 15일　　　② 2021년 9월 30일
③ 2021년 10월 15일　　④ 2021년 10월 30일

18 다음은 건축에 관한 용어 설명이다. ( ) 안에 알맞은 것은?

- (㉠) : 기존 건축물의 전부 또는 일부를 해체하고 그 대지에 종전과 동일한 규모의 범위 안에서 건축물을 다시 축조하는 것
- (㉡) : 건축물이 천재지변이나 그 밖의 재해로 멸실된 경우에 그 대지 안에 종전과 동일한 규모의 범위 안에서 다시 축조하는 것

① ㉠ 개축, ㉡ 재축　　② ㉠ 증축, ㉡ 개축
③ ㉠ 재축, ㉡ 증축　　④ ㉠ 이전, ㉡ 재축

19 다음 방화구획의 설치기준으로 틀린 것은?

① 10층 이하의 층은 바닥면적 1000㎡ 이내마다 구획
② 11층 이상의 층은 바닥면적 300㎡ 이내마다 구획
③ 11층 이상은 층 내 내장재가 불연재인 경우 500㎡ 이내마다 구획
④ 스프링클러설비가 설치된 경우 상기 면적의 3배 이내마다 구획

20 다음 방화구획의 구조가 아닌 것은?

① 60분+방화문 또는 60분 방화문은 언제나 닫힌상태를 유지하거나 화재로 인한 연기 또는 불꽃을 감지하여 자동적으로 닫히는 구조로 할 것
② 외벽과 바닥 사이에 틈이 생긴 때나 급수관·배전관 그 밖의 관이 방화구획으로 되어 있는 부분을 관통하는 경우 그로 인하여 방화구획에 틈이 생긴 때에 그 틈을 내화시간 이상 견딜 수 있는 내열채움성능이 인정된 구조로 메울 것
③ 연기 또는 불꽃을 감지하여 자동으로 닫히는 구조로 할 수 없는 경우에는 온도를 감지하여 자동적으로 닫히는 구조로 할 수 있다.
④ 환기·난방 또는 냉방시설의 풍도가 방화구획을 관통하는 경우에는 그 관통부분 또는 이에 근접한 부분에 적합한 댐퍼를 설치할 것

21 다음 중 가연성 물질의 구비조건으로 옳은 것은?
① 산소와 친화력이 작다.
② 열전도율이 작다.
③ 연소열이 작다.
④ 건조도가 낮다.

22 다음 중 가연성 증기의 연소범위로 옳은 것은?
① 수소 : 2.5~81vol%
② 메틸알코올 : 6~36vol%
③ 아세틸렌 : 4.1~75vol%
④ 아세톤 : 1.2~7.6vol%

23 다음 고체의 연소에 대한 설명으로 틀린 것은?
① 고체연소 중 분해연소는 가장 일반적인 연소형태로 목재, 종이, 석탄 등이 있다.
② 고체파라핀(양초)은 증발연소이다.
③ 숯, 코크스는 표면연소이다.
④ 황은 자기연소를 한다.

24 화재의 분류 및 종류에 대한 설명으로 틀린 것은?
① 일반화재(A급)는 석탄, 목재 등이 있다.
② 유류화재(B급)는 포로 소화한다.
③ 전기화재(C급)는 주수소화 금지이다.
④ 마그네슘은 분말보다는 괴상으로 존재할 때 가연성이 현저히 증가한다.

25 건축물의 종류에 따른 화재양상 중 틀린 것은?

① 목조건축물화재가 내화조건축물화재보다 발연량이 많다.
② 목조건축물화재의 최성기 온도는 1100~1350℃에 달한다.
③ 내화조건축물화재가 목조건축물의 화재와 다른 점은 천장, 바닥, 벽이 내화구조로 되어 있으므로 이들의 주요 부분은 연소해서 붕괴되지 않기 때문에 공기의 유통조건이 거의 일정한 상태를 유지한다.
④ 내화조건축물화재의 최성기 최고온도는 실내의 가연물량, 창 등의 개구부 크기 및 그 열적 성질에 의해 정해진다.

제 2 과목

26 소방계획의 절차에 대한 설명 중 틀린 것은?

① 사전기획 : 소방계획 수립을 위한 임시조직을 구성하거나 위원회 등을 개최하여 의견수렴
② 위험환경분석 : 위험요인 식별하고 이에 대한 분석 및 평가 실시 후 대책 수립
③ 설계 및 개발 : 환경을 바탕으로 소방계획 수립의 목표와 전략을 수립하고 세부 실행계획 수립
④ 시행 및 유지·관리 : 구체적인 소방계획을 수립하고 소방서장의 최종 승인을 받은 후 소방계획을 이행하고 지속적인 개선 실시

27 〈그림 1〉은 건물 내 화재시 감지기 동작확인등이 점등된 모습을 나타낸 것이다. 〈그림 2〉의 감시제어반에서 점등되어야 할 표시등을 있는 대로 고른 것은? (단, 제시된 조건을 제외한 나머지 조건은 무시한다.)

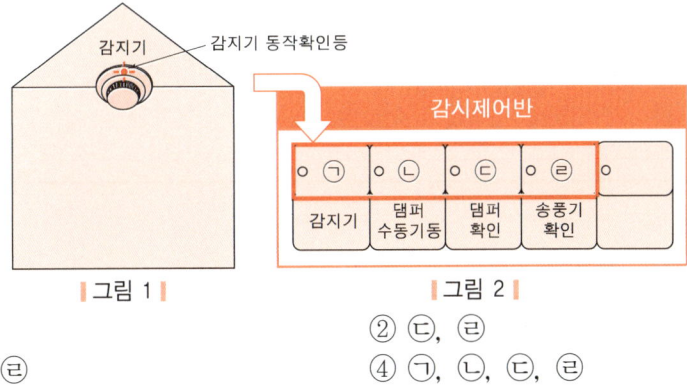

① ㄱ, ㄴ
② ㄷ, ㄹ
③ ㄱ, ㄷ, ㄹ
④ ㄱ, ㄴ, ㄷ, ㄹ

28 다음은 감지기 시험장비를 활용한 경보설비 점검그림이다. 그림의 내용 중 옳지 않은 것은?

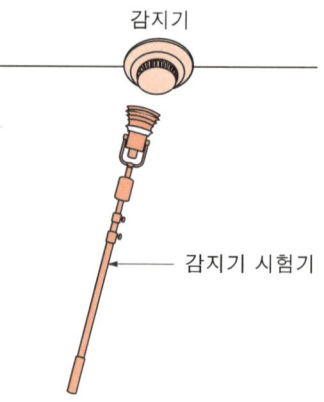

① 감지기 작동상태 확인이 가능하다.
② 감지기 작동 확인은 수신기에서 불가능하다.
③ 수신기에서 해당 경계구역 확인이 가능하다.
④ 감지기 작동시 지구경종 확인이 가능하다.

29 ABC급 대형소화기에 관한 설명 중 틀린 것은?

① 주성분은 제1인산암모늄이다.
② 능력단위가 B급 화재 30단위 이상, C급 화재는 적응성이 있는 것을 말한다.
③ 능력단위가 A급 화재 10단위 이상인 것을 말한다.
④ 소화효과는 질식, 부촉매(억제)이다.

30 옥내소화전의 동력제어반과 감시제어반을 나타낸 것이다. 다음 그림에 대한 설명으로 옳지 않은 것은? (단, 현재 동력제어반은 정지표시등만 점등상태이다.)

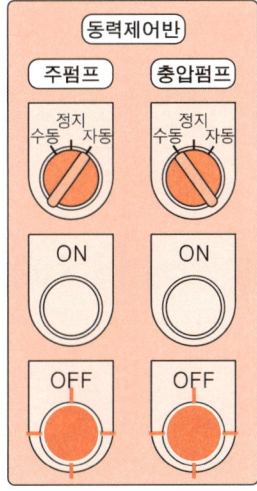
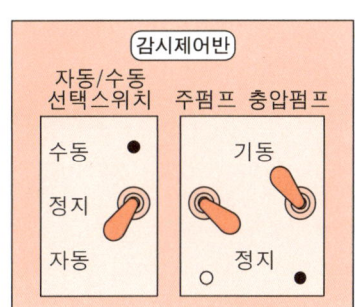

① 옥내소화전 사용시 주펌프는 기동한다.
② 옥내소화전 사용시 충압펌프는 기동하지 않는다.
③ 현재 충압펌프는 기동 중이다.
④ 현재 주펌프는 정지상태이다.

31 준비작동식 스프링클러설비 수동조작함(SVP) 스위치를 누를 경우 다음 감시제어반의 표시등이 점등되어야 할 것으로 올바르게 짝지어 진 것은? (단, 주어지지 않은 조건은 무시한다.)

① ㄹ, ㅂ
③ ㄴ, ㅂ
② ㄴ, ㄷ
④ ㄱ, ㅂ

32 가스계 소화설비 중 기동용기함의 각 구성요소를 나타낸 것이다. 가스계 소화설비 작동점검 전 가장 우선해야 하는 안전조치로 옳은 것은?

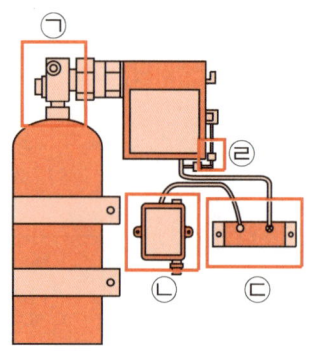

① ㉠의 연결부분을 분리한다.
② ㉡의 압력스위치를 당긴다.
③ ㉢의 단자에 배선을 연결한다.
④ ㉣ 안전핀을 체결한다.

33 자동화재탐지설비의 회로도통시험 적부판정방법으로 틀린 것은?

① 전압계가 있는 경우 정상은 24V를 가리킨다.
② 전압계가 있는 경우 단선은 0V를 가리킨다.
③ 도통시험확인등이 있는 경우 정상은 정상확인등이 녹색으로 점등된다.
④ 도통시험확인등이 있는 경우 단선은 단선확인등이 적색으로 점등된다.

34 다음 중 출혈시 증상이 아닌 것은?

① 호흡과 맥박이 느리고 약하고 불규칙하다.
② 체온이 떨어지고 호흡곤란도 나타난다.
③ 탈수현상이 나타나며 갈증이 심해진다.
④ 구토가 발생한다.

35. 다음 그림과 같이 분말소화기를 점검하였다. 점검결과로 옳은 것은?

| 그림 A |

| 그림 B |

| 그림 C |

① 그림 A, B는 외관상 문제가 없다.
② 그림 A의 안전핀 체결 상태가 불량이다.
③ 그림 A는 호스가 손상되었고, 그림 B는 호스가 탈락되었다.
④ 그림 C의 지시압력계의 압력이 부족하다.

36. 옥내소화전 감시제어반의 스위치 상태가 아래와 같을 때, 보기의 동력제어반(㉠~㉣)에서 점등되는 표시등을 있는대로 고른 것은? (단, 설비는 정상상태이며 제시된 조건을 제외하고 나머지 조건은 무시한다.)

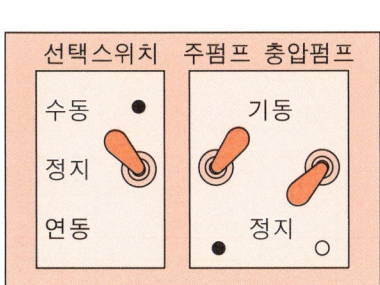
| 감시제어반 스위치 |

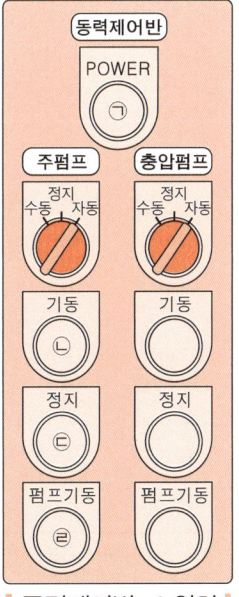
| 동력제어반 스위치 |

① ㉠, ㉡, ㉢　　② ㉠, ㉡, ㉣
③ ㉠, ㉣　　　　④ ㉡, ㉣

37 그림과 같이 준비작동식 스프링클러설비의 수동조작함을 작동시켰을 때, 확인해야 할 사항으로 옳지 않은 것은?

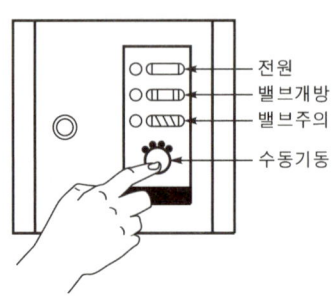

① 감지기 A 작동
② 감시제어반 밸브개방표시등 등점
③ 사이렌 또는 경종 작동
④ 펌프 작동

38 R형 수신기 화면이다. 다음 중 보기의 운영기록 내용으로 옳지 않은 것은?

보기	일시	수신기	회선정보	회선설명	동작구분	메시지
①	22/09/13 10:48:21	1	001	1층 지구경종	중력	중계기 출력
②	22/09/13 10:48:21	1	–	–	수신기	주음향 출력
③	22/09/13 10:48:21	1	001	시험기 1F 자탐 감지기	화재	화재발생
④	22/09/13 10:48:21	1	–	–	시스템 고장	예비전원 고장발생

39 가스계 소화설비의 점검을 위해 기동용기와 솔레노이드밸브를 분리하였다. 다음 그림과 같이 감지기를 작동시킨 경우 확인되는 사항으로 옳지 않은 것은? [단, 감지기(교차회로) 2개를 작동시켰다.]

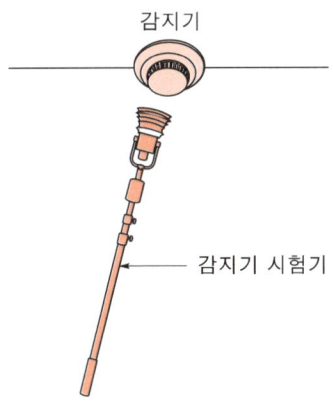

① 제어반 화재표시
② 솔레노이드밸브 파괴침 작동
③ 사이렌 또는 경종 작동
④ 방출표시등 점등

40 다음 중 자동심장충격기(AED) 사용방법으로 옳지 않은 것은?
① 자동심장충격기를 심폐소생술에 방해가 되지 않는 위치에 놓은 뒤 전원버튼을 누른다.
② 환자의 상체를 노출시킨 다음 패드 포장을 열고 2개의 패드를 환자의 가슴 피부에 붙인다.
③ 패드 1은 왼쪽 빗장뼈(쇄골) 바로 아래에, 패드 2는 오른쪽 젖꼭지 아래와 중간겨드랑선에 붙인다.
④ 심장충격이 필요한 환자인 경우에만 제세동버튼이 깜박이기 시작하며, 깜박일 때 심장충격버튼을 눌러 심장충격을 시행한다.

41 2020년 작동점검시 소화기 점검결과의 조치내용으로 옳은 것은?

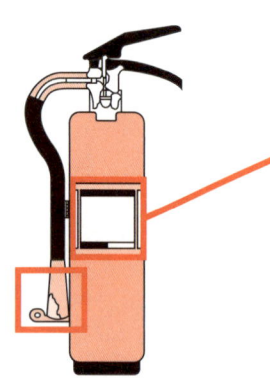

주의사항
1. 매월 1회 이상 지시압력계의 바늘이 정상위치에 있는가를 확인
2. 소화기 설치시에는 태양의 직사 고온다습의 장소를 피한다.
3. 사용시에는 바람을 등지고 방사하고 사용 후에는 내부약제를 완전방출하여야 한다.
4. 사람을 향하여 방사하지 마십시오.

※ 소화약제 물질 안전자료 관련정보(MSDS정보)
① 위험물질 정보(0.1% 초과시 목록) : 없음
② 내용물의 5%를 초과하는 화학물질목록 : 제1인산암모늄, 석분
③ 위험한 약제에 관한 정보 : 폐자극성 분진

제조연월	2017.11

① 소화기 외관점검시 불량내용에 대하여 조치를 한 경우, 점검결과에 기록하지 않는다.
② 노즐이 경미하게 파손되었지만 정상적인 소화활동을 위하여 노즐을 즉시 교체하였다.
③ 내용연수가 초과되어 소화기를 교체하였다.
④ 레버가 파손되어 소화기를 즉시 교체하였다.

42 그림은 옥내소화전 감시제어반 중 펌프제어를 위한 스위치의 예시를 나타낸 것이다. 평상시 및 펌프 점검시 스위치 위치에 대한 설명으로 옳은 것만 보기에서 있는 대로 고른 것은? (단, 설비는 정상상태이며 제시된 조건을 제외하고 나머지 조건은 무시한다.)

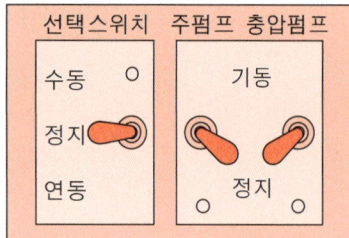

㉠ 평상시 펌프 선택스위치는 '정지' 위치에 있어야 한다.
㉡ 평상시 주펌프스위치는 '기동' 위치에 있어야 한다.
㉢ 펌프 수동기동시 펌프 선택스위치는 '수동' 위치에 있어야 한다.

① ㉠
② ㉢
③ ㉠, ㉡
④ ㉠, ㉡, ㉢

43 그림의 밸브를 작동시켰을 때 확인해야 할 사항으로 옳지 않은 것은?

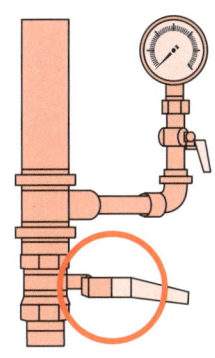

① 펌프 작동상태
② 감시제어반 밸브개방표시등
③ 음향장치 작동
④ 방출표시등 점등

44 가스계 소화설비 점검 중 감시제어반의 모습이다. 이에 대한 설명으로 옳은 것은? (단, 점검 전 약제방출방지를 위한 안전조치를 완료한 상태이다.)

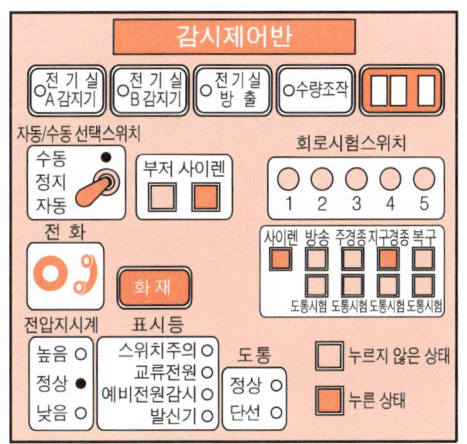

① 교차회로감지기(A, B)는 기계실에 설치되어 있다.
② 전기실에 소화약제가 방출되지 않았다.
③ 주경종, 지구경종, 사이렌, 비상방송은 정상적으로 작동되고 있다.
④ 전기실 출입문 위 약제 방출표시등은 점등되어 있을 것이다.

45. 다음은 자동심장충격기 사용에 관한 내용이다. 옳은 것은?

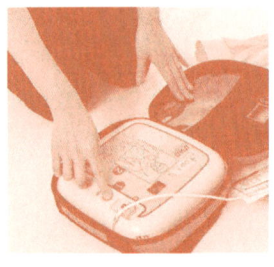
▮ AED 사용 ▮

㉠ 자동심장충격기의 전원을 켤 때 감전의 위험이 있으므로 환자와 접촉해서는 안 된다.
㉡ 두 개의 패드 중 1개가 이물질로부터 오염시 패드 1개만 부착하여도 된다.
㉢ 심장리듬 분석시 환자에게서 즉시 떨어져 올바른 분석을 할 수 있도록 한다.
㉣ 제세동 버튼을 누를 때 환자와 접촉한 사람이 없음을 확인 후 제세동 버튼을 누른다.

① ㉠, ㉡
② ㉡, ㉢
③ ㉢, ㉣
④ ㉠, ㉣

46. 그림은 화재발생시 수신기 상태이다. 이에 대한 설명으로 옳지 않은 것은?

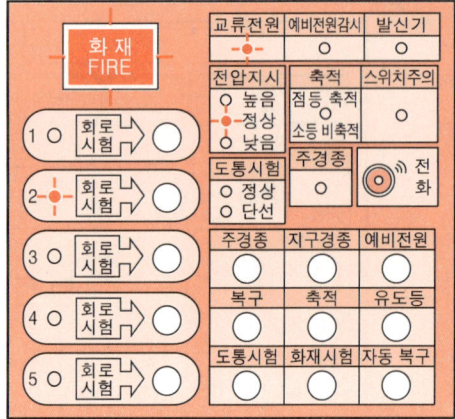

① 2층에서 화재가 발생하였다.
② 경종이 울리고 있다.
③ 화재 신호기기는 발신기이다.
④ 화재 신호기기는 감지기이다.

47 방수압력시험 장비를 사용하여 방수압력시험시 장비의 측정 모습으로 옳은 것은?

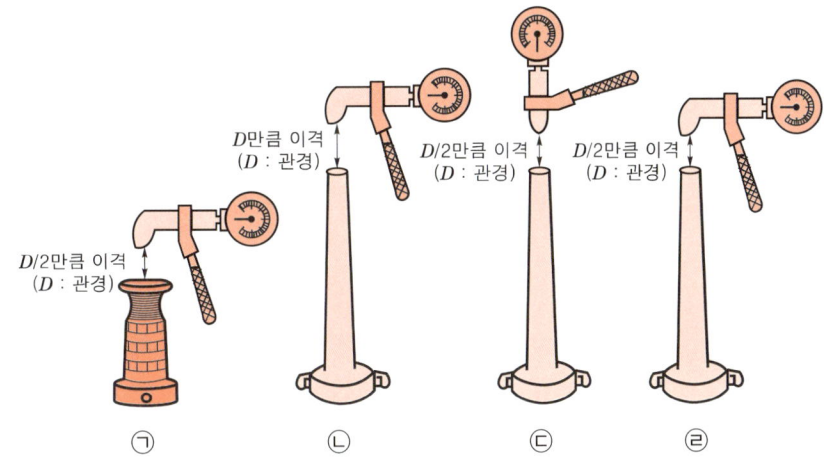

① ㄱ
② ㄴ
③ ㄷ
④ ㄹ

48 다음 그림에 대한 설명으로 옳은 것은?

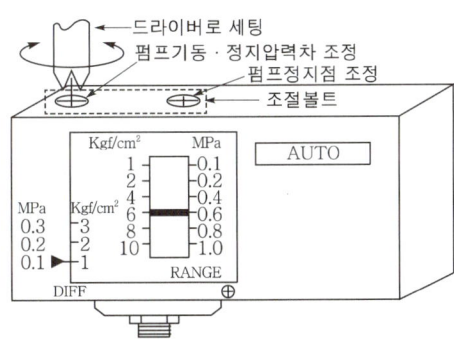

① 펌프의 정지점은 0.6MPa이다.
② 펌프의 기동점은 0.1MPa이다.
③ 펌프의 정지점은 0.1MPa이다.
④ 펌프의 기동점은 0.6MPa이다.

49 자동심장충격기(AED) 패드 부착 위치로 옳은 것은?

〈두 개의 패드 부착 위치〉
- 패드1 : 오른쪽 빗장뼈 아래
- 패드2 : 왼쪽 젖꼭지 아래의 중간겨드랑선

① 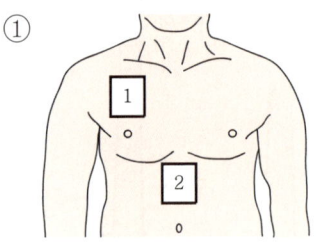 ②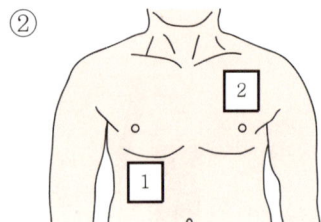

③ 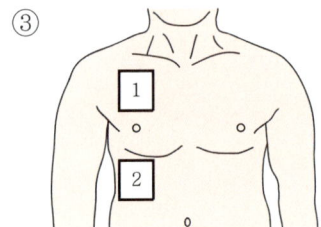 ④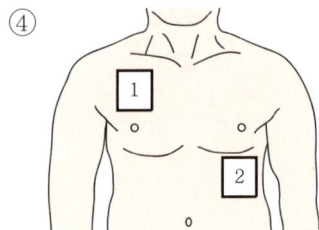

50 박소방씨는 어느 건물에 옥내소화전설비의 펌프제어반 정상위치에 대한 작동점검을 한 후 작동점검표에 점검결과를 다음과 같이 작성하였다. 제어반에서 '음향경보장치 정상작동 여부'는 어떤 것으로 확인 가능한가?

(양호O, 불량×, 해당 없음/)

구 분	점검번호	점검항목	점검결과
가압송수장치	2-C-002	옥내소화전 방수압력 적정 여부	O
제어반	2-H-011	펌프 작동 여부 확인 표시등 및 음향경보장치 정상작동 여부	O
	2-H-012	펌프별 자동·수동 전환스위치 정상작동 여부	O

① 경종
② 사이렌
③ 부저
④ 경종 및 사이렌

 **기출문제**

제 1 과목

01 다음 중 1급 소방안전관리자로 선임될 수 없는 사람은? (단, 해당 소방안전관리자 자격증을 받은 경우이다.)
① 소방시설관리사
② 위험물안전관리자로 선임된 위험물기능장
③ 소방설비산업기사
④ 소방설비기사

02 연면적이 45000m²인 어느 특정소방대상물이 있다. 소방안전관리보조자의 최소 선임기준은 몇 명인가?
① 소방안전관리보조자 : 1명
② 소방안전관리보조자 : 2명
③ 소방안전관리보조자 : 3명
④ 소방안전관리보조자 : 4명

03 다음 중 건축관계법령에서 정하는 용어에 대한 설명으로 옳지 않은 것은?
① 바닥면적 : 건축물의 각 층 또는 그 일부로서 벽, 기둥, 기타 이와 유사한 구획의 중심선으로 둘러싸인 부분의 수평투영면적
② 연면적 : 하나의 건축물의 각 층의 바닥면적의 합계
③ 건폐율 : 대지면적에 대한 바닥면적의 비율
④ 용적률 : 대지면적에 대한 연면적의 비율

04 시·도지사가 지정하는 화재예방강화지구로서 옳지 않은 것은?

① 시장지역
② 공장·창고 등이 밀집한 지역
③ 콘크리트 건물이 밀집한 지역
④ 목조건물이 밀집한 지역

05 다음 중 벌금이 가장 많은 사람은?

① 갑 : 나는 정당한 사유 없이 소방용수시설을 사용하였어.
② 을 : 나는 화재시 피난명령을 위반하였어.
③ 병 : 나는 소방대상물 및 토지를 일시적으로 사용하거나 그 사용의 제한 또는 소방활동에 필요한 처분을 방해했어.
④ 정 : 나는 소방자동차의 출동에 지장을 주었어.

06 다음 중 자동화재탐지설비를 설치하지 않아도 되는 곳은?

① 노유자생활시설 전부
② 지하가 중 길이 500m의 터널
③ 연면적 600m^{2}의 숙박시설
④ 연면적 2000m^{2}의 교육연구시설

07 다음 중 비상조명등을 설치하지 않아도 되는 곳은?

① 지하층을 포함하는 층수가 5층 이상의 연면적 3000m^2 이상의 건축물
② 450m^2 이상의 지하층 또는 무창층
③ 길이 500m 이상의 터널
④ 숙박시설

08

철수씨는 본인이 근무하는 건물에 설치되어 있는 소방시설이 궁금하였다. 설치되지 않아도 되는 소방시설은 다음 중 무엇인가?

【철수씨가 근무하는 건물현황】
- 용도 : 판매시설
- 연면적 : 5000m²
- 층수 : 11층

① 자동화재탐지설비 ② 옥내소화전설비
③ 옥외소화전설비   ④ 스프링클러설비

09

다음 중 종합방재실의 위치에 대한 설명으로 틀린 것은?

① 1층 또는 피난층
② 초고층 건축물에 특별피난계단이 설치되어 있고, 특별피난계단 출입구로부터 5m 이내에 종합방재실을 설치하려는 경우에는 지하 1층 또는 지하 2층에 설치할 수 있다.
③ 화재 및 침수 등으로 인하여 피해를 입을 우려가 적은 곳
④ 공동주택의 경우에는 관리사무소 내에 설치할 수 있다.

10

11층 이상인 다음 건물의 경보상황을 보고 유추할 수 있는 사항은?

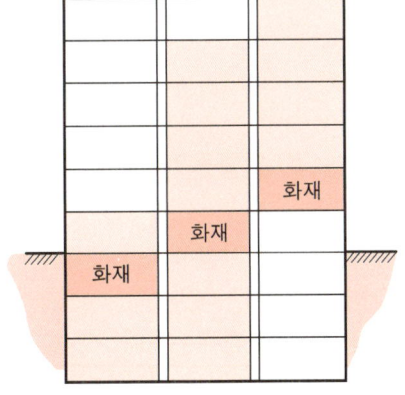

① 발화층 및 직상 4개층 경보   ② 일제경보
③ 구분경보   ④ 직하발화 우선경보

11 다음 중 점화에너지에 관한 설명으로 옳은 것은?

① 화염 : 최저온도가 있고 그 온도는 탄화수소 등에서는 약 1200℃ 정도이다.
② 열면 : 가연물이 고온의 기체표면에 접촉하면 조건에 따라서 발화된다.
③ 전기불꽃 : 장시간에 집중적으로 에너지를 대상물에 부여하므로 에너지 밀도가 높은 발화원이다.
④ 자연발화 : 물질이 외부로부터 에너지를 공급받는 가운데 자체적으로 온도가 상승하여 발화하는 현상이다.

12 다음 중 종합방재실의 설치기준에 관한 사항으로 옳지 않은 것은?

① 다른 부분과 방화구획으로 설치할 것
② 인력의 대기 및 휴식 등을 위해 종합방재실과 방화구획된 부속실을 설치할 것
③ 면적은 $20m^2$ 이상으로 할 것
④ 초고층 건축물 등의 관리주체의 인력을 2명 이상 상주하도록 할 것

13 전기안전관리상 주요 화재원인이 아닌 것은?

① 합선
② 누전
③ 과전류
④ 절연저항

14 위험물안전관리법상 제4류 위험물의 일반적인 특성이 아닌 것은?

① 인화가 용이하다.
② 대부분의 증기는 공기보다 가볍다.
③ 대부분 물보다 가볍다.
④ 주수소화가 불가능한 것이 대부분이다.

15 다음 조건을 참고하여 피난계단수 및 피난계단의 종류를 선정했을 때 옳은 것은?

- 건물의 서측 및 동측에 계단이 하나씩 설치되어 있다.
- 피난시 이동경로는 옥내 → 부속실 → 계단실 → 피난층이다.

① 총 계단수 : 1개, 옥내피난계단
② 총 계단수 : 2개, 옥내피난계단
③ 총 계단수 : 1개, 특별피난계단
④ 총 계단수 : 2개, 특별피난계단

16 물리적 작용에 의한 소화라고 볼 수 없는 것은?

① 연쇄반응의 중단에 의한 소화
② 연소에너지 한계에 의한 소화
③ 농도한계에 의한 소화
④ 화염의 불안정화에 의한 소화

17 다음 중 방염처리된 제품의 사용을 권장할 수 있는 경우는?

① 의료시설에 설치된 소파
② 노유자시설에 설치된 암막
③ 종합병원에 설치된 무대막
④ 종교시설에 설치된 침구류

18 자동방화셔터에 관한 다음 ( ) 안에 알맞은 말로 옳은 것은?

(1) 불꽃이나 (㉠)를 감지한 경우 일부 폐쇄되는 구조일 것
(2) (㉡)을 감지한 경우 완전 폐쇄되는 구조일 것

① ㉠ : 열, ㉡ : 연기
② ㉠ : 연기, ㉡ : 열
③ ㉠ : 열, ㉡ : 스프링클러헤드
④ ㉠ : 연기, ㉡ : 스프링클러헤드

19. 가연성 증기 중 중유의 연소범위[vol%]로 옳은 것은?

① 1~5
② 1.2~7.6
③ 6~36
④ 2.5~81

20. 연료가스에 대한 설명으로 옳지 않은 것은?

① LNG의 주성분은 C_4H_{10}이다.
② LPG의 비중은 1.5~2이다.
③ LPG의 가스누설경보기는 가스연소기 또는 관통부로부터 수평거리 4m 이내의 위치에 설치한다.
④ 프로판의 폭발범위는 2.1~9.5%이다.

21. 다음 중 자체점검에 대한 설명으로 옳은 것은?

① 소방대상물의 규모·용도 및 설치된 소방시설의 종류에 의하여 자체점검자의 자격·절차 및 방법 등을 달리한다.
② 작동점검시 항시 소방시설관리사가 참여해야 한다.
③ 종합점검시 소방시설별 점검장비를 이용하여 점검하지 않아도 된다.
④ 종합점검시 특급, 1급은 연 1회만 실시하면 된다.

22. 방염에 관한 다음 ( ) 안에 적당한 말로 옳은 것은?

방염성능기준 이상의 실내장식물 등을 설치하여야 하는 장소는 (㉠)이며, 방염대상물품은 (㉡), 노유자시설에 사용하는 침구류는 방염처리된 제품의 사용을 (㉢)할 수 있다.

① ㉠ 종교시설, ㉡ 가상체험 체육시설업에 설치하는 스크린, ㉢ 권장
② ㉠ 근린생활시설, ㉡ 영화상영관에 설치하는 스크린, ㉢ 명령
③ ㉠ 판매시설, ㉡ 가상체험 체육시설업에 설치하는 스크린, ㉢ 권장
④ ㉠ 교육연구시설, ㉡ 영화상영관에 설치하는 스크린, ㉢ 명령

23 방화구획의 설치기준 중 스프링클러설비, 기타 이와 유사한 자동식 소화설비를 설치한 10층 이하의 층은 몇 m² 이내마다 구획하여야 하는가?

① 1000
② 1500
③ 2000
④ 3000

24 발화점에 관한 사항으로 옳은 것은?
① 내부로부터의 직접적인 에너지 공급 없이 물질 자체의 열축적에 의하여 착화가 되는 최저온도를 말한다.
② 파라핀계 탄화수소의 분자식을 만족하는 '포화탄화수소'는 탄소수가 많아서 탄소 체인의 길이가 길수록 낮아진다.
③ 가연성 물질을 공기 중에서 가열함으로써 발화되는 최고온도이다.
④ 황린은 발화점이 100℃로서 발화점이 낮은 대표적인 물질이다.

25 펌프의 성능곡선에 관한 다음 ( ) 안에 올바른 명칭은?

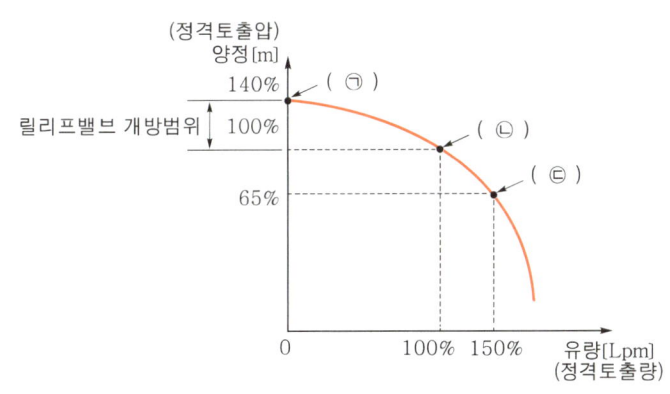

① ㉠ 정격부하운전점, ㉡ 체절운전점, ㉢ 최대운전점
② ㉠ 체절운전점, ㉡ 정격부하운전점, ㉢ 최대운전점
③ ㉠ 최대운전점, ㉡ 정격부하운전점, ㉢ 체절운전점
④ ㉠ 체절운전점, ㉡ 최대운전점, ㉢ 정격부하운전점

제 ②과목

26 건물 내 화재발생시 재실자가 안전하게 피난을 할 수 있도록 연기를 제어해야 한다. 제연설비의 원활한 제어를 위해 평상시 동력제어반의 유지관리 모습으로 옳은 것은?

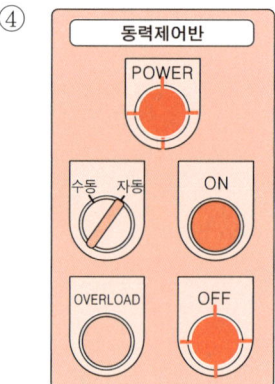

27 K급 화재의 적응물질로 맞는 것은?
① 목재
② 유류
③ 금속류
④ 동·식물성 유지

28 최상층의 옥내소화전설비 방수압력을 시험하고 있다. 그림 중 옥내소화전설비의 동력제어반 상태, 점검결과, 불량내용 순으로 옳은 것은? (단, 동력제어반 정상위치 여부만 판단한다.)

유사문제
24년 문31
24년 문40
23년 문46
23년 문49
22년 문30
22년 문36
21년 문35
21년 문41

교재 2권 42

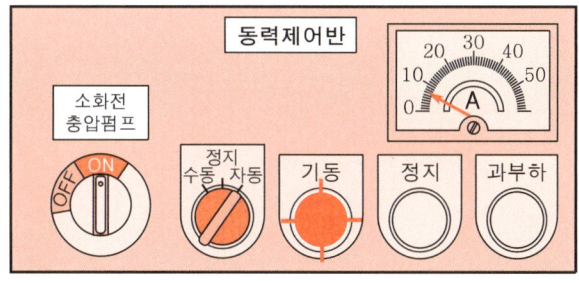

① 펌프 수동 기동, ×, 펌프 자동 기동불가
② 펌프 수동 기동, ○, 이상 없음
③ 펌프 자동 기동, ○, 이상 없음
④ 펌프 자동 기동, ×, 알 수 없음

29 다음 조건을 보고 점검결과표를 작성(㉠~㉣순)한 것으로 옳은 것은? (단, 압력스위치의 단자는 고정되어 있으며, 옥상수조는 없다.)

유사문제
23년 문47
22년 문48
21년 문36

실무교재 96

- 조건 1 : 펌프 양정 80m
- 조건 2 : 가장 높이 설치된 헤드로부터 펌프 중심점까지의 낙차를 압력으로 환산한 값 =0.3MPa

점검항목	점검내용	점검결과	
		결과	불량내용
기동용 수압 개폐장치	• 작동압력치의 적정 여부 • 주펌프 : 기동 (㉠) MPa 　　　　　정지 (㉡) MPa	(㉢)	(㉣)

① ㉠ 0.3, ㉡ 0.8, ㉢ ○, ㉣ 기동 압력 미달
② ㉠ 1.1, ㉡ 0.8, ㉢ ×, ㉣ 없음
③ ㉠ 0.45, ㉡ 0.8, ㉢ ○, ㉣ 없음
④ ㉠ 1.1, ㉡ 0.3, ㉢ ×, ㉣ 기동 압력 미달

30 가스계 소화설비 점검 후 각 구성요소의 상태를 나타낸 것이다. 그림의 상태를 정상복구하는 방법으로 옳은 것은?

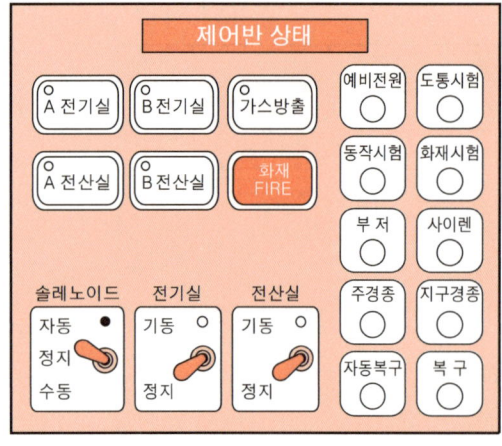

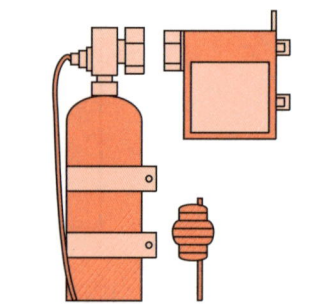
솔레노이드 및 조작동관 분리상태

㉠ 제어반 복구 → 제어반의 솔레노이드밸브 연동 정지
㉡ 솔레노이드밸브 복구
㉢ 솔레노이드밸브에 안전핀을 체결한 후 기동용기에 결합
㉣ 제어반 스위치의 연동상태 확인 후 솔레노이드밸브에서 안전핀 분리
㉤ 점검 전 분리했던 조작동관을 결합

① ㉠ - ㉣ - ㉢ - ㉡ - ㉤
② ㉠ - ㉢ - ㉡ - ㉤ - ㉣
③ ㉣ - ㉡ - ㉢ - ㉠ - ㉤
④ ㉠ - ㉡ - ㉢ - ㉣ - ㉤

31. 그림은 일반인 구조자의 기본소생술 흐름도이다. 빈칸 ㉠의 절차에 대한 내용으로 옳지 않은 것은?

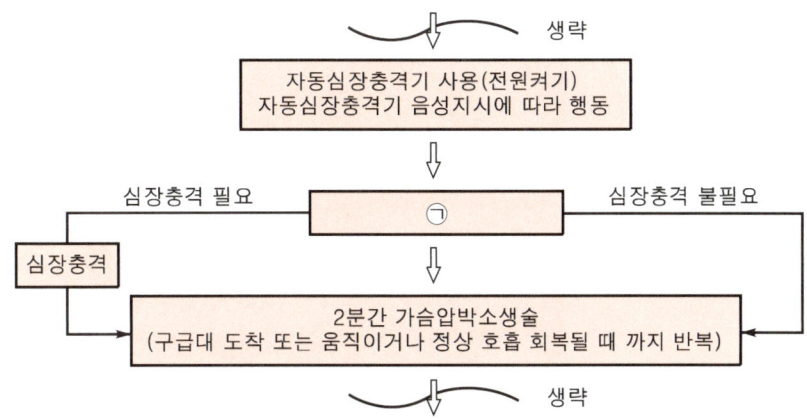

① ㉠에 필요한 장비는 자동심장충격기이다.
② ㉠의 장비는 2분마다 환자의 심전도를 자동으로 분석한다.
③ ㉠의 장비는 심장리듬 분석 후 심장충격이 필요한 경우에만 심장충격 버튼이 깜박인다.
④ ㉠은 반드시 여러 사람이 함께 사용하여야 한다.

32. 다음 중 소방안전관리자 현황표에 기입하지 않아도 되는 사항은?

① 소방안전관리자 현황표의 대상명
② 소방안전관리자의 선임일자
③ 소방안전관리대상물의 등급
④ 관계인의 인적사항

33. 다음은 수신기의 일부분이다. 그림과 관련된 설명 중 옳은 것은?

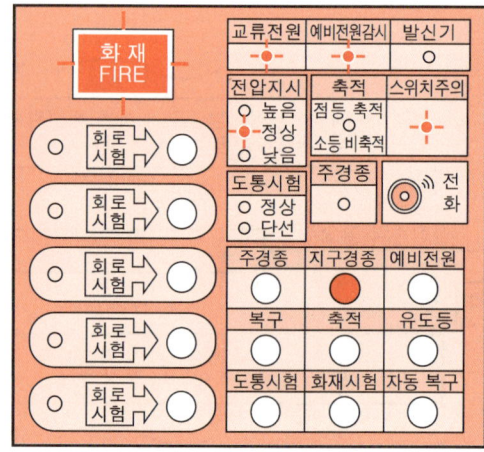

① 수신기 스위치 상태는 정상이다.
② 예비전원을 확인하여 교체한다.
③ 수신기 교류전원에 문제가 발생했다.
④ 예비전원이 정상상태임을 표시한다.

34. 바닥면적이 2000m²인 근린생활시설에 3단위 분말소화기를 비치하고자 한다. 소화기의 개수는 최소 몇 개가 필요한가? (단, 이 건물은 내화구조로서 벽 및 반자의 실내에 면하는 부분이 불연재료이다.)

① 3개
② 4개
③ 5개
④ 6개

35

아래의 옥내소화전함을 보고 동력제어반의 모습으로 옳은 것을 보기(㉠~㉢)에서 있는대로 고른 것은? (단, 주펌프는 기동상태, 충압펌프는 정지상태이다.)

유사문제
24년 문31
24년 문40
23년 문49
23년 문46
22년 문30
22년 문36
21년 문28
21년 문41

교재 2권
42~43

동력제어반	주펌프		
	기동표시등	정지표시등	펌프기동표시등
㉠	점등	소등	점등
㉡	소등	소등	점등
㉢	점등	점등	점등
㉣	점등	소등	소등

동력제어반	충압펌프		
	기동표시등	정지표시등	펌프기동표시등
㉤	소등	점등	점등
㉥	소등	소등	소등
㉦	점등	소등	점등
㉧	소등	점등	소등

┃옥내소화전함┃

① ㉠, ㉧ ② ㉢, ㉥
③ ㉢, ㉦ ④ ㉠, ㉥

36

스프링클러설비의 압력챔버에서 주펌프 압력스위치를 나타낸 것이다. 그림에 대한 설명으로 옳지 않은 것은? (단, 옥상수조는 설치되어 있지 않다.)

유사문제
23년 문47
22년 문48
21년 문29

실무교재
96

PUMP			
구경	50mm	소요동력	5.5kW
토출량	0.2L/min	전양정	50m
베어링 앞	6306	극수	4극
베어링 뒤	6305	제조번호	1401226

┃스프링클러 주펌프 명판┃

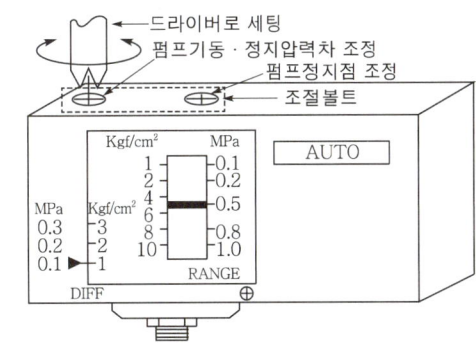

┃주펌프 압력스위치┃

① 주펌프의 정지점은 0.5MPa이다.
② 가장 높이 설치된 헤드로부터 펌프 중심점까지의 낙차는 35m이다.
③ 주펌프의 기동점은 0.4MPa이다.
④ 주펌프의 기동점은 충압펌프의 기동점보다 0.05MPa 낮게 설정해야 한다.

37 자동심장충격기(AED) 패드 부착 위치로 옳은 것은?

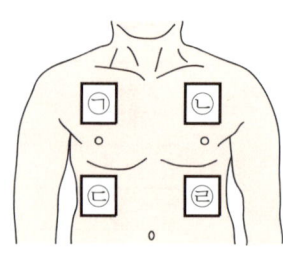

① ㄱ, ㄷ ② ㄱ, ㄹ
③ ㄴ, ㄷ ④ ㄴ, ㄹ

38 다음 중 소방교육 및 훈련의 원칙에 해당되지 않는 것은?
① 목적의 원칙
② 교육자 중심의 원칙
③ 현실의 원칙
④ 관련성의 원칙

39 화재감지기가 (a), (b)와 같은 방식의 배선으로 설치되어 있다. (a), (b)에 대한 설명으로 옳지 않은 것은?

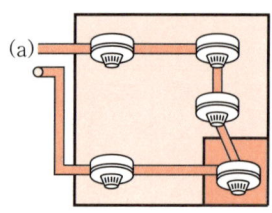 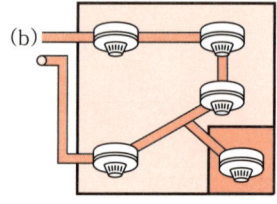

① (a)방식으로 설치된 선로를 도통시험할 경우 정상인지 단선인지 알 수 있다.
② (a)방식의 배선방식 목적은 독립된 실에 설치하는 감지기 사이의 단선 여부를 확인하기 위함이다.
③ (b)방식의 배선방식은 독립된 실내 감지기 선로단선시 도통시험을 통하여 감지기 단선 여부를 확인할 수 없다.
④ (b)방식의 배선방식을 송배선방식이라 한다.

40 다음 중 소화기를 점검하고 있다. 옳지 않은 것은?

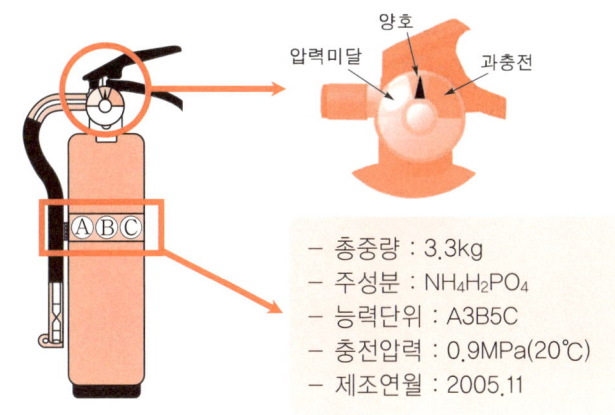

- 총중량 : 3.3kg
- 주성분 : $NH_4H_2PO_4$
- 능력단위 : A3B5C
- 충전압력 : 0.9MPa(20℃)
- 제조연월 : 2005.11

① 축압식 분말소화기를 점검하고 있다.
② 금속화재에 적응성이 있다.
③ 0.7~0.98MPa 압력을 유지하고 있다.
④ 내용연수 초과로 소화기를 교체해야 한다.

41 옥내소화전설비의 동력제어반과 감시제어반을 나타낸 것이다. 옳지 않은 것은?

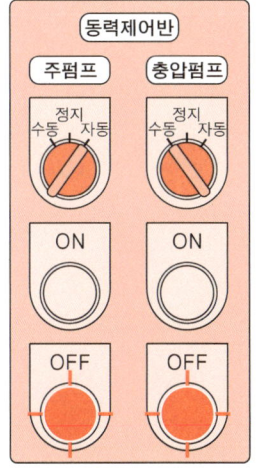
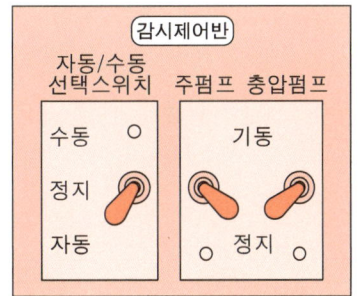

① 감시제어반은 정상상태로 유지·관리되고 있다.
② 동력제어반에서 주펌프 ON버튼을 누르면 주펌프는 기동하지 않는다.
③ 감시제어반에서 주펌프 스위치를 기동위치로 올리면 주펌프는 기동한다.
④ 동력제어반에서 충압펌프를 자동위치로 돌리면 모든 제어반은 정상상태가 된다.

42. 부속실 제연설비 중 급기댐퍼가 개방되는 경우로 옳은 것만 모두 고른 것은?

㉠ 감지기 동작확인등 점등
㉡ 발신기 작동스위치 누름
㉢ 감시제어반 급기댐퍼 수동기동
㉣ 댐퍼 수동기동장치 누름

① ㉠, ㉢
② ㉡, ㉣
③ ㉠, ㉡, ㉣
④ ㉠, ㉡, ㉢, ㉣

43. 성인심폐소생술 중 가슴압박 시행에 해당하는 내용으로 옳은 것은?

① 구조자는 깍지를 낀 두 손의 손바닥 앞꿈치를 가슴뼈(흉골)의 아래쪽 절반 부위에 댄다.
② 양팔을 쭉 편 상태로 체중을 실어서 환자의 몸과 수평이 되도록 가슴을 압박한다.
③ 가슴압박은 분당 100~120회의 속도와 5cm 깊이로 강하고 빠르게 시행한다.
④ 가슴압박시 갈비뼈가 압박되어 부러질 정도로 강하게 실시한다.

44. 소방계획의 주요 내용이 아닌 것은?

① 화재예방을 위한 자체점검계획 및 대응대책
② 소방훈련 및 교육에 관한 계획
③ 화재안전조사에 관한 사항
④ 위험물의 저장·취급에 관한 사항

45. (a)와 (b)에 대한 설명으로 옳지 않은 것은?

유사문제
24년 문28
23년 문44
22년 문28
22년 문39

교재 2권
107

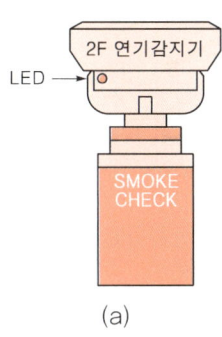
(a)

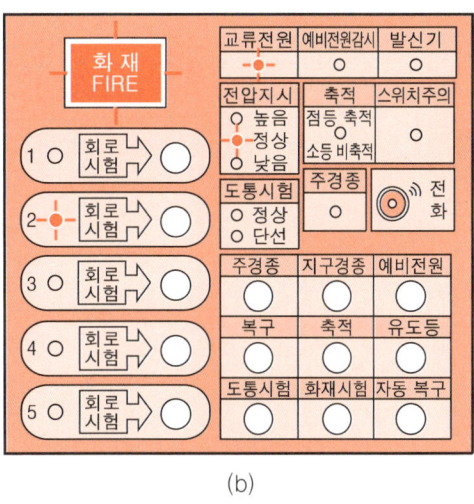
(b)

① (a)의 감지기는 할로겐 열시험기로 작동시킬 수 없다.
② (a)의 감지기는 2층에 설치되어 있다.
③ 2층에 화재가 발생했기 때문에 (b)의 발신기 응답표시등에도 램프가 점등되어야 한다.
④ (a)의 상태에서 (b)의 상태는 정상이다.

46. 축압식 분말소화기의 점검결과 중 불량내용과 관련이 없는 것은?

유사문제
23년 문26
23년 문33
23년 문39
22년 문35

교재 2권
22

①

②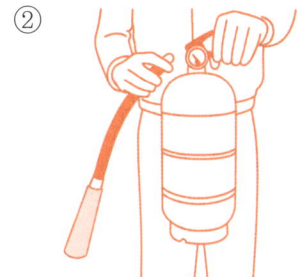

③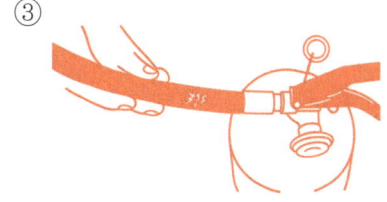

④

47 그림은 옥내소화전설비의 방수압력 측정방법이다. ( ) 안에 들어갈 내용으로 옳은 것은?

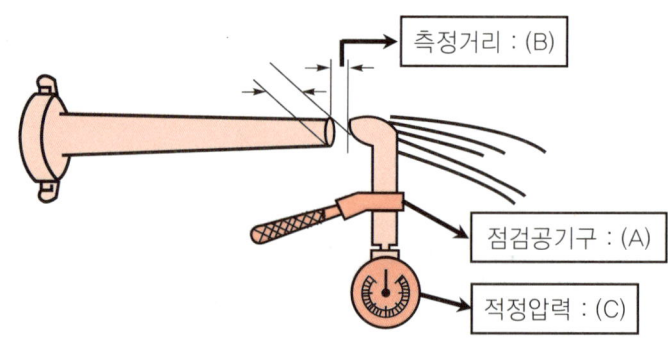

① (A) 레벨메타, (B) 노즐구경의 $\frac{1}{3}$, (C) 0.25~0.7MPa

② (A) 방수압력측정계, (B) 노즐구경의 $\frac{1}{2}$, (C) 0.17~0.7MPa

③ (A) 레벨메타, (B) 노즐구경의 $\frac{1}{2}$, (C) 0.17~0.7MPa

④ (A) 방수압력측정계, (B) 노즐구경의 $\frac{1}{3}$, (C) 0.1~1.2MPa

48 다음 보기를 참고하여 습식 스프링클러설비의 작동순서를 올바르게 나열한 것은 어느 것인가?

㉠ 화재발생
㉡ 2차측 배관압력 저하
㉢ 헤드 개방 및 방수
㉣ 1차측 압력에 의해 습식 유수검지장치의 클래퍼 개방
㉤ 습식 유수검지장치의 압력스위치 작동 → 사이렌 경보, 감시제어반의 화재표시등, 밸브개방표시등 점등
㉥ 배관 내 압력저하로 기동용 수압개폐장치의 압력스위치 작동 → 펌프기동

① ㉠ → ㉡ → ㉢ → ㉣ → ㉤ → ㉥
② ㉠ → ㉢ → ㉡ → ㉣ → ㉤ → ㉥
③ ㉠ → ㉣ → ㉤ → ㉢ → ㉡ → ㉥
④ ㉠ → ㉤ → ㉡ → ㉢ → ㉣ → ㉥

49 다음 중 자동심장충격기(AED)의 사용방법(순서로) 옳은 것은?

유사문제
24년 문35
23년 문50
22년 문45
22년 문49
21년 문31
21년 문37

교재 1권
265
-266

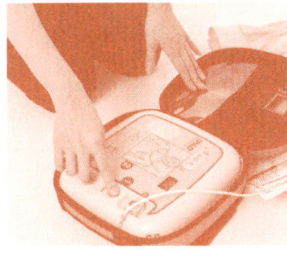

㉠ 전원켜기

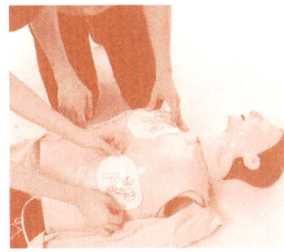

㉡ 2개의 패드 부착

㉢ 심장리듬 분석 및 심장충격 실시

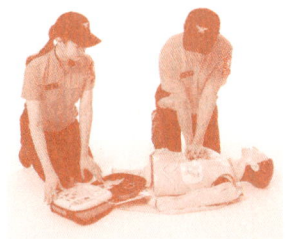

㉣ 심폐소생술 시행

① ㉠ - ㉡ - ㉢ - ㉣
② ㉠ - ㉡ - ㉣ - ㉢
③ ㉡ - ㉠ - ㉣ - ㉢
④ ㉡ - ㉠ - ㉢ - ㉣

50 그림의 시험밸브함을 열어 밸브 개방시 측정되어야 할 정상압력(MPa) 범위로 옳은 것은?

교재 2권
59

① 0.1MPa 이상 1.2MPa 이하
② 0.17MPa 이상 0.7MPa 이하
③ 0.25MPa 이상 0.7MPa 이하
④ 0.7MPa 이상 0.98MPa 이하

" 성공한 사람이 아니라 가치있는 사람이 되려고 힘써라.
　　　　　　　　　　　　　　　　　- 아인슈타인 - "

기출문제

정답 및 해설 p. 2-85

제 1 과목

01 주요구조부가 내화구조인 4m 미만의 소방대상물의 제1종 정온식 스포트형 감지기의 설치유효면적은?

① 60m² ② 70m²
③ 80m² ④ 90m²

02 도통시험을 용이하게 하기 위한 감지기 회로의 배선방식은?

① 송배선식
② 비접지 배선방식
③ 3선식 배선방식
④ 교차회로 배선방식

03 비화재보의 원인과 대책으로 옳지 않은 것은?

① 원인 : 천장형 온풍기에 밀접하게 설치된 경우
   대책 : 기류흐름 방향 외 이격·설치
② 원인 : 담배연기로 인한 연기감지기 동작
   대책 : 흡연구역에 환풍기 등을 설치
③ 원인 : 청소불량(먼지 또는 분진)에 의한 감지기 오동작
   대책 : 내부 먼지 제거 후 복구스위치 누름 또는 감지기를 교체
④ 원인 : 주방에 비적응성 감지기가 설치된 경우
   대책 : 적응성 감지기(차동식 감지기)로 교체

04 비상방송설비에 대한 설명으로 옳지 않은 것은?

① 스피커 음성입력은 실내에서 1W 이상, 실외 또는 일반적인 장소에서 3W 이상이어야 한다.
② 스피커는 각 층마다 설치하되 수평거리 25m 이하가 되도록 설치하여야 한다.
③ 화재발생 방송개시시간은 10초 이하이다.
④ 조작부는 바닥으로부터 2m 이상 2.5m 이하의 장소에 설치하여야 한다.

05 다음 중 3층인 노유자시설에 적합하지 않은 피난기구는?

① 미끄럼대
② 구조대
③ 피난교
④ 완강기

06 객석통로의 직선부분의 길이가 70m인 경우 객석유도등의 최소 설치개수는?

① 14개　　　　　　　② 15개
③ 16개　　　　　　　④ 17개

07 소화수조의 소요수량이 80m³일 때, 채수구의 최소 설치개수는?

① 1개　　　　　　　② 2개
③ 3개　　　　　　　④ 4개

08 다음 중 부속실 제연설비의 방연풍속의 기준이 다른 하나는 무엇인가?

① 계단실 및 부속실을 동시에 제연하는 경우
② 계단실만 단독으로 제연하는 경우
③ 부속실이 면하는 옥내가 거실인 경우
④ 부속실이 면하는 옥내가 복도로 그 구조가 방화구조인 경우

09 응급처치의 중요성이 아닌 것은?
① 지병의 예방과 치유
② 환자의 고통을 경감
③ 치료기간 단축
④ 긴급한 환자의 생명 유지

10 다음 어느 하나에 해당하는 지역 또는 장소에서 연막소독을 실시하려는 자가 관할 소방본부장 또는 소방서장에게 신고하지 아니하여도 되는 곳은?
① 시장지역
② 석유화학제품을 생산하는 공장이 있는 지역
③ 위험물의 저장 및 처리시설이 있는 지역
④ 소방시설·소방용수시설 또는 소방출동로가 없는 지역

11 다음 중 건축물의 기둥, 보, 내력벽, 주계단 등의 구조나 외부형태를 수선·변경하거나 증설하는 것으로서 대통령령으로 정하는 것이 아닌 것은?
① 다세대주택의 경계벽을 증설하여 2세대로 분리하는 경우
② 건물의 외벽에 사용하는 마감재료를 증설·해체하는 경우
③ 보를 증설하는 경우
④ 옥외계단을 수선 또는 변경하는 경우

12 다음 중 무창층의 요건이 아닌 것은?
① 크기는 지름 50cm 이하의 원이 통과할 수 있을 것
② 해당층의 바닥면으로부터 개구부 밑부분까지의 높이가 1.2m 이내일 것
③ 도로 또는 차량이 진입할 수 있는 빈터를 향할 것
④ 내부 또는 외부에서 쉽게 부수거나 열 수 있을 것

13 다음 중 층수가 17층인 오피스텔의 소방안전관리대상물과 기준이 다른 것은?
① 30층 이상(지하층 포함)인 아파트
② 지상으로부터 높이가 120m 이상인 아파트
③ 연면적 15000m² 이상인 특정소방대상물(아파트 및 연립주택 제외)
④ 가연성 가스를 1000톤 이상 저장·취급하는 시설

14 20000m² 특정소방대상물의 소방안전관리 선임자격이 없는 사람은? (단, 해당 소방안전관리자 자격증을 받은 경우이다.)

① 소방설비기사의 자격이 있는 사람
② 소방설비산업기사의 자격이 있는 사람
③ 소방공무원으로서 7년 이상 근무한 경력이 있는 사람
④ 2급 소방안전관리대상물의 소방안전관리자 자격이 인정되는 사람

15 소방안전관리업무를 대행할 수 있는 사항으로 옳지 않은 것은?

① 대통령령으로 정하는 소방안전관리대상물은 1급 소방안전관리대상물 중 연면적 15000m² 미만인 특정소방대상물로서 층수가 11층 미만인 특정소방대상물(아파트는 제외)
② 대통령령으로 정하는 소방안전관리대상물은 2·3급 소방안전관리대상물
③ 대통령령으로 정하는 업무는 피난시설, 방화구획 및 방화시설의 관리
④ 대통령령으로 정하는 업무는 소방시설이나 그 밖의 소방관련시설의 관리

16 어떤 특정소방대상물에 소방안전관리자를 선임 중 2019년 7월 1일 소방안전관리자를 해임하였다. 해임한 날부터 며칠 이내에 선임하여야 하고 소방안전관리자를 선임한 날부터 며칠 이내에 관할 소방서장에게 신고하여야 하는지 옳은 것은?

① 선임일 : 2019년 7월 14일, 선임신고일 : 2019년 7월 25일
② 선임일 : 2019년 7월 20일, 선임신고일 : 2019년 8월 10일
③ 선임일 : 2019년 8월 1일, 선임신고일 : 2019년 8월 15일
④ 선임일 : 2019년 8월 1일, 선임신고일 : 2019년 8월 30일

17 건축물 사용승인일이 2019년 5월 1일이라면 종합점검 시기와 작동점검 시기를 순서대로 맞게 말한 것은?

① 종합점검 시기 : 5월 15일, 작동점검 시기 : 11월 1일
② 종합점검 시기 : 5월 15일, 작동점검 시기 : 12월 1일
③ 종합점검 시기 : 6월 15일, 작동점검 시기 : 11월 1일
④ 종합점검 시기 : 6월 15일, 작동점검 시기 : 12월 1일

18. 건축허가 등의 동의절차에 관한 사항으로 틀린 것은?

① 5일(특급 소방안전관리대상물인 경우에는 10일) 이내 동의회신 통보
② 보완이 필요시 7일 이내 - 보완기간 내 미보완시 동의요구서 반려
③ 허가청에서 허가 등의 취소시 7일 이내 취소통보
④ 동의회신 후 건축허가 등의 동의대장에 기재 후 관리

19. 다음 중 옥상광장 출입문 개방 안전관리기준으로 옳지 않은 것은?

① 옥상광장에 노대 등의 주위에는 높이 1.2m 이상의 난간을 설치하여야 한다.
② 3층 이상의 층에 노대 등의 주위에는 높이 1.2m 이상의 난간을 설치하여야 한다.
③ 5층 이상의 층이 근린생활시설 중 공연장의 용도로 쓰이는 경우에는 옥상광장 설치대상에 해당된다.
④ 5층 이상의 층이 근린생활시설 중 종교집회장의 용도로 쓰이는 경우에는 옥상광장 설치대상에 해당된다.

20. 소방기본법에 따른 벌칙이 가장 무거운 것은?

① 정당한 사유 없이 소방대가 현장에 도착할 때까지 사람을 구출하는 조치 또는 불을 끄거나 불이 번지지 아니하도록 하는 조치를 하지 아니한 소방대상물 관계인
② 사람을 구출하는 일 또는 불을 끄거나 불이 번지지 아니하도록 하는 일을 방해한 사람
③ 피난명령을 위반한 자
④ 정당한 사유 없이 소방대의 생활안전활동을 방해한 자

21. 소방안전관리자를 선임하지 아니하는 특정소방대상물의 관계인의 업무에 해당하지 않는 것은?

① 화기취급의 감독
② 소방시설 그 밖의 소방관련시설의 관리
③ 자위소방대 및 초기대응체계의 구성·운영·교육
④ 피난시설, 방화구획 및 방화시설의 관리

22. 건축허가 등의 동의대상물의 범위에 해당하지 않는 것은?

① 연면적 400m² 이상인 건축물
② 층수가 6층 이상인 건축물
③ 지하층 또는 무창층이 있는 건축물로서 바닥면적이 100m² 이상인 층이 있는 것
④ 연면적 200m² 이상인 노유자시설 및 수련시설

[23-25] 다음 소방안전관리대상물의 조건을 보고 다음 각 물음에 답하시오.

구 분	업무시설
용도	근린생활시설
규모	지상 5층, 지하 2층, 연면적 6000m²
설치된 소방시설	소화기, 옥내소화전설비, 자동화재탐지설비
소방안전관리자 현황	자격 : 2급 소방안전관리자 자격취득자
	강습수료일 : 2023년 3월 5일
건축물 사용승인일	2023년 3월 15일

23. 소방안전관리자의 선임기간으로 옳은 것은?

① 2023년 4월 13일
② 2023년 4월 28일
③ 2023년 4월 29일
④ 2023년 4월 30일

24. 소방안전관리대상물의 등급 및 소방안전관리보조자 선임인원으로 옳은 것은?

① 1급 소방안전관리대상물, 소방안전관리보조자 선임대상 아님
② 1급 소방안전관리대상물, 소방안전관리보조자 1명
③ 2급 소방안전관리대상물, 소방안전관리보조자 선임대상 아님
④ 2급 소방안전관리대상물, 소방안전관리보조자 1명

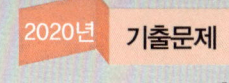

25. 소방안전관리자가 건축물 사용승인일에 선임되었다면 실무교육 최대 이수기한은?

① 2023년 9월 4일
② 2023년 10월 4일
③ 2025년 3월 4일
④ 2025년 11월 4일

정답 및 해설은 여기로!
정답 및 해설 p. 2-93

26. 다음 중 수신기 그림의 화재복구방법으로 옳은 것은?

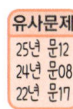

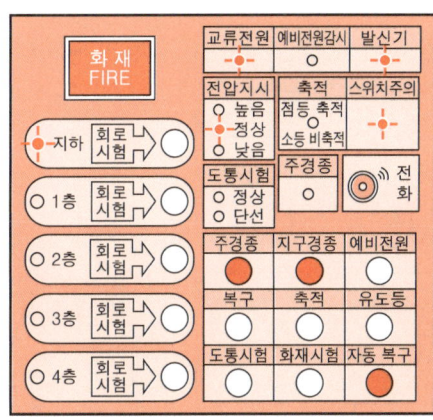

① 수신기 복구버튼을 누르기 전 발신기 누름스위치를 누르면 수신기가 정상상태로 된다.
② 수신기 내 발신기 응답표시등 소등을 위하여 발신기 누름스위치를 반드시 복구시켜야 한다.
③ 수신기 복구버튼을 누르면 주경종, 지구경종 음향이 멈춘다.
④ 스위치주의등은 발신기 응답표시등 소등시 동시에 소등된다.

27. 화재시 감시제어반의 모습이다. 다음의 감시제어반에 참고하여, 아래 그림에 나타난 제연설비가 작동하는 순서로 옳은 것은? (단, 제시된 조건을 제외하고 나머지 조건은 무시한다.)

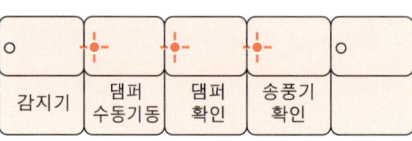

- ㉠ 감지기 작동
- ㉡ 급기댐퍼 개방
- ㉢ 급기댐퍼 수동기동장치 작동
- ㉣ 급기송풍기 작동

① ㉠ > ㉡ > ㉣
② ㉠ > ㉢ > ㉣
③ ㉢ > ㉡ > ㉣
④ ㉢ > ㉣ > ㉡

28. 그림을 보고 각 내용에 맞게 ○ 또는 ×가 올바르지 않은 것은?

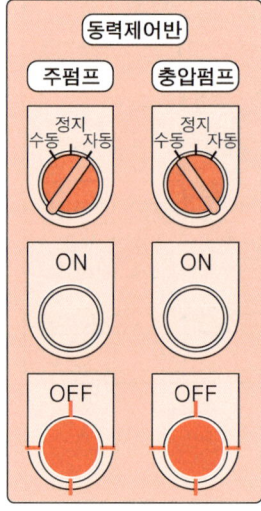
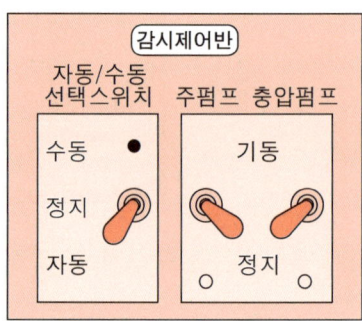

① 감시제어반은 정상상태로 유지관리 되고 있다. (○)
② 동력제어반에서 주펌프 ON버튼을 누르면 주펌프는 기동하지 않는다. (○)
③ 감시제어반에서 주펌프 스위치를 기동위치로 올리면 주펌프는 기동한다. (○)
④ 동력제어반에서 충압펌프를 자동위치로 돌리면 모든 제어반은 정상상태가 된다. (○)

29. 방수압력측정계의 측정된 방수압력과 점검표 작성(㉠~㉡)한 것으로 옳은 것은?

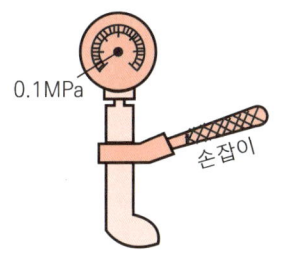

점검번호	점검항목	점검결과
2-C-002	옥내소화전 방수량 및 방수압력 적정 여부	㉠

설비명	점검번호	불량내용
소화설비	2-C-002	㉡

① 방수압력 : 0.1MPa, ㉠ ×, ㉡ 방수압력 미달
② 방수압력 : 0.1MPa, ㉠ ○, ㉡ 방수압력 초과
③ 방수압력 : 0.17MPa, ㉠ ○, ㉡ 방수압력 미달
④ 방수압력 : 0.17MPa, ㉠ ×, ㉡ 방수압력 초과

30. R형 수신기의 운영기록 중 스프링클러설비 밸브의 작동시간으로 옳은 것은?

① 13 : 09 : 23
② 13 : 09 : 33
③ 13 : 09 : 28
④ 13 : 09 : 42

31. 가스계 소화설비의 점검을 위하여 솔레노이드밸브를 분리한 수동조작함을 조작하였다. 다음 결과 중 옳지 않은 것은?

① 감시제어반 연동확인
② 솔레노이드 격발
③ 방출표시등 점등
④ 음향장치 작동

32. 그림에 대한 설명으로 옳지 않은 것은?

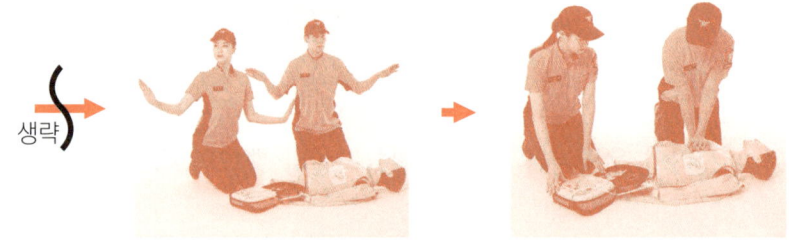

심장리듬 분석 및 심장충격 실시 → 즉시 심폐소생술 다시 시행

① 심장리듬 분석 중 심장충격이 필요한 경우 심장충격이 필요하다는 음성지시 후 스스로 설정된 에너지로 충전을 시작한다.
② 심장충격시 주변 사람에게 심장충격 버튼을 누르고 있도록 도움을 요청한다.
③ 심장충격시 심장충격 버튼을 누르기 전에 반드시 다른 사람이 환자에게서 떨어져 있는지 확인한다.
④ 심장충격을 실시한 뒤에는 즉시 가슴압박과 인공호흡을 30 : 2로 다시 시작한다.

33 예비전원시험에 대한 정상적인 결과로 옳은 것은? (단, 수신기는 정상운영 상태이다.)

①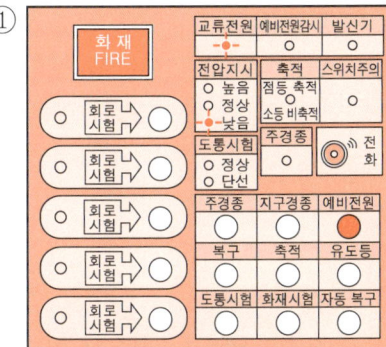
②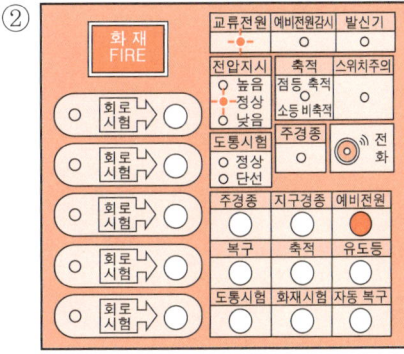
③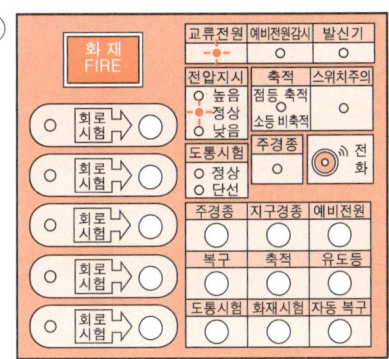
④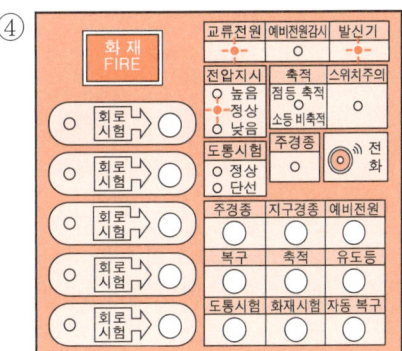

34 다음 그림의 소화기 설명으로 옳은 것은?

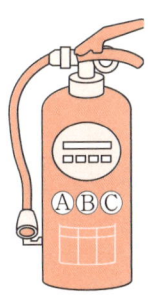

① 철수 : 고무공장에서 발생하는 화재에 적응성을 갖기 위해서 제1인산암모늄을 주성분으로 하는 분말소화기를 비치하는 것이 맞아.
② 영희 : 소화기는 함부로 사용하지 못하도록 바닥으로부터 1.5m 이상의 위치에 비치해야 해.
③ 민수 : 축압식 분말소화기의 정상압력 범위는 0.6~0.98MPa이야.
④ 지영 : 소화기를 비치할 때는 해당 건물 전체 능력단위의 2분의 1을 넘어선 안돼.

35 그림의 옥내소화전설비 동력 및 감시제어반의 설명으로 옳은 것은?

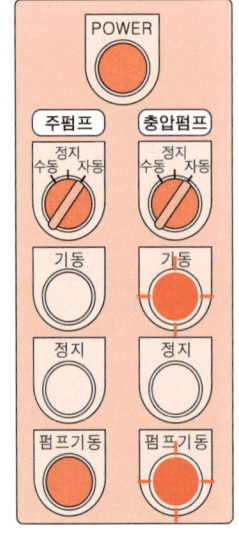
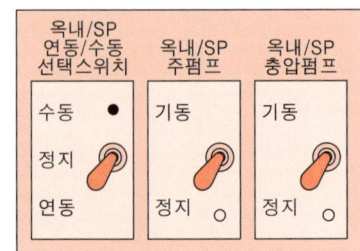

┃동력제어반┃ ┃감시제어반┃

① 누군가 옥내소화전을 사용하여 주펌프가 기동하고 있다.
② 배관 내 압력저하가 발생하여 충압펌프가 자동으로 기동하였다.
③ 동력제어반에서 수동으로 충압펌프를 기동시켰다.
④ 감시제어반에서 수동으로 충압펌프를 기동시켰다.

36 다음은 준비작동식 스프링클러설비가 설치되어 있는 감시제어반이다. 그림과 같이 감시제어반에서 충압펌프를 수동기동했을 경우 옳은 것은?

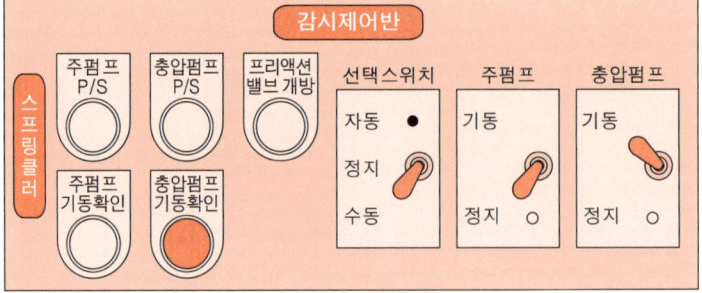

① 스프링클러헤드는 개방되었다.
② 현재 충압펌프는 자동으로 작동하고 있는 중이다.
③ 프리액션밸브는 개방되었다.
④ 주펌프는 기동하지 않는다.

37. 가스계 소화설비의 점검에 대한 다음 물음에 답하시오.

(가) 가스계 소화설비 점검방법 중 그림 A의 솔레노이드밸브를 격발시킬 수 있는 방법으로 옳지 않은 것은?

㉠ 감지기 A, B 동작
㉡ 솔레노이드 수동조작버튼 누름
㉢ 제어반에서 수동기동스위치 조작
㉣ 제어반에서 도통시험버튼 누름

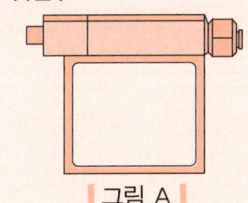
| 그림 A

(나) 가스계 소화설비 점검 중 그림 B 압력스위치를 작동시켰다. 제어반 상태를 보고 옳은 것은?

| 그림 B

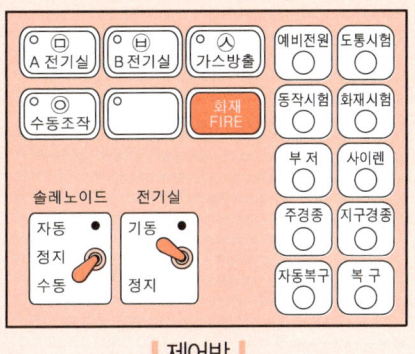
| 제어반

① ㉡, ㉢, ㉧
② ㉡, ㉢, ㉥
③ ㉣, ㉢, ㉥, ㉧
④ ㉣, ㉢, ㉦, ㉧

38. 다음 보기 중 빈칸의 내용으로 옳은 것은?

성인심폐소생술(가슴압박)
- 위치 : 환자의 가슴뼈(흉골)의 (㉠)절반 부위
- 자세 : 양팔을 쭉 편 상태로 체중을 실어서 환자의 몸과 수직이 되도록 가슴을 압박하고, 압박된 가슴은 완전히 이완되도록 한다.
- 속도 및 깊이 : 성인기준으로 속도는 (㉡)회/분, 깊이는 약 (㉢)cm

① ㉠ 아래쪽, ㉡ 80~100, ㉢ 5
② ㉠ 아래쪽, ㉡ 100~120, ㉢ 5
③ ㉠ 위쪽, ㉡ 80~100, ㉢ 7
④ ㉠ 위쪽, ㉡ 100~120, ㉢ 7

39. 안전관리자 A씨가 근무 중 수신기를 조작한 운영기록이다. 다음 설명 중 옳은 것은?

순 번	일 시	회선정보	회선설명	동작구분	메시지
1	2022.09.01. 22시 13분 00초	01-003-1	2F 감지기	화재	화재발생
2	2022.09.01. 22시 13분 05초	01-003-1	-	수신기	수신기복구
3	2022.09.01. 22시 17분 07초	01-003-1	2F 감지기	화재	화재발생
4	2022.09.01. 22시 17분 45초	01-003-1	-	수신기	주음향 정지
5	2022.09.01. 22시 17분 47초	01-003-1	-	수신기	지구음향 정지

① A씨는 2F 발신기 오작동으로 인한 화재를 복구한 적이 있다.
② 건물의 4층에서 빈번하게 화재감지기가 작동한다.
③ 운영기록을 보면 건물 2층 감지기 오작동을 예상할 수 있다.
④ 22년 9월 1일에는 주경종 및 지구경종의 음향이 멈추지 않았다.

40. 소화기를 아래 그림과 같이 배치했을 경우, 다음 설명으로 옳지 않은 것은?

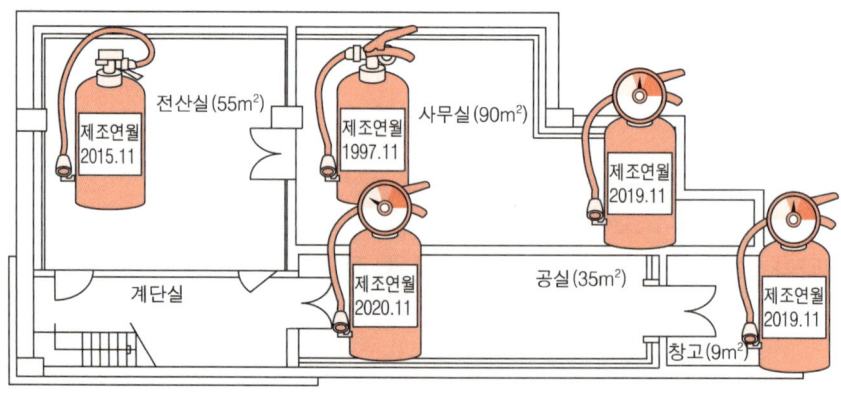

① 전산실 : 소화기의 내용연수가 초과하여 소화기를 교체해야 한다.
② 사무실 : 가압식 소화기는 폐기하여야 하며, 축압식 소화기는 정상이다.
③ 공실 : 소화기 압력미달로 교체하여야 한다.
④ 창고 : 법적으로 면적미달로 소화기 미설치 구역이지만, 비치해도 관계없다.

41 평상시 제어반의 상태로 옳지 않은 것을 있는 대로 고른 것은? (단, 설비는 정상상태이며 제시된 조건을 제외하고 나머지 조건은 무시한다.)

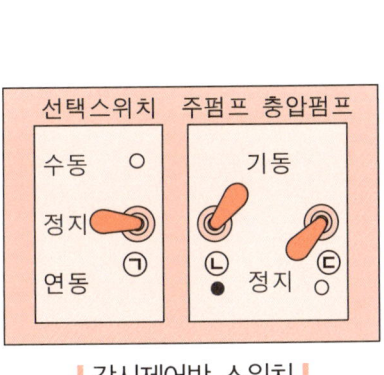
|감시제어반 스위치|

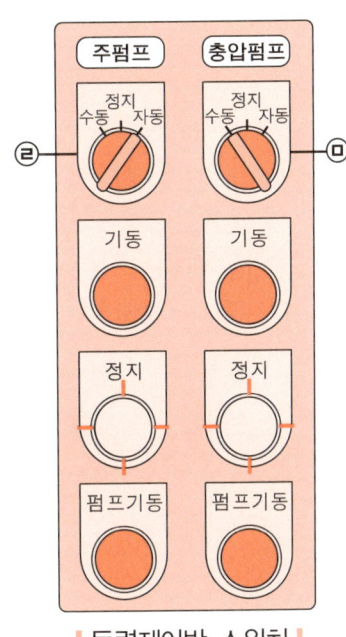
|동력제어반 스위치|

① ㉠, ㉡ ② ㉠, ㉢, ㉣
③ ㉠, ㉡, ㉣ ④ ㉠, ㉡, ㉤

42 다음은 습식 스프링클러설비의 유수검지장치 및 압력스위치의 모습이다. 그림과 같이 압력스위치가 작동했을 때 작동하지 않는 기기는 무엇인가?

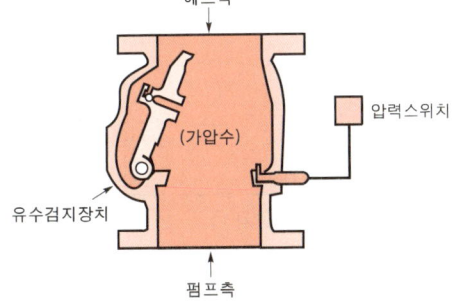

① 화재감지기 점등 ② 밸브개방표시등 점등
③ 사이렌 동작 ④ 화재표시등 점등

43. 다음 빈칸의 내용으로 옳은 것은?

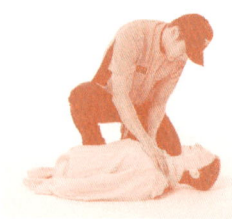

| 반응 및 호흡 확인 |

- 환자의 (㉠)를 두드리면서 "괜찮으세요?"라고 소리쳐서 반응을 확인한다.
- 쓰러진 환자의 얼굴과 가슴을 (㉡) 이내로 관찰하여 호흡이 있는 지를 확인한다.

① ㉠ : 어깨, ㉡ : 1초
② ㉠ : 손바닥, ㉡ : 5초
③ ㉠ : 어깨, ㉡ : 10초
④ ㉠ : 손바닥, ㉡ : 10초

44. P형 수신기가 정상이라면, 평상시 점등상태를 유지하여야 하는 표시등은 몇 개소이고 어디인가?

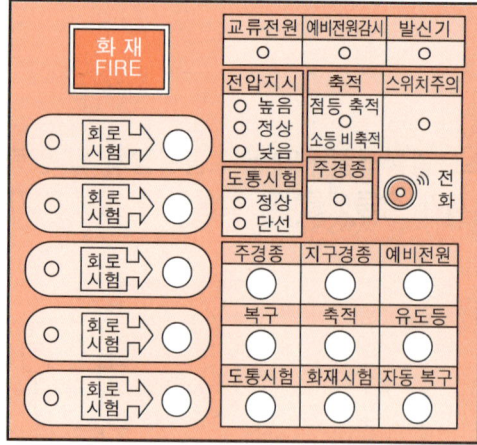

① 2개소 : 교류전원, 전압지시(정상)
② 2개소 : 교류전원, 축적
③ 3개소 : 교류전원, 전압지시(정상), 축적
④ 3개소 : 교류전원, 전압지시(정상), 스위치주의

45 다음의 A, B와 같이 제연설비 점검시 필요한 점검장비를 올바르게 연결한 것은?

- A : 전실 내 측정
- B : 계단실-부속실 측정

【점검장비의 종류】
㉠ 풍속풍압계
㉡ 폐쇄력측정기
㉢ 차압계(압력차 측정기)
㉣ 음량계
㉤ 절연저항계

① A : ㉠, B : ㉢
② A : ㉢, B : ㉠
③ A : ㉢, B : ㉡
④ A : ㉣, B : ㉤

46 최상층의 옥내소화전 방수압력을 측정한 후 점검표를 작성했다. 점검표(㉠~㉡) 작성에 대한 내용으로 옳은 것은? (단, 방수압력 측정시 방수압력측정계의 압력은 0.3MPa로 측정되었고, 주펌프가 기동하였다.)

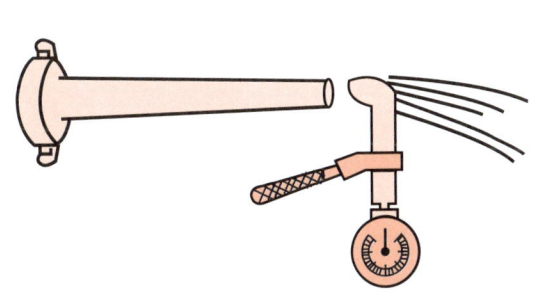

점검번호	점검항목	점검결과
2-C	펌프방식	
2-C-002	옥내소화전 방수량 및 방수압력 적정 여부	㉠
2-F	함 및 방수구 등	
2-F-002	위치 기동표시등 적정설치 및 정상점등 여부	㉡

① ㉠ : ○, ㉡ : ○
② ㉠ : ×, ㉡ : ×
③ ㉠ : ×, ㉡ : ○
④ ㉠ : ○, ㉡ : ×

47 다음 조건과 같이 주펌프의 압력스위치를 조정하였다. 이에 대한 설명으로 옳은 것은?

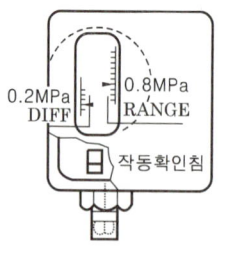

1. 가장 높이 설치된 헤드로부터 펌프중심선까지의 낙차를 압력으로 환산한 값 : 0.45MPa
2. 펌프의 양정 : 80m
3. RANGE 및 DIFF 설정값

① 펌프의 정지압력은 0.6MPa로 정상이나, 기동압력이 0.4MPa로 설정이 되어 있어 DIFF값을 0으로 설정해야 한다.
② 펌프의 기동압력은 0.2MPa로 정상이다.
③ RANGE 값을 0.6MPa로 조절해야 한다.
④ 기동압력과 정지압력이 모두 정상이다.

48 다음 중 그림에 대한 설명으로 옳지 않은 것은?

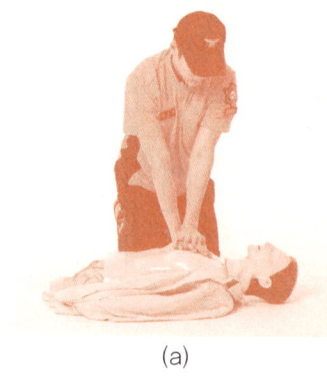
(a)

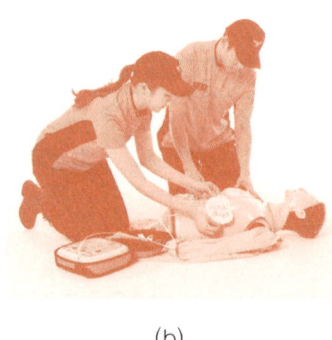
(b)

① 철수 : (a) 절차에는 분당 100~120회의 속도로 약 5cm 깊이로 강하고 빠르게 시행해야 해.
② 영희 : 그림에서 보여지는 모습은 심폐소생술 관련 동작이야. 그리고 기본순서로는 가슴압박＞기도유지＞인공호흡으로 알고 있어.
③ 민수 : 환자 발견 즉시 (a)의 모습대로 30회의 가슴압박과 5회의 인공호흡을 119 구급대원이 도착할 때까지 반복해서 시행해야 해.
④ 지영 : (b)의 응급처치 기기를 사용시 2개의 패드를 각각 오른쪽 빗장뼈 아래와 왼쪽 젖꼭지 아래의 중간겨드랑선에 부착해야 해.

49 그림과 같이 수신기의 스위치주의등이 점멸하고 있을 경우 수신기를 정상으로 복구하는 방법으로 옳은 것은?

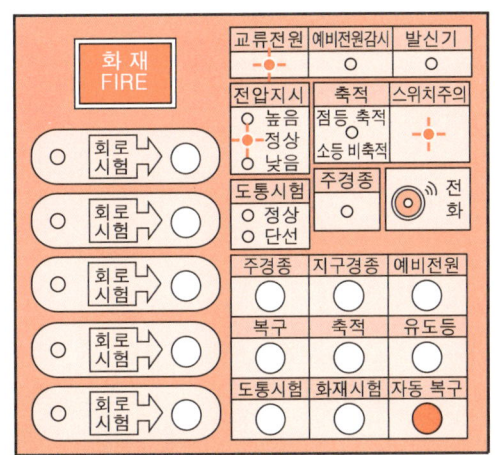

① 수신기의 복구 버튼을 누른다.
② 조작스위치가 정상위치에 있지 않은 스위치를 찾아 정상위치 시킨다.
③ 스위치주의등이 복구될 때까지 기다린다.
④ 수신기의 예비전원 버튼을 누른다.

50 습식 스프링클러설비에서 알람밸브 2차측 압력이 저하되어 클래퍼가 개방(작동)되면 어떤 상황이 발생되는가?

① 압력수 유입으로 압력스위치가 동작된다.
② 다량의 물 유입으로 클래퍼 개방이 가속화된다.
③ 지연장치에 의해 설정 시간 지연 후 압력스위치가 작동된다.
④ 말단시험밸브를 개방하여 가압수를 배출시킨다.

" 다른 사람의 경주를 뛰지 말고, 자신만의 달리기를 완주하라.
- 조엘 오스틴 - "

2019년 기출문제

정답 및 해설은 여기로!
정답 및 해설 p. 2-103

정답 및 해설은 여기로!
정답 및 해설 p. 2-103

01 다음 복사에 대한 설명 중 틀린 것은?
① 유체의 흐름에 의하여 열이 전달된다.
② 화재시 열의 이동에 가장 크게 작용하는 열이동방식이다.
③ 열에너지를 파장의 형태로 계속적으로 방사한다.
④ 열복사라고 하며 양지바른 곳에서 햇볕을 쬐면 따뜻한 것은 복사열을 받기 때문이다.

02 위험물류별 특성으로 틀린 것은?
① 제1류 위험물은 산화성 고체로 가열, 충격, 마찰 등에 의해 분해되고 산소를 방출한다.
② 제2류 위험물은 가연성 고체로 연소시 유독가스가 발생한다.
③ 제4류 위험물은 인화성 액체로 주수소화 불가능한 것이 대부분이다.
④ 제6류 위험물은 산화성 액체로 가열, 충격, 마찰 등에 의해 분해되고 산소를 방출한다.

03 전기안전관리상 주요 화재원인이 아닌 것은?
① 전선의 합선(단락)에 의한 발화
② 누전에 의한 발화
③ 과전류(과부하)에 의한 발화
④ 전기절연저항에 의한 발화

04. 연료가스의 종류와 특성에 대한 설명으로 틀린 것은?

① LPG의 비중은 1.5~2이다.
② 프로판의 폭발범위는 2.1~9.5%이다.
③ 부탄의 폭발범위는 1.8~8.4%이다.
④ LNG의 폭발범위는 6~19%이다.

05. 종합방재실의 설치기준에 대한 설명으로 옳은 것은?

① 공동주택의 경우 관리사무소 내에 설치할 수 없다.
② 종합방재실은 반드시 1층에 설치해야 한다.
③ 종합방재실의 면적은 $30m^2$로 해야 한다.
④ 재난정보 수집 및 제공, 방재활동의 거점 역할을 할 수 있는 곳이어야 한다.

06. 비화재보의 원인과 대책으로 옳지 않은 것은?

① 원인 : 천장형 온풍기에 밀접하게 설치된 경우
　대책 : 기류흐름 방향 외 이격·설치
② 원인 : 담배연기로 인한 연기감지기 동작
　대책 : 흡연구역에 환풍기 등을 설치
③ 원인 : 청소불량(먼지 또는 분진)에 의한 감지기 오동작
　대책 : 내부 먼지 제거 후 복구스위치 누름 또는 감지기를 교체
④ 원인 : 주방에 비적응성 감지기가 설치된 경우
　대책 : 적응성 감지기(차동식 감지기)로 교체

07. 11층의 건물에 옥내소화전 7개, 옥외소화전 3개가 설치되어 있을 때 필요한 수원의 양은?

① $19.2m^3$
② $25m^3$
③ $27m^3$
④ $39.2m^3$

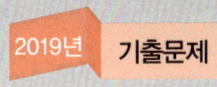

08 다음 중 100만원 이하의 벌금에 해당되지 않는 것은?

① 피난명령을 위반한 자
② 정당한 사유 없이 물의 사용이나 수도의 개폐장치의 사용 또는 조작을 하지 못하게 방해한 자
③ 정당한 사유 없이 소방대가 현장에 도착할 때까지 사람을 구출하는 조치 또는 불을 끄거나 불이 번지지 않도록 조치를 아니한 소방대상물 관계인
④ 정당한 사유 없이 소방용수시설 또는 비상소화장치를 사용하거나 소방용수시설 또는 비상소화장치의 효용을 해하거나 그 정당한 사용을 방해한 사람

09 다음 중 종합방재실의 위치에 대한 설명으로 틀린 것은?

① 1층 또는 피난층
② 초고층 건축물에 특별피난계단이 설치되어 있고, 특별피난계단 출입구로부터 5m 이내에 종합방재실을 설치하려는 경우에는 지하 1층 또는 지하 2층에 설치할 수 있다.
③ 화재 및 침수 등으로 인하여 피해를 입을 우려가 적은 곳
④ 공동주택의 경우에는 관리사무소 내에 설치할 수 있다.

10 다음 스프링클러설비의 내용 중 옳은 것은?

① 습식 스프링클러설비는 소화가 신속하다.
② 건식 스프링클러설비는 동결 우려 장소에 사용이 불가능하다.
③ 준비작동식 스프링클러설비는 수손피해가 크다.
④ 일제살수식 스프링클러설비는 대량살수에 의한 수손피해가 없다.

11 경계구역 설정방법으로 틀린 것은?

① 하나의 경계구역이 2개 이상의 건축물에 미치지 아니하도록 하여야 한다.
② 500m² 이하의 범위 안에서는 2개의 층을 하나의 경계구역으로 할 수 있다.
③ 하나의 경계구역의 면적은 600m², 한 변의 길이는 50m 이하로 한다.
④ 내부 전체가 보이는 것에 있어서는 한 변의 길이가 70m의 범위 내에서 1000m² 이하로 할 수 있다.

12 차동식 스포트형 감지기의 설명으로 옳은 것은?

① 감열실, 다이어프램, 리크구멍, 접점 등으로 구분한다.
② 바이메탈, 감열판 및 접점 등으로 구분한다.
③ 주위 온도가 일정온도 이상이 되었을 때 작동한다.
④ 보일러실, 주방 등에 설치한다.

13 다음 중 자동화재탐지설비에 관한 설명 중 옳은 것은?

① 도통시험순서는 도통시험스위치 누름 → 자동복구스위치 누름 → 회로시험스위치 돌림이다.
② 도통시험은 정상 19~29V, 단선 0V이다.
③ 예비전원시험시 전압계가 있는 경우 정상일 때 19~29V를 가리킨다.
④ 감지기 사이의 회로배선은 교차회로방식이다.

14 4층 이상 노유자시설의 피난기구 중 적응성이 있는 것은?

① 피난용 트랩
② 피난교
③ 피난사다리
④ 완강기

15 다음 사진은 유도등의 점검내용 중 어떤 점검에 해당되는가?

① 예비전원(배터리)점검
② 3선식 유도등점검
③ 2선식 유도등점검
④ 상용전원점검

16 제연설비에서 방연풍속이 다른 하나는?
① 계단실 및 그 부속실을 동시 제연하는 것
② 부속실이 면하는 옥내가 거실인 경우
③ 부속실이 면하는 옥내가 복도로서 그 구조가 방화구조인 것
④ 계단실만 단독으로 제연하는 것

17 거실제연설비의 점검방법으로 틀린 것은?
① 화재경보가 발생하는지 확인한다.
② 제연커튼이 설치된 장소에는 제연커튼이 작동(내려오는지)되는지 확인한다.
③ 배기·급기댐퍼가 작동하여 폐쇄되는지 확인한다.
④ 배풍기(배기팬)·송풍기(급기팬)이 작동하여 송풍 및 배풍이 정상적으로 되는지 확인한다.

18 다음 건축법 관련 용어 중 재축의 정의 및 재축이 갖추어야 할 요건으로 옳지 않은 것은?
① 연면적 합계는 종전 규모 이하로 할 것
② 동수, 층수 및 높이가 모두 종전 규모 이하일 것
③ 동수, 층수 또는 높이의 어느 하나가 종전 규모를 초과하는 경우에는 해당 동수, 층수 및 높이가 건축법령에 모두 적합할 것
④ 재축이란 기존 건축물의 전부 또는 일부를 철거하고 그 대지 안에 종전과 동일한 규모의 범위 안에서 건축물을 다시 축조하는 것을 말한다.

19 다음 방염대상물품 중 제조 또는 가공공정에서 방염처리를 한 물품이 아닌 것은?
① 창문에 설치하는 커튼류(블라인드 포함)
② 종이류(두께 2mm 이상)
③ 암막·무대막(영화상영관에서 설치하는 스크린과 가상체험 체육시설업에 설치되는 스크린을 포함)
④ 섬유류 또는 합성수지류 등을 원료로 하여 제작된 소파·의자(단란주점, 유흥주점 및 노래연습장에 한함)

20 장애유형별 피난보조에 대한 내용으로 틀린 것은?

① 지체장애인은 2인 이상이 1조가 되어 피난을 보조한다.
② 시각장애인은 표정이나 제스처를 사용하고 조명을 적극 활용한다.
③ 지적장애인은 공황상태에 빠질 수 있으므로 차분하고 느린 어조로 도움을 주러 왔음을 밝히고 피난을 보조한다.
④ 노인은 지병이 있는 경우가 많으므로 구조대가 알기 쉽게 지병을 표시한다.

21 다음 보기에서 설명하는 소방교육 및 훈련의 실시원칙으로 옳은 것은?

- 어떠한 기술을 어느 정도까지 익혀야 하는가를 명확하게 제시한다.
- 습득하여야 할 기술이 활동 전체에서 어느 위치에 있는가를 인식하도록 한다.

① 학습자 중심의 원칙 ② 동기부여의 원칙
③ 목적의 원칙 ④ 경험의 원칙

[22-24] 지상 4층, 연면적 5000m²인 공장 건물에 자동화재탐지설비 및 유도등이 설치되어 있다. 이 공장에 소방안전관리자 등을 2021년 3월 5일에 선임하였을 경우 다음 물음에 답하시오.

22 다음 특정소방대상물에 관하여 소방안전관리자, 소방안전관리보조자 선임에 관하여 옳은 것은?

① 2급 소방안전관리자 1명, 소방안전관리보조자 1명
② 3급 소방안전관리자 1명, 소방안전관리보조자 1명
③ 2급 소방안전관리자 1명, 소방안전관리보조자 2명
④ 3급 소방안전관리자 1명, 소방안전관리보조자 없음

23 다음 특정소방대상물에 소방안전관리자 선임조건으로 옳은 것은? (단, 해당 소방안전관리자 자격증을 받은 경우이다.)

① 2급 소방안전관리자 자격증을 받은 사람
② 3급 소방안전관리자 교육을 수료한 사람
③ 공공기관 소방안전관리에 관한 강습교육을 수료한 사람
④ 위험물기능사 자격이 있는 사람

24. 실무교육은 언제까지 받아야 하는가?

① 2021년 9월 1일
② 2021년 10월 1일
③ 2022년 3월 4일
④ 2023년 3월 4일

25. 노유자시설의 피난기구 중 적응성이 없는 것은?

① 완강기
② 다수인 피난장비
③ 미끄럼대
④ 구조대

26. 건물 내 2F에서 발신기 오작동이 발생하였다. 수신기의 상태로 볼 수 있는 것으로 옳은 것은? (단, 건물은 직상 4개층 경보방식이다.)

①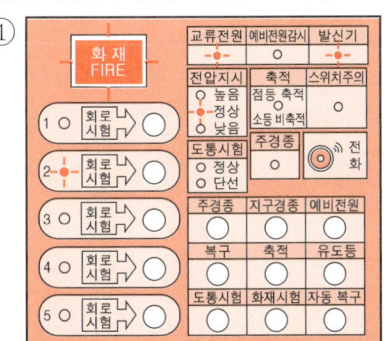

②

③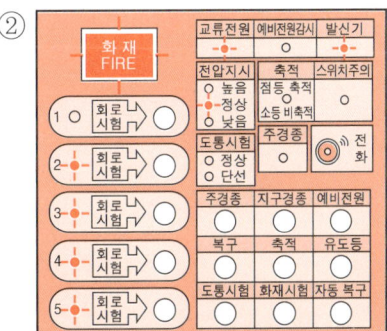

④

27 다음 중 옥내소화전설비의 방수압력 측정조건 및 방법으로 옳은 것은?

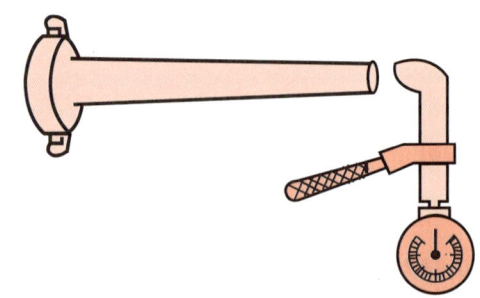

① 반드시 방사형 관창을 이용하여 측정해야 한다.
② 방수압력측정계는 노즐의 선단에서 근접(노즐 구경의 $\frac{1}{2}$)하여 측정한다.
③ 방수압력 측정시 정상압력은 0.15MPa 이하로 측정되어야 한다.
④ 방수압력측정계로 측정할 경우 물이 나가는 방향과 방수압력측정계의 각도는 상관없다.

28 습식 스프링클러설비 점검 그림이다. 점검시 스프링클러설비의 상태로 옳지 않은 것은? (단, 설비는 정상상태이며, 제시된 조건을 제외하고 나머지 조건은 무시한다.)

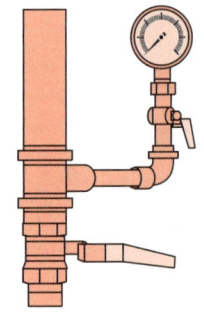

∥3층 말단시험밸브 모습∥

① 감지기 동작
② 알람밸브 동작
③ 주, 충압펌프 동작
④ 사이렌 동작

29 다음 그림 중 심폐소생술(CPR)과 자동심장충격기(AED) 사용 순서로 옳은 것은?

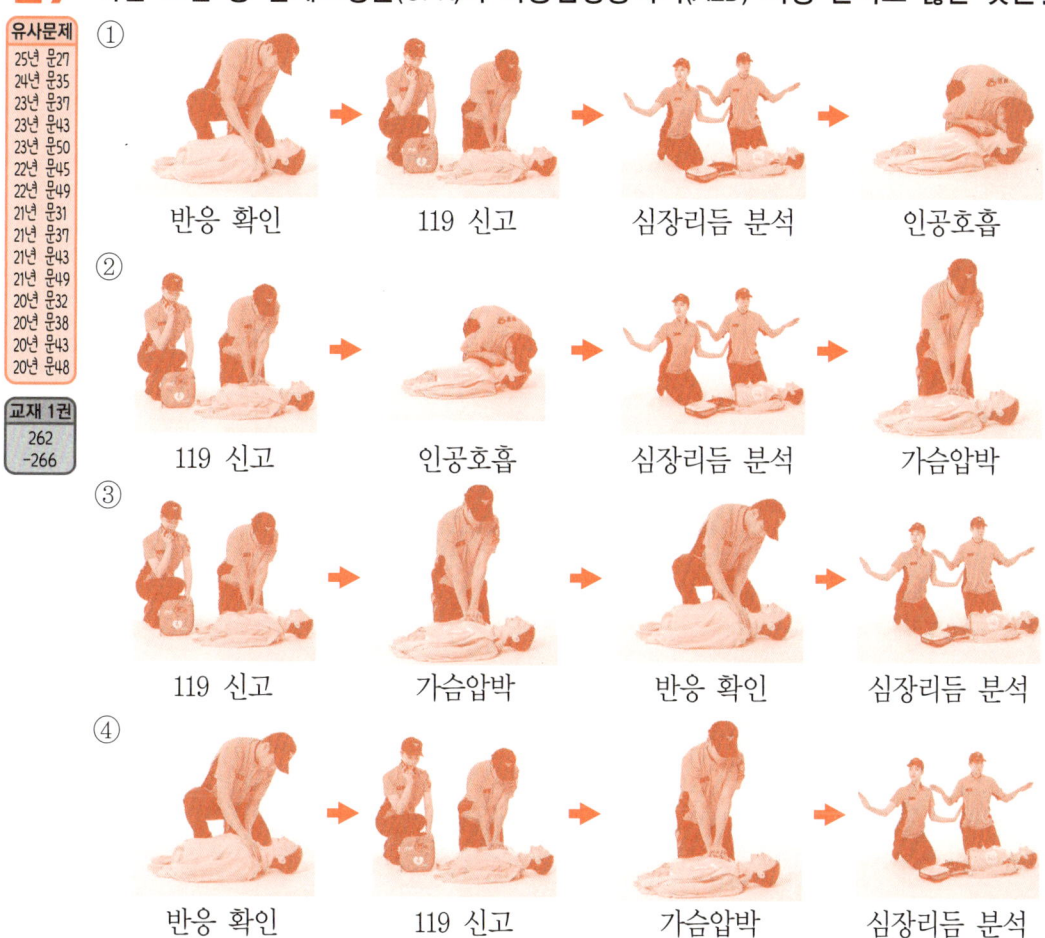

30 수신기의 예비전원시험을 진행한 결과 다음과 같이 수신기의 표시등이 점등되었을 때, 조치사항으로 옳은 것은?

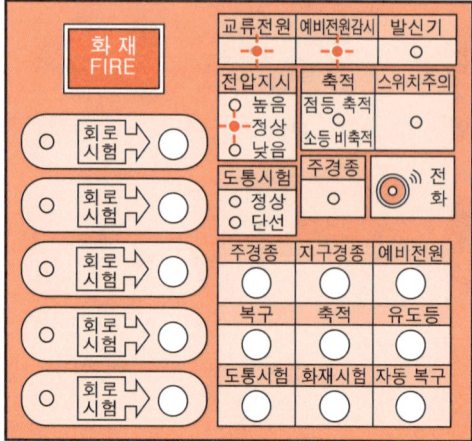

① 축적스위치를 누름
② 복구스위치를 누름
③ 예비전원 시험스위치 불량 여부 확인
④ 예비전원 불량 여부 확인

31 동력제어반 상태를 확인하여 감시제어반의 예상되는 모습으로 옳은 것은? (단, 현재 감시제어반에서 펌프를 수동 조작하고 있다.)

유사문제
24년 문40
23년 문46
23년 문49
22년 문30
22년 문36
21년 문28
21년 문35
21년 문41
20년 문28
20년 문35
20년 문41
19년 문39

교재 2권
42~43

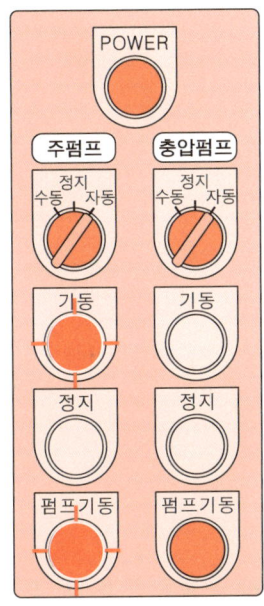

①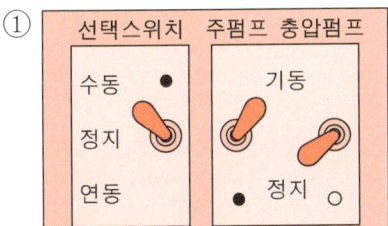

②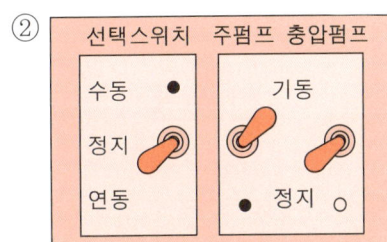

③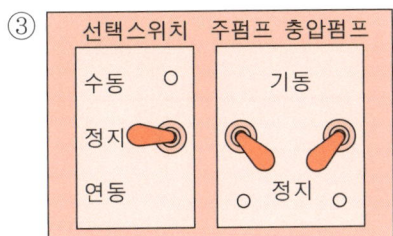

④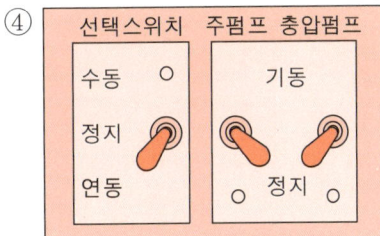

32. 다음 그림의 밸브가 개방(작동)되는 조건으로 옳지 않은 것은?

▌프리액션밸브

① 방화문 감지기 동작
② SVP(수동조작함) 수동조작 버튼 기동
③ 감시제어반에서 동작시험
④ 감시제어반에서 수동조작

33. 급기댐퍼 수동기동장치를 작동시켰을 때 감시제어반에서 확인되는 사항으로 옳지 않은 것만 〈보기〉에서 있는 대로 고른 것은? (단, 모든 설비는 정상상태이다.)

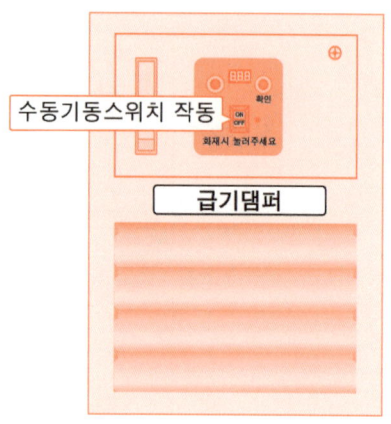

〈보기〉

구 분	감시제어반 표시등	작동상태
㉠	감지기	점등
㉡	댐퍼 확인	소등
㉢	댐퍼수동기동	점등
㉣	송풍기 확인	소등

① ㉠, ㉡
② ㉡, ㉢
③ ㉠, ㉡, ㉣
④ ㉢, ㉣

34 계단감지기 점검시 수신기에 나타나는 모습으로 옳은 것은?

유사문제
24년 문28
23년 문38
23년 문44
22년 문28
22년 문39
21년 문45

교재 2권
111

①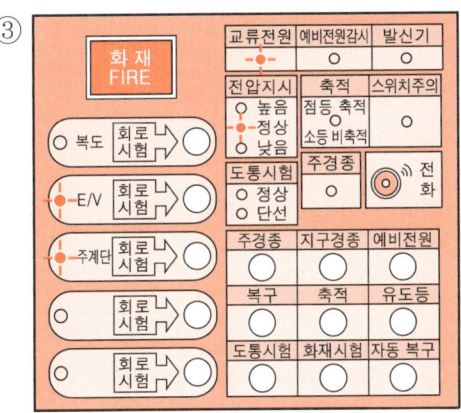

②

③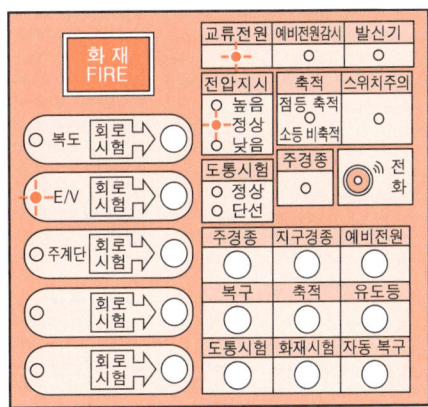

④

35 아래와 같이 옥내소화전 설비의 감시제어반이 유지되고 있다. 다음 중 주펌프를 수동기동하는 방법(㉠, ㉡, ㉢)과 이때 감시제어반에서 작동되는 음향장치(㉣)를 올바르게 나열한 것은? (단, 설비는 정상상태이며 제시된 조건을 제외한 나머지 조건은 무시한다.)

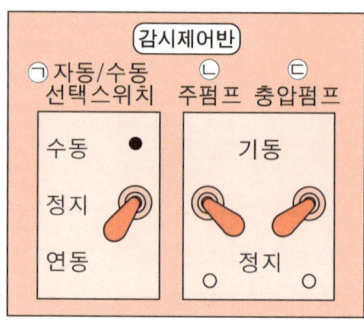

① ㉠ 연동, ㉡ 기동, ㉢ 정지, ㉣ 사이렌
② ㉠ 연동, ㉡ 정지, ㉢ 정지, ㉣ 부저
③ ㉠ 수동, ㉡ 기동, ㉢ 정지, ㉣ 부저
④ ㉠ 수동, ㉡ 기동, ㉢ 정지, ㉣ 사이렌

36 다음은 인공호흡에 관한 내용이다. 보기 중 옳은 것을 있는 대로 고른 것은?

㉠ 턱을 목 아래쪽으로 내려 공기가 잘 들어가도록 해준다.
㉡ 머리를 젖혔던 손의 엄지와 검지로 환자의 코를 잡아서 막고, 입을 크게 벌려 환자의 입을 완전히 막은 후 가슴이 올라올 정도로 1초에 걸쳐서 숨을 불어 넣는다.
㉢ 숨을 불어 넣을 때에는 환자의 가슴이 부풀어 오르는지 눈으로 확인하고 공기가 배출되도록 해야 한다.
㉣ 인공호흡이 꺼려지는 경우에는 가슴압박만 시행할 수 있다.

| 인공호흡 |

① ㉠
② ㉡
③ ㉡, ㉣
④ ㉠, ㉢

37

그림 A의 밸브를 화살표 방향으로 내렸을 때 그림 B와 같이 감시제어반에 표시되었다. 감시제어반 상태에 대한 설명으로 옳은 것은? (단, 설비는 정상상태이며 제시된 조건을 제외한 나머지 조건은 무시한다.)

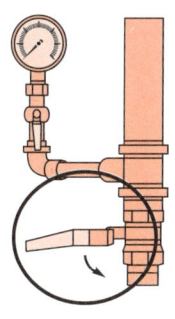

|그림 A| |그림 B|

① 주펌프 및 충압펌프는 정상적으로 동작하고 있다.
② 화재표시등이 꺼져있다.
③ 알람밸브는 개방되어 있지 않다.
④ 자동/수동 선택스위치는 현재 수동에 위치하고 있다.

38

그림의 수신기에 대하여 올바르게 이해하고 있는 사람은?

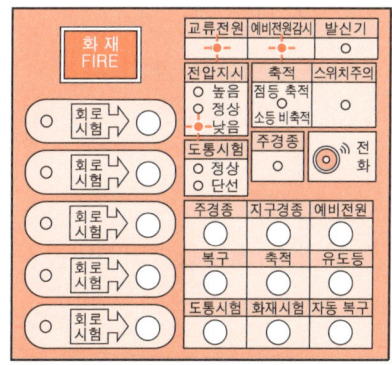

① 김씨 : 현재 전력은 안정적으로 공급되고 있네요.
② 이씨 : 전력공급이 불안정할 때는 예비전원스위치를 눌러서 전원을 공급해야 해.
③ 박씨 : 예비전원 배터리에 문제가 있을 것으로 예상되므로 예비전원을 교체해야 해.
④ 최씨 : 정전, 화재 등 비상시 소방설비가 정상적으로 작동될거야.

39 다음 옥내소화전(감시 또는 동력)제어반에서 주펌프를 수동으로 기동시키기 위하여 보기에서 조작해야 할 스위치로 옳은 것은? (단, 설비는 정상상태이며 제시된 조건을 제외한 나머지 조건은 무시한다.)

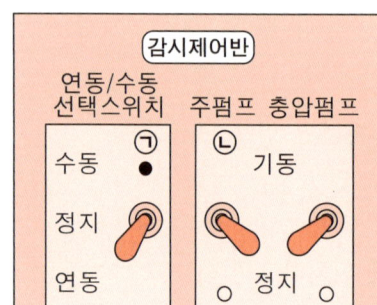

| 감시제어반 | 동력제어반 |

① ㉠만 수동으로 조작
② ㉠은 연동에 두고 ㉡을 기동으로 조작
③ ㉢을 수동으로 두고 기동버튼 누름
④ ㉣을 수동으로 두고 기동버튼 누름

40 추운 곳에 설치하기 곤란한 스프링클러설비는?
① 습식
② 건식
③ 준비작동식
④ 일제살수식

41

그림은 자동화재탐지설비 수신기의 작동 상태를 나타낸 것이다. 보기 중 옳은 것을 있는 대로 고른 것은?

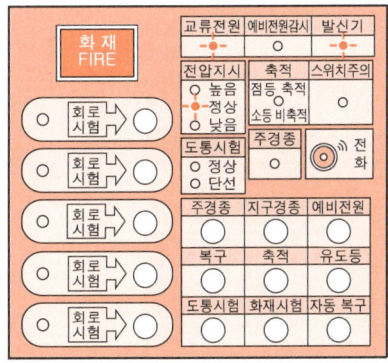

㉠ 도통시험을 실시하고 있으며 좌측 구역은 단선이다.
㉡ 화재통보기는 발신기이다.
㉢ 스위치주의등이 점멸되지 않는 것은 조작스위치가 눌러져 작동된 상태를 나타낸다.
㉣ 수신기의 전원상태는 이상이 없다.

① ㉠, ㉡   ② ㉡, ㉢
③ ㉢, ㉣   ④ ㉡, ㉣

42

펌프성능시험을 위해 그림과 같이 펌프를 작동하였다. 다음 그림에 대한 설명으로 옳지 않은 것은? (단, 설비는 정상상태이며 제시된 조건을 제외한 나머지 조건은 무시한다.)

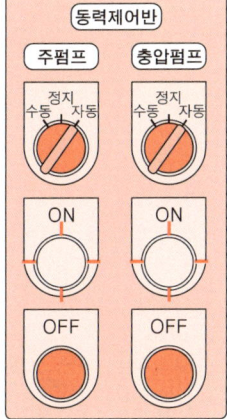
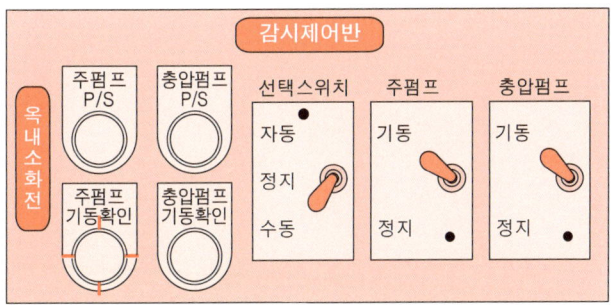

① 기동용 수압개폐장치(압력챔버) 주펌프 압력스위치는 미작동 상태이다.
② 감시제어반의 주펌프 스위치를 정지위치로 내리면 주펌프는 정지한다.
③ 현재 주펌프는 자동으로, 충압펌프는 수동으로 작동하고 있다.
④ 감시제어반 충압펌프 기동확인등이 소등되어 있으므로 불량이다.

43 그림은 P형 수신기의 도통시험을 위하여 도통시험 버튼 및 회로 3번 시험버튼을 누른 모습이다. 점검표 작성 내용으로 옳은 것은? (단, 회로 1, 2, 4, 5번의 점검결과는 회로 3번 결과와 동일하다.)

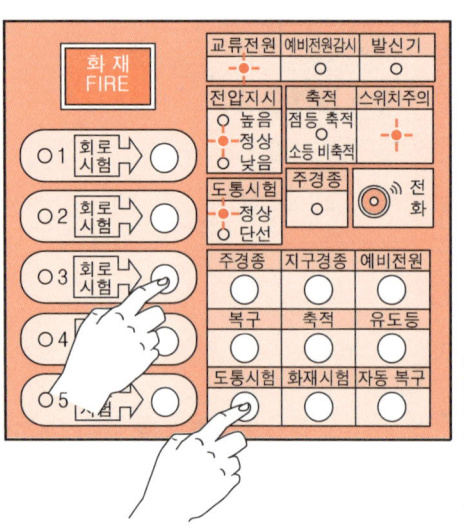

점검항목	점검내용	점검결과	
		결과	불량내용
수신기 도통시험	회로단선 여부	㉠	㉡

① ㉠ ×, ㉡ 회로 1,2번의 단선 여부를 확인할 수 없음
② ㉠ ×, ㉡ 이상 없음
③ ㉠ ×, ㉡ 1번 회로 단선
④ ㉠ ○, ㉡ 회로 3번은 정상, 나머지 회선은 단선

44 다음 중 그림 A~C에 대한 설명으로 옳지 않은 것은?

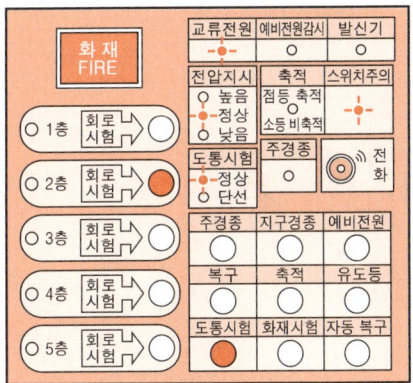
| 그림 A |

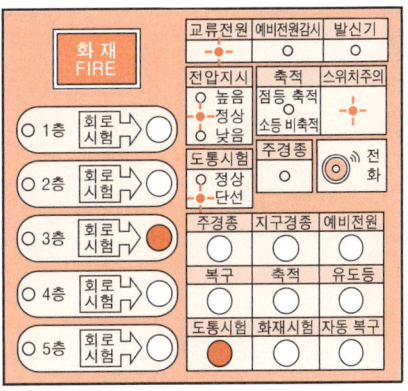
| 그림 B |

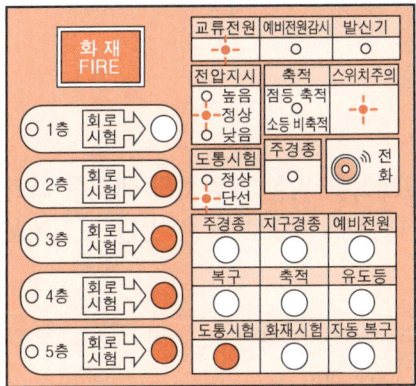
| 그림 C |

① 그림 A를 봤을 때 2층의 도통시험 결과가 정상임을 알 수 있다.
② 그림 A를 봤을 때 스위치주의표시등이 점등된 것은 정상이다.
③ 그림 B를 봤을 때 3층의 도통시험 결과 단선임을 알 수 있다.
④ 그림 C를 봤을 때 모든 경계구역은 단선이다.

45 다음 옥내소화전 감시제어반 스위치 상태를 보고 옳은 것을 고르시오.

유사문제
24년 문34
23년 문40
22년 문36

교재 2권
42-43

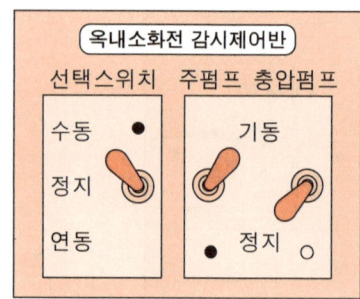

① 충압펌프를 수동으로 기동 중이다.
② 주펌프를 수동으로 기동 중이다.
③ 충압펌프를 자동으로 기동 중이다.
④ 주펌프는 자동으로 기동 중이다.

46 그림은 옥내소화전 감시제어반 중 펌프제어를 위한 스위치의 예시를 나타낸 것이다. 평상시 및 펌프점검시 스위치 위치에 대한 설명으로 옳은 것만 보기에서 있는대로 고른 것은?

유사문제
24년 문48
23년 문46
23년 문49
22년 문30
22년 문36
21년 문28

교재 2권
42-43

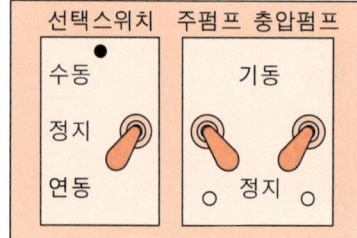

㉠ 평상시 펌프선택스위치는 '수동' 위치에 있어야 한다.
㉡ 평상시 주펌프스위치는 '기동' 위치에 있어야 한다.
㉢ 펌프 수동기동시 펌프 선택스위치는 '수동'에 있어야 한다.

① ㉠
② ㉢
③ ㉠, ㉡
④ ㉠, ㉡, ㉢

47 다음 중 수신기 그림의 설명으로 옳은 것은?

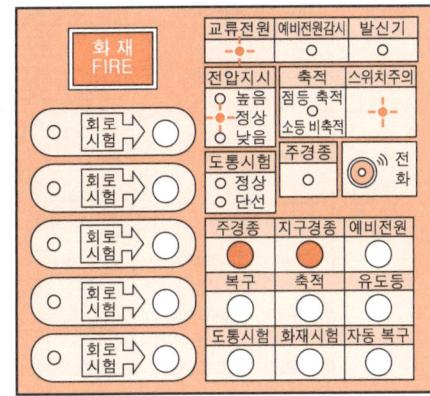

① 스위치 주의표시등이 점등되어 있으므로 119에 신속히 신고한다.
② 스위치 주의표시등이 점등되어 있으므로 화재 위치를 확인하여 조치한다.
③ 스위치 주의표시등이 점등되어 있으므로 스위치상태를 확인하여 정상위치에 놓는다.
④ 스위치 주의표시등이 점등되어 있으므로 예비전원 상태를 확인한다.

48 옥내소화전 방수압력시험에 필요한 장비로 옳은 것은?

①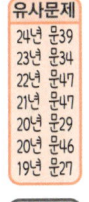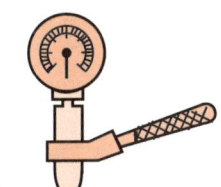

②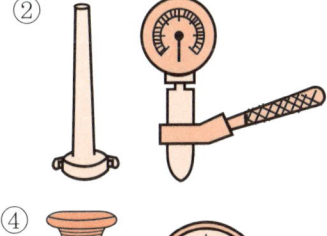

③

④

49. 다음 자동화재탐지설비 점검시 5층의 선로 단선을 확인하는 순서로 옳은 것은?

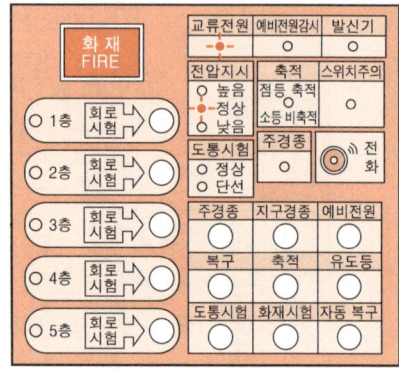

① 주경종 버튼 누름 → 5층 회로시험 누름
② 화재시험 버튼 누름 → 5층 회로시험 누름
③ 축적 버튼 누름 → 5층 회로시험 누름
④ 도통시험 버튼 누름 → 5층 회로시험 버튼 누름

50. 제연설비 점검시 감지기를 작동시켜 정상동작을 위한 각 제어반의 스위치 위치로 옳은 것은? (단, 제시된 조건을 제외하고 나머지 조건은 무시한다.)

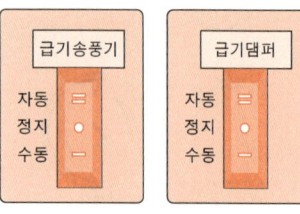
|감시제어반|

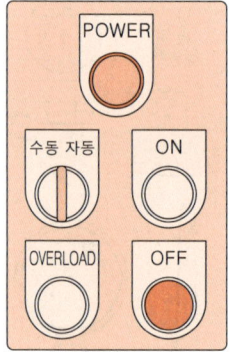
|동력제어반|

	감시제어반				동력제어반	
	스위치	상태	스위치	상태	스위치	상태
①	급기송풍기	수동	급기댐퍼	수동	동력제어반 수동/자동	자동
②	급기송풍기	자동	급기댐퍼	자동	동력제어반 수동/자동	자동
③	급기송풍기	자동	급기댐퍼	자동	동력제어반 수동/자동	수동
④	급기송풍기	수동	급기댐퍼	수동	동력제어반 수동/자동	수동

2018년 기출문제

> 정답 및 해설은 여기로!
> 정답 및 해설 p. 2-121

제 ① 과목

> 정답 및 해설은 여기로!
> 정답 및 해설 p. 2-121

01 소방기본법 용어 정의 중 소방대상물이 아닌 것은?
① 건축물
② 차량
③ 선박(항구에 풀어둔 선박)
④ 선박건조구조물

02 다음 중 300만원 이하의 과태료 처분에 해당되지 않는 것은?
① 방염대상물품을 방염성능기준 이상으로 설치하여야 하는 규정을 위반한 자
② 소방훈련 및 교육을 하지 아니한 자
③ 소방안전관리자 선임신고를 하지 아니한 자 또는 소방안전관리자의 성명 등을 게시하지 아니한 자
④ 소방안전관리업무를 하지 아니한 특정소방대상물의 관계인 또는 소방안전관리자

03 소방관계법에 의한 무창층의 정의는 지상층 중 개구부면적의 합계가 해당층 바닥면적의 $\frac{1}{30}$ 이하가 되는 층을 말하는데, 여기서 말하는 개구부의 요건으로 틀린 것은 어느 것인가?
① 크기는 지름 50cm 이상의 원이 통과할 수 있을 것
② 도로 또는 차량이 진입할 수 있는 빈터를 향할 것
③ 해당층의 바닥면으로부터 개구부 밑부분까지의 높이가 1.5m 이내일 것
④ 화재시 건축물로부터 쉽게 피난할 수 있도록 창살이나 그 밖의 장애물이 설치되지 아니할 것

★★★
04 특정소방대상물의 소방안전관리에 관한 사항으로 소방안전관리자의 선임연기 신청자격이 있는 사람을 모두 고른 것은?

교재 1권 40

㉠ 특급 소방안전관리대상물의 관계인
㉡ 1급 소방안전관리대상물의 관계인
㉢ 2급 소방안전관리대상물의 관계인
㉣ 3급 소방안전관리대상물의 관계인

① ㉠, ㉡
② ㉠, ㉢
③ ㉢, ㉣
④ ㉡, ㉢

★★
05 종합점검 대상인 특정소방대상물의 작동점검을 실시하고자 한다. 이때 종합점검을 받은 달부터 몇 월이 되는 달에 실시하여야 하는가?

유사문제 21년 문21 20년 문17
교재 1권 62-63

① 1월
② 6월
③ 8월
④ 10월

★★
06 다음 중 피난계단의 피난시 이동경로로서 옳은 것은?

유사문제 21년 문15
교재 1권 152

① 옥내 → 계단실 → 피난층
② 옥내 → 옥외계단 → 지상층
③ 옥내 → 부속실 → 계단실 → 피난층
④ 옥내 → 계단실 → 부속실 → 피난층

★★★
07 다음 중 방염성능기준 이상의 실내장식물을 설치하여야 할 장소로서 틀린 것은 어느 것인가?

유사문제 24년 문17 22년 문16 21년 문22
교재 1권 59-60

① 다중이용업소
② 숙박이 가능한 수련시설
③ 방송통신시설 중 전화통신용 시설
④ 근린생활시설 중 체력단련장

08 다음 중 방염성능기준 이상의 실내장식물을 설치하여야 할 장소로서 틀린 것은 어느 것인가?

① 노유자시설
② 통신용 시설
③ 교육연구시설 중 합숙소
④ 숙박시설

09 화재로 오인할 만한 우려가 있는 불을 피우거나 연막소독을 실시하고자 하는 자가 신고를 하지 아니하여 소방자동차를 출동하게 한 자의 벌칙은?

① 20만원 이하의 과태료
② 50만원 이하의 과태료
③ 100만원 이하의 과태료
④ 200만원 이하의 과태료

10 다음 소방시설 중 소화펌프를 고장 등 중대위반사항이 발견된 경우 필요한 조치를 하지 않은 관계인의 벌칙으로 옳은 것은?

① 20만원 이하의 과태료
② 50만원 이하의 과태료
③ 200만원 이하의 벌금
④ 300만원 이하의 벌금

11 가연물의 특성으로 옳은 것은?

① 활성화에너지가 크다.
② 연소열이 크다.
③ 열전도율이 높다.
④ 비표면적이 작다.

12 연소점은 일반적으로 인화점보다 대략 몇 도 정도 높은 온도에서 연소상태가 몇 초 이상 유지될 수 있는 온도를 말하는가?

① −5~−10℃, 5초
② 0~5℃, 10초
③ 5~10℃, 5초
④ 10~20℃, 10초

13. 발화점에 대한 설명으로 틀린 것은?

① 외부의 직접적인 점화원 없이 가열된 열의 축적에 의하여 발화에 이르는 최저의 온도를 말한다.
② 점화원이 없는 상태에서 가연성 물질을 공기 또는 산소 중에서 가열함으로써 발화되는 최저온도를 말한다.
③ 발화점이 높을수록 위험하다.
④ 발화점은 보통 인화점보다 수백도가 높은 온도이다.

14. 화재의 분류 및 종류에 대한 설명으로 옳은 것은?

① A – 일반화재 – 폴리에티필렌
② B – 전기화재 – 석탄
③ C – 유류화재 – 목재
④ D – 금속화재 – 나트륨

15. 화재에서 화염의 접촉 없이 연소가 확산되는 현상으로 화재현장에서 인접건물을 연소시키는 주된 원인은 무엇인가?

① 전도　　　　　　　　② 대류
③ 복사　　　　　　　　④ 비화

16. 다음 중 제1류 위험물의 특성으로 옳은 것은?

① 강산화제로서 다량의 산소 함유
② 저온착화하기 쉬운 가연성 물질
③ 물과 반응하거나 자연발화에 의해 발열 또는 가연성 가스 발생
④ 대부분 물보다 가볍고, 증기는 공기보다 무거움

17 다음 중 제2류 위험물의 특성으로 옳은 것은?
① 저온착화하기 쉬운 가연성 물질
② 가열, 충격, 마찰 등에 의해 분해, 산소 방출
③ 용기 파손 또는 누출에 주의
④ 연소속도가 매우 빨라서 소화 곤란

18 다음 중 제5류 위험물의 특성이 아닌 것은?
① 가연성으로 산소를 함유하여 자기연소
② 가열, 충격, 마찰 등에 의해 착화, 폭발
③ 연소속도가 매우 빨라서 소화 곤란
④ 주수소화가 불가능한 것이 대부분임

19 전기화재 예방요령으로 틀린 것을 모두 고른 것은?

㉠ 사용하지 않는 기구는 전원을 끄고 플러그를 꽂아둔다.
㉡ 과전류 차단장치를 설치한다.
㉢ 퓨즈를 사용하고 끊어질 경우 그 원인을 조치한다.
㉣ 비닐장판 밑으로 전선이 보이지 않게 정리하여 넣어둔다.

① ㉠
② ㉠, ㉣
③ ㉡, ㉢
④ ㉡, ㉢, ㉣

20 전기안전관리를 위한 화재예방요령 중 누전차단기를 설치하고 동작 여부 확인은 어떻게 해야 하는가?
① 월 1~2회 동작 여부를 확인한다.
② 월 3~4회 동작 여부를 확인한다.
③ 연 1~2회 동작 여부를 확인한다.
④ 연 3~4회 동작 여부를 확인한다.

21. 가스안전관리를 위한 연료가스 중 부탄의 폭발범위로 옳은 것은?

① 1.5~2%
② 1.8~8.4%
③ 2.1~9.5%
④ 5~15%

22. 액화천연가스(LNG)의 주성분으로 옳은 것은?

① CH_4
② C_2H_6
③ C_3H_8
④ C_4H_{10}

23. LNG의 탐지기의 설치위치로 옳은 것은?

① 하단은 천장면의 하방 30cm 이내에 위치
② 상단은 천장면의 하방 30cm 이내에 위치
③ 하단은 바닥면의 상방 30cm 이내에 위치
④ 상단은 바닥면의 상방 30cm 이내에 위치

24. 다음 중 종합방재실의 위치로 틀린 것은?

① 1층 또는 피난층
② 공동주택의 경우에는 관리사무소 외에 설치하여야 한다.
③ 화재 및 침수 등으로 인하여 피해를 입을 우려가 적은 곳
④ 소방대가 쉽게 도달할 수 있는 곳

25. 다음 중 화기취급 작업절차 중 안전조치의 업무내용이 아닌 것은?

① 가연물 이동 및 보호조치
② 소방시설 작동 확인
③ 용접·용단장비·보호구 점검
④ 화기취급 감독

제 ② 과목

정답 및 해설은 여기로!
정답 및 해설 p. 2-127

26 다음 중 소화활동설비로 옳은 것은?
① 단독경보형 감지기
② 물분무등소화설비
③ 제연설비
④ 통합감시시설

27 지하 1층을 판매시설의 용도로 사용하는 바닥면적이 3000m²일 경우 이 장소에 분말소화기 1개의 소화능력단위가 A급 기준으로 3단위의 소화기로 설치할 경우 본 판매시설에 필요한 분말소화기의 개수는 최소 몇 개인가?
① 10개
② 20개
③ 30개
④ 40개

28 다음은 소화기점검 중 호수·혼·노즐에 대한 그림이다. 그림과 내용이 맞는 것은?

|그림 A|

|그림 B|

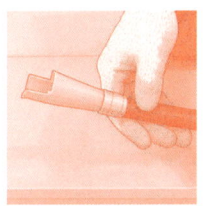

|그림 C|

|그림 D|

㉠ 호스 탈락   ㉡ 호스 파손   ㉢ 노즐 파손   ㉣ 혼 파손

① ㉠-그림 A, ㉡-그림 B, ㉢-그림 C, ㉣-그림 D
② ㉠-그림 B, ㉡-그림 A, ㉢-그림 C, ㉣-그림 D
③ ㉠-그림 C, ㉡-그림 D, ㉢-그림 A, ㉣-그림 B
④ ㉠-그림 D, ㉡-그림 C, ㉢-그림 A, ㉣-그림 B

29. 다음은 자동화재탐지설비의 감지기 설치유효면적에 관한 표이다. ( ) 안에 알맞은 수치는?

(단위 : m²)

부착높이 및 소방대상물의 구분		감지기의 종류						
		차동식 스포트형		보상식 스포트형		정온식 스포트형		
		1종	2종	1종	2종	특종	1종	2종
4m 미만	주요구조부를 내화구조로 한 소방대상물 또는 그 부분	(㉠)	70	90	(㉡)	70	60	20
	기타구조의 소방대상물 또는 그 부분	50	40	50	40	40	30	15
4m 이상 8m 미만	주요구조부를 내화구조로 한 소방대상물 또는 그 부분	45	35	(㉢)	35	35	30	—
	기타구조의 소방대상물 또는 그 부분	30	25	30	25	25	15	—

① ㉠ 45, ㉡ 70, ㉢ 90
② ㉠ 70, ㉡ 45, ㉢ 90
③ ㉠ 90, ㉡ 45, ㉢ 70
④ ㉠ 90, ㉡ 70, ㉢ 45

30. 건축 연면적이 5000m²이고 지하 4층, 지상 11층인 특정소방대상물에 자동화재탐지설비를 설치하였다. 지하 2층에서 화재가 발생한 경우 우선적으로 경보를 하여야 하는 층은?

① 건물 내 모든 층에 동시경보
② 지하 1, 2, 3, 4층
③ 지하 1층, 지상 1층
④ 지하 1, 2층

31 다음은 자동화재탐지설비 P형 수신기의 그림이다. 동작시험을 한 후 복구를 하려고 한다. 동작시험 복구순서로서 다음 중 회로시험스위치를 돌린 후 눌러야 할 버튼은?

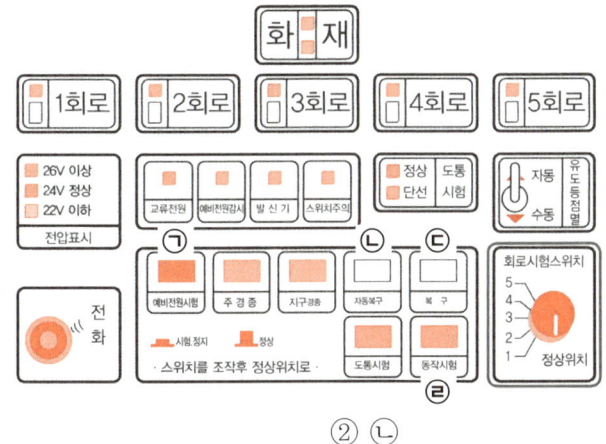

① ㉠
② ㉡
③ ㉢
④ ㉣

32 자동화재탐지설비의 점검 중 회로도통시험의 작동순서로 알맞게 나타낸 것은?

① 도통시험스위치를 누른다. → 회로시험스위치를 각 경계구역별로 차례로 회전한다.
② 도통시험스위치를 누른다. → 자동복구스위치를 누른다. → 회로시험스위치를 각 경계구역별로 차례로 회전한다.
③ 회로시험스위치를 각 경계구역별로 차례로 회전한다. → 도통시험스위치를 누른다.
④ 회로시험스위치를 각 경계구역별로 차례로 회전한다. → 자동복구스위치를 누른다. → 도통시험스위치를 누른다.

33 자동화재탐지설비에서 P형 수신기의 회로도통시험시 회로선택스위치가 로터리방식으로 전압계가 있는 경우 단선은 몇 V를 가리키는가?

① 0V
② 4~8V
③ 20~24V
④ 40~48V

34. 그림과 같이 자동화재탐지설비 P형 수신기에 도통시험을 하려고 한다. 가장 처음으로 눌러야 하는 스위치는?

① ㉠
② ㉡
③ ㉢
④ ㉣

35. 피난기구의 종류 중 구조대에 대한 설명으로 옳은 것은?

① 포지 등을 사용하여 자루형태로 만든 것으로서 화재시 사용자가 그 내부에 들어가서 내려옴으로써 대피할 수 있는 피난기구
② 건축물화재시 안전한 장소로 피난하기 위해서 건축물의 개구부에 설치하는 기구이다.
③ 사용자의 몸무게에 의하여 자동적으로 내려올 수 있는 기구 중 사용자가 교대하여 연속적으로 사용할 수 있는 것이다.
④ 건축물의 옥상층 또는 그 이하의 층에서 화재발생시 옆 건축물로 피난하기 위해 설치하는 피난기구이다.

36 일반사무실의 7층에 피난기구를 설치하고자 한다. 소방대상물의 설치장소별 피난기구의 적응성으로 틀린 것은?
① 피난사다리
② 구조대
③ 승강식 피난기
④ 피난용 트랩

37 인명구조기구로 옳지 않은 것은?
① 방열복
② 인공소생기
③ 방화복
④ AED(자동제세동기)

38 객석통로의 직선부분의 길이가 20m일 때, 객석유도등의 최소 설치개수는?
① 4개
② 6개
③ 7개
④ 10개

39 화재시 소방관이 소화하는 데 사용하는 연결송수관설비의 구성요소로서 옳지 않은 것은?
① 송수구
② 방수구
③ 옥내소화전
④ 배관

 **40** 그림은 연결송수관설비의 습식 시스템이다. 다음 중 습식 시스템의 설치대상으로 옳은 것은?

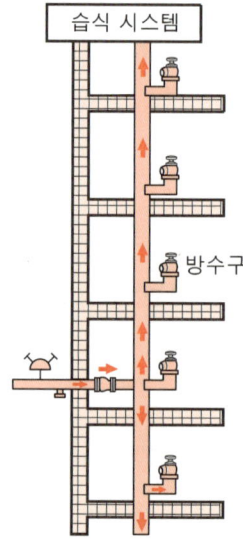

① 지면으로부터 높이가 11m 이상인 특정소방대상물 또는 지상 31층 이상인 특정소방대상물에 설치한다.
② 지면으로부터 높이가 31m 이상인 특정소방대상물 또는 지상 11층 이상인 특정소방대상물에 설치한다.
③ 지면으로부터 높이가 50m 이상인 특정소방대상물 또는 지상 30층 이상인 특정소방대상물에 설치한다.
④ 지면으로부터 높이가 31m 이상인 특정소방대상물 또는 지상 50층 이상인 특정소방대상물에 설치한다.

 41 부속실 제연설비의 점검방법으로 틀린 것은?

① 화재경보 발생 및 댐퍼가 개방되는지 확인한다.
② 송풍기가 작동하여 계단실 및 부속실에 바람이 들어오는지 확인한다.
③ 전실 내의 차압을 측정한다. 적정한 차압은 40Pa(파스칼) 이상이다.
④ 출입문을 폐쇄한 후 풍속계로 방연풍속을 측정한다.

42 비상콘센트설비의 설치위치로 옳은 것은?
① 바닥으로부터 높이 0.5m 이상 1.8m 이하
② 바닥으로부터 높이 0.8m 이상 1.5m 이하
③ 바닥으로부터 높이 1.0m 이상 1.5m 이하
④ 바닥으로부터 높이 2.0m 이상 2.5m 이하

43 출혈시 응급처치방법으로 옳은 것은?
① 직접 압박법을 한다.
② 기침이 나오지 않을 경우 하임리히법을 사용한다.
③ 구토 발생시 자동심장충격기를 사용한다.
④ 지혈대 사용법은 3cm 이상의 띠를 사용한다.

44 화상의 분류 중 부분층화상(2도 화상)에 대한 설명으로 옳지 않은 것은?
① 피부의 두 번째 층까지 화상으로 손상되어 심한 통증과 발적이 생긴다.
② 수포가 발생하므로 표피가 얼룩얼룩하게 되고 진피의 모세혈관이 손상된다.
③ 물집이 터져 진물이 나고 감염의 위험이 있다.
④ 피부에 체액이 통하지 않아 화상부위는 건조하며 통증이 없다.

45 화상의 응급처치방법 중 화상환자 이동 전 조치사항으로 틀린 것은?
① 화상환자가 착용한 옷가지가 피부조직에 붙어 있을 때에는 옷가지를 떼어낸다.
② 통증 호소 또는 피부의 변화에 동요되어 간장, 된장, 식용기름을 바르는 일이 없도록 하여야 한다.
③ 3도 화상은 물에 적신 천을 대어 열기가 심부로 전달되는 것을 막아주고 통증을 줄여준다.
④ 화상부분의 오염 우려시는 소독거즈가 있을 경우 화상부위를 덮어주면 좋다.

46 화상의 응급처치사항으로 옳은 것은?
① 화상환자가 착용한 옷가지가 피부조직에 붙어 있을 때에는 통풍이 잘되게 옷을 잘라낸다.
② 화상부위의 화기를 빼지 말고 같은 온도의 물로 씻어낸다.
③ 물집이 생기면 상처가 남을 수 있으므로 터트려야 한다.
④ 화상부분의 오염 우려시는 소독거즈가 있을 경우 화상부위를 덮어주면 좋다.

47 자위소방대의 초기대응체계의 인원편성에 관한 사항으로 틀린 것은?
① 근무자 또는 대상물관리인 등 상시근무자를 중심으로 구성한다.
② 근무자의 근무위치, 근무인원 등을 고려하여 편성한다.
③ 휴일 및 야간에 무인경비시스템을 통해 감시하는 경우에는 무인경비회사와 비상연락체계를 구축할 수 있다.
④ 소방안전관리자를 중심으로 지휘체계를 명확히 한다.

48 화재시 일반적 피난행동으로 틀린 것은?
① 아래층으로 대피가 불가능할 때에는 옥상으로 대피한다.
② 유도등, 유도표지를 따라 대피한다.
③ 연기 발생시 최대한 높은 자세로 이동한다.
④ 탈출한 경우에는 다시 화재건물로 들어가지 않는다.

49 화재시 일반적 피난행동으로 옳지 않은 것은?
① 유도등, 유도표지를 따라 대피한다.
② 창문을 열기 전 손잡이가 뜨거우면 문을 열지 말고 다른 길을 찾는다.
③ 아파트의 경우 세대 밖으로 나가기 어려울 경우 세대 사이에 설치된 대피공간을 통해 옆세대로 대피한다.
④ 탈출한 경우에는 절대로 다시 화재건물로 들어가지 않는다.

50 소방교육 및 훈련의 원칙 중 동기부여의 원칙에 해당되지 않는 것은?

① 교육의 중요성을 전달해야 한다.
② 사회적 상호작용을 제공해야 한다.
③ 교육에 재미를 부여해야 한다.
④ 쉬운 것에서 어려운 것으로 교육을 실시할 것

소방안전관리자 1급 합격노트+8개년 기출문제 무료강의

2022.	6. 20.	초 판 1쇄 발행	
2023.	1. 4.	초 판 2쇄 발행	
2023.	2. 22.	1차 개정증보 1판 1쇄 발행	
2023.	5. 3.	1차 개정증보 1판 2쇄 발행	
2023.	7. 19.	1차 개정증보 1판 3쇄 발행	
2024.	1. 3.	2차 개정증보 2판 1쇄 발행	
2024.	7. 10.	3차 개정증보 3판 1쇄 발행	
2025.	1. 22.	3차 개정증보 3판 2쇄 발행	
2026.	**1. 7.**	**4차 개정증보 4판 1쇄 발행**	

지은이 | 공하성
펴낸이 | 이종춘
펴낸곳 | BM ㈜도서출판 성안당

주소 | 04032 서울시 마포구 양화로 127 첨단빌딩 3층(출판기획 R&D 센터)
     | 10881 경기도 파주시 문발로 112 파주 출판 문화도시(제작 및 물류)
전화 | 02) 3142-0036
     | 031) 950-6300
팩스 | 031) 955-0510
등록 | 1973. 2. 1. 제406-2005-000046호
출판사 홈페이지 | www.cyber.co.kr
ISBN | 978-89-315-1386-8 (13530)
정가 | 29,900원

이 책을 만든 사람들
기획 | 최옥현
진행 | 박경희
교정·교열 | 최주연
전산편집 | 이지연
표지 디자인 | 박현정
홍보 | 김계향, 임진성, 김주승, 최정민, 이해솜
국제부 | 이선민, 조혜란
마케팅 | 구본철, 차정욱, 오영일, 나진호, 강호묵
마케팅 지원 | 장상범
제작 | 김유석

이 책의 어느 부분도 저작권자나 BM ㈜도서출판 성안당 발행인의 승인 문서 없이 일부 또는 전부를 사진 복사나 디스크 복사 및 기타 정보 재생 시스템을 비롯하여 현재 알려지거나 향후 발명될 어떤 전기적, 기계적 또는 다른 수단을 통해 복사하거나 재생하거나 이용할 수 없음.

※ 잘못된 책은 바꾸어 드립니다.

소방안전관리자 1급
합격노트 + 8개년 기출문제

찐합격

당신도 이번에 반드시 합격합니다!

"공하성 교수의 노하우와 함께
소방안전관리자 1급 시험 단번에 합격!"

소방안전관리자 1급

2025~2018년 기출문제 정답 및 해설

성안당 깜짝 알림

원퀵으로 기출문제를 보내고 원퀵으로 소방책을 받자!!

소방안전관리자 시험을 보신 후 **기출문제를 재구성**하여 성안당 출판사에 **15문제 이상** 보내주신 분에게 **공하성 교수님의 소방시리즈 책 중 한 권**을 무료로 보내드립니다.

독자 여러분들이 보내주신 재구성한 기출문제는 보다 더 나은 책을 만드는 데 큰 도움이 됩니다.

✉ 이메일 coh@cyber.co.kr(최옥현) | ※메일을 보내실 때 성함, 연락처, 주소를 꼭 기재해 주시기 바랍니다.

- 독자분께서 보내주신 기출문제를 공하성 교수님이 검토 후 선별하여 무료로 책을 보내드립니다.
- 무료 증정 이벤트는 조기에 마감될 수 있습니다.

■ 도서 A/S 안내

성안당에서 발행하는 모든 도서는 저자와 출판사, 그리고 독자가 함께 만들어 나갑니다.

좋은 책을 펴내기 위해 많은 노력을 기울이고 있습니다. 혹시라도 내용상의 오류나 오탈자 등이 발견되면 **"좋은 책은 나라의 보배"**로서 우리 모두가 함께 만들어 간다는 마음으로 연락주시기 바랍니다. 수정 보완하여 더 나은 책이 되도록 최선을 다하겠습니다.

성안당은 늘 독자 여러분들의 소중한 의견을 기다리고 있습니다. 좋은 의견을 보내주시는 분께는 성안당 쇼핑몰의 포인트(3,000포인트)를 적립해 드립니다.

잘못 만들어진 책이나 부록 등이 파손된 경우에는 교환해 드립니다.

저자 문의 : pf.kakao.com/_Cuxjxkb/chat (공하성)
cafe.naver.com/119manager

본서 기획자 e-mail : coh@cyber.co.kr(최옥현)

홈페이지 : http://www.cyber.co.kr   전화 : 031) 950-6300

정답 및 해설

2025년 기출문제

문제는 여기로! → 문제 p.1-1

01	02	03	04	05	06	07	08	09	10
④	④	④	②	③	③	①	①	④	③
11	12	13	14	15	16	17	18	19	20
②	③	②	④	②	③	③	③	③	④
21	22	23	24	25	26	27	28	29	30
③	③	①	②	①	③	④	④	④	④
31	32	33	34	35	36	37	38	39	40
④	①	③	①	①	③	①	①	③	③
41	42	43	44	45	46	47	48	49	50
③	②	①	①	③	①	②	③	①	②

제①과목

문제는 여기로! → 문제 p.1-1

01 ④

- ㉠ 꽂아둔다. → 뽑아둔다.
- ㉢ 묶거나 꼬아둔다. → 묶거나 꼬이지 않도록 한다.
- ㉣ 비닐장판 밑으로 전선이 보이지 않게 정리하여 넣어둔다. → 비닐장판이나 양탄자 밑으로는 전선이 지나지 않도록 한다.

전기화재 예방요령
(1) 사용하지 않는 기구는 전원을 끄고 플러그를 뽑아둔다. 보기 ㉠
(2) **과전류 차단장치**를 설치한다. 보기 ㉡
(3) 퓨즈를 사용하고 끊어질 경우 그 원인을 조치한다.
(4) 비닐장판이나 양탄자 밑으로는 전선이 지나지 않도록 한다. 보기 ㉣
(5) 누전차단기를 설치하고 **월 1~2회** 동작 여부를 확인한다.
(6) 전선이 쇠붙이나 움직이는 물체와 접촉되지 않도록 한다.
(7) 전선은 묶거나 꼬이지 않도록 한다. 보기 ㉢

02 ④

위험물류별 특성

유별	성질	설명
제1류	**산**화성 **고**체 기억법 1산고(일산고)	① 강산화제로서 다량의 산소 함유 ② 가열, 충격, 마찰 등에 의해 분해, 산소 방출
제2류	**가**연성 **고**체 기억법 2가고(이가 고장)	① 저온착화하기 쉬운 가연성 물질 ② 연소시 유독가스 발생
제3류	자연**발**화성 물질 및 금수성 물질 기억법 3발(세발낙지)	① 물과 반응하거나 자연발화에 의해 발열 또는 가연성 가스 발생 ② 용기 파손 또는 누출에 주의
제4류	인화성 액체	① **인화**가 용이 ② 대부분 **물보다 가볍**고, 증기는 **공기보다 무거움** ③ **주수소화가 불가능**한 것이 대부분임 ④ 대부분 물에 녹지 않음 ⑤ 증기는 공기와 혼합되어 연소·폭발
제5류	자기반응성 물질 	① 가연성으로 **산소**를 함유하여 **자기연소** ② **가열**, **충격**, **마찰** 등에 의해 착화, 폭발 ③ **연소속도**가 **매우 빨**라서 소화 곤란

제5류	④ 자기반응성 물질 ⑤ 나이트로글리세린(NG), 셀룰로이드, 트리나이트로톨루엔(TNT) 기억법 5산(오산지역)	
제6류	산화성 액체 기억법 산액	① 조연성 액체 ② 산화제

03 ④

해설

④ 해당 없음

화기취급작업의 일반적인 절차
화재예방을 위하여 화기취급작업을 사전에 허가하고 관련 법령에 근거하여 화재감시자가 입회하여 감독하는 등 안전관리업무를 수행하여야 하며, 사전허가, 안전조치 및 화기취급 작업 감독의 처리절차와 화기취급작업 신청서 작성, 화기취급작업 허가서 교부 및 안전수칙 등의 사전허가 절차 등을 준수하여야 한다.

처리절차		업무내용
사전허가	① 작업허가	• 작업요청 • 승인 검토 및 허가서 발급
안전조치	① 화재예방조치 ② 안전교육	• 가연물 이동 및 보호 조치 보기 ② • 소방시설 작동 확인 보기 ① • 용접·용단 장비·보호구 점검 • 화재안전교육 보기 ③
작업·감독	① 화재감시자 입회 및 감독 ② 최종 작업 확인	• 화재감시자 입회 • 화기취급감독 • 현장 상주 및 화재감시 • 작업 종료 확인

04 ②

해설

화재의 종류

종류	적응물질	소화약제
일반화재 (A급)	• 보통가연물(폴리에틸렌 등) • 종이 • 목재, 면화류, 석탄 • 재를 남김	① 물 ② 수용액
유류화재 (B급)	• 유류 • 알코올 • 재를 남기지 않음	① 포(폼)
전기화재 (C급)	• 변압기 • 배전반	① 이산화탄소 ② 분말소화약제 ③ 주수소화 금지
금속화재 (D급)	• 가연성 금속류(나트륨 등)	① 금속화재용 분말소화약제 ② 마른 모래(건조사) 보기 ②
주방화재 (K급)	• 식용유 • 동·식물성 유지	① 강화액

05 ③

해설

열전달

종류	설명
전도 (conduction)	• 하나의 물체가 다른 물체와 **직접 접촉**하여 전달되는 것
대류 (convection)	• 유체의 흐름에 의하여 열이 전달되는 것
복사 (radiation)	• 화재시 열의 이동에 **가장 크게 작용**하는 열이동방식 • **화염의 접촉 없이** 연소가 확산되는 현상 • 화재현장에서 **인접건물**을 연소시키는 주된 원인
복사열	• 물질에 따라서 비교적 약한 복사열도 장시간 방사로 발화될 수 있다. 예를 들어 햇빛이 유리나 거울에 반사되어 가연성 물질에 장시간 노출시 열이 축적되어 발화될 수 있다. 보기 ③

06 ③

③ 바닥면적 → 건축면적

면적의 산정

용어	설 명
건축 면적	건축물의 **외벽**의 중심선으로 둘러싸인 부분의 수평투영면적
바닥 면적	건축물의 **각 층** 또는 그 일부로서 벽, 기둥, 기타 이와 유사한 구획의 중심선으로 둘러싸인 부분의 수평투영면적
연면적	하나의 건축물의 각 층의 **바닥면적**의 합계
건폐율	대지면적에 대한 **건축면적**의 비율
용적률	대지면적에 대한 **연면적**의 비율

07 ①

피난층
곧바로 지상으로 갈 수 있는 출입구가 있는 층 보기 ①

기억법 피곧(피곤)

08 ①

① 50cm 이하 → 50cm 이상

(1) **무창층**
　지상층 중 개구부면적의 합계가 그 층의 바닥면적의 $\frac{1}{30}$ 이하가 되는 층

(2) **개구부 요건**
　① 크기는 지름 **50cm** 이상의 원이 통과할 수 있을 것 보기 ①
　② 해당층의 바닥면으로부터 개구부 밑부분까지의 높이가 **1.2m** 이내일 것 보기 ②
　③ **도로** 또는 **차량**이 진입할 수 있는 **빈 터**를 향할 것 보기 ③
　④ 화재시 건축물로부터 쉽게 **피난**할 수 있도록 개구부에 **창살**이나 그 밖의 장애물이 설치되지 않을 것

　⑤ 내부 또는 외부에서 **쉽게 부수거나 열 수 있을 것** 보기 ④

09 ④

④ 100만원 이하의 과태료

100만원 이하의 벌금 교재1권 32
(1) 정당한 사유 없이 소방대가 현장에 도착할 때까지 사람을 **구**출하는 조치 또는 불을 끄거나 불이 번지지 않도록 하는 조치를 하지 아니한 사람 보기 ③
(2) **피**난명령을 위반한 사람 보기 ①
(3) 정당한 사유 없이 **물**의 사용이나 **수도**의 **개폐장치**의 사용 또는 **조**작을 하지 못하게 하거나 방해한 자 보기 ②
(4) 정당한 사유 없이 **소방대**의 **생활안전 활동**을 방해한 자
(5) 긴급조치를 정당한 사유 없이 방해한 자

기억법 구피조1

비교 **100만원 이하의 과태료**
(1) 소방자동차 전용구역에 주차하거나 전용구역에의 진입을 가로막는 등의 방해행위를 한 자 보기 ④
(2) 실무교육을 받지 아니한 소방안전관리자 및 소방안전관리보조자

10 ③

③ 300만원 이하의 과태료

300만원 이하의 벌금
(1) **화재안전조사**를 정당한 사유 없이 **거부·방해·기피**한 자 보기 ①
(2) 화재예방조치 조치명령을 정당한 사유 없이 따르지 아니하거나 방해한 자
(3) **소방안전관리자, 총괄소방안전관리자, 소방안전관리보조자**를 **선임**하지 아니한 자 보기 ②
(4) **소방시설·피난시설·방화시설** 및 **방화구획** 등이 법령에 위반된 것을 발견하였음에도 필요한 조치를 할 것을 요구하지 아니한 소방안전관리자

(5) **소방안전관리자**에게 **불이익**한 처우를 한 관계인 보기 ④
(6) 자체점검 결과 **소화펌프 고장** 등 중대위반사항이 발견된 경우 필요한 조치를 하지 않은 관계인 또는 관계인에게 중대위반사항을 알리지 아니한 관리업자 등

11 ②

선임일자가 2023년 3월 15일이고 강습수료일로부터 1년 이내에 취업한 경우에 해당되어 강습수료일(2022년 4월 5일)부터 2년마다 실무교육을 받아야 하므로 ②가 정답이다. ①번도 답이 될 수 있지만 문제에서 최대이수기한이라고 했으므로 ②번 정답

▌소방안전관리자의 실무교육 ▌

실시기관	실무교육주기
한국소방안전원	선임된 날부터 **6개월 이내**, 그 이후 **2년마다 1회**

선임된 날부터 6개월 이내, 그 이후 2년마다(최초 실무교육을 받은 날을 기준일로 하여 매 2년이 되는 해의 기준일과 같은 날 전까지) 1회 실무교육을 받아야 한다.
(1) 소방안전관리 강습 또는 실무교육을 받은 후 1년 이내에 소방안전관리자로 선임된 경우 해당 강습교육을 수료하거나 실무교육을 이수한 날에 당해 실무교육을 이수한 것으로 본다.

▌실무교육주기 ▌

강습수료일로부터 1년 이내 취업한 경우	강습수료일로부터 1년 넘어서 취업한 경우
강습수료일로부터 2년마다 1회 보기 ②	선임된 날부터 6개월 이내, 그 이후 2년마다 1회

(2) 소방안전관리보조자의 경우, 소방안전관리자 강습교육 또는 실무교육이나 소방안전관리보조자 실무교육을 받은 후 1년 이내에 선임된 경우 해당 강습교육을 수료하거나 실무교육을 이수한 날에 실무교육을 이수한 것으로 본다.

비교 **실무교육**

소방안전 관련업무 경력보조자	소방안전관리자 및 소방안전관리보조자
선임된 날로부터 **3개월** 이내, 그 이후 **2년** 마다 **1회** 실무교육을 받아야 한다.	선임된 날로부터 **6개월** 이내, 그 이후 **2년** 마다 **1회** 실무교육을 받아야 한다.

12 ③

연면적 4500m² 로서 15000m² 이상이 안되므로 2급 소방안전관리대상물에 해당하며, 소방안전관리보조자 선임대상 아님

(1) 2급 소방안전관리대상물
  ① 지하구
  ② 가스제조설비를 갖추고 도시가스사업 허가를 받아야 하는 시설 또는 가연성가스를 **100톤 이상 1000톤** 미만 저장·취급하는 시설
  ③ **스프링클러설비** 또는 **물분무등소화설비**(호스릴방식 제외) 설치대상물
  ④ **옥내소화전설비** 설치대상물
  ⑤ 공동주택(옥내소화전설비 또는 스프링클러설비가 설치된 공동주택에 한함)
  ⑥ 목조건축물(국보·보물)
(2) 최소 선임기준

소방안전관리자	소방안전관리보조자
● 특정소방대상물마다 1명	● 300세대 이상 아파트 : 1명 (단, 300세대 초과마다 1명 이상 추가) ● 연면적 15000m² 이상 : 1명(단, 15000m² 초과마다 1명 이상 추가) 보기 ③ ● 공동주택(기숙사), 의료시설, 노유자시설, 수련시설 및 숙박시설(바닥면적 합계 1500m² 미만이고, 관계인이 24시간 상시 근무하고 있는 숙박시설 제외) : 1명

13 ④

 소방대
화재를 **진압**하고 화재, 재난·재해, 그 밖의 위급한 상황에서의 **구조·구급**활동 등을 하기 위하여 구성된 조직체
(1) **소**방공무원 보기 ①
(2) **의**무소방원 보기 ②
(3) **의**용소방대원 보기 ③

[기억법] 소의(소의 가죽)

14 ④

 선임신고
14일 이내에 **소방본부장·소방서장**에게 신고
(1) 소방안전관리자
(2) 위험물안전관리자

[비교] **30일 이내**
(1) 소방안전관리자의 **재선임**(다시 선임)
(2) 위험물안전관리자의 **재선임**(다시 선임)

15 ②

 ② 가능 → 불가능

화재의 종류

종류	적응물질	소화약제
일반화재 (A급)	• 보통가연물(폴리에틸렌 등) • 종이 • 목재, 면화류, 석탄 • **재를 남김**	① 물 ② 수용액
유류화재 (B급)	• 유류 • 알코올 • **재를 남기지 않음**	① 포(폼)
전기화재 (C급)	• 변압기 • 배전반	① 이산화탄소 ② 분말소화약제 ③ 주수소화 금지
금속화재 (D급) 보기 ①	• 가연성 금속류 (나트륨 등) 보기 ③	① 금속화재용 분말소화약제 ② 마른 모래(건조사) 보기 ④
주방화재 (K급)	• 식용유 • 동·식물성 유지	① 강화액

16 ②

 ② 주수소화와 이산화탄소소화약제는 냉각에 의한 소화작용을 한다.

[중요] **소화방법의 예**

제거소화 보기 ③	• 가스밸브의 **폐쇄**(차단) • 가연물 직접 **제거** 및 **파괴** • **촛불**을 입으로 불어 가연성 증기를 순간적으로 날려 보내는 방법 • 산불화재시 진행방향의 나무 **제거**	연소의 3요소를 이용한 소화방법
질식소화 보기 ①	• 불연성 기체로 연소물을 덮는 방법 • 불연성 포로 연소물을 덮는 방법 • 불연성 고체로 연소물을 덮는 방법	
냉각소화 보기 ②	• 주수에 의한 냉각작용 • 이산화탄소소화약제에 의한 냉각작용	
억제소화 (부촉매 소화) 보기 ④	• 화학적 작용에 의한 소화방법 • 할론, 할로겐화합물 소화약제에 의한 억제(부촉매)작용 • 분말소화약제에 의한 억제(부촉매)작용	연소의 4요소를 이용한 소화방법

17 ③

 ③ 주요 화재원인이 아님

전기화재의 주요 화재원인
(1) 전선의 **합선**(단락)에 의한 발화 보기 ④
    단선 ✗
(2) **누전**에 의한 발화 보기 ①
(3) **과전류**(과부하)에 의한 발화 보기 ②
(4) 기타 **규격 미달**의 전선 또는 전기기계기구 등의 과열, 배선 및 전기기계기구 등의 절연불량 또는 정전기로부터의 불꽃

18 ③

③ 소방안전관리자의 업무

관계인 및 소방안전관리자의 업무

특정소방대상물 (관계인)	소방안전관리대상물 (소방안전관리자)
① 피난시설·방화구획 및 방화시설의 관리 보기 ④ ② 소방시설, 그 밖의 소방관련시설의 관리 보기 ② ③ **화기취급**의 감독 보기 ① ④ 소방안전관리에 필요한 업무 ⑤ 화재발생시 **초기대응**	① 피난시설·방화구획 및 방화시설의 관리 ② 소방시설, 그 밖의 소방관련시설의 관리 ③ **화기취급**의 감독 ④ 소방안전관리에 필요한 업무 ⑤ **소방계획서**의 작성 및 시행(대통령령으로 정하는 사항 포함) ⑥ **자위소방대** 및 **초기대응체계**의 구성·운영·교육 보기 ③ ⑦ 소방훈련 및 교육 ⑧ 소방안전관리에 관한 업무 수행에 관한 기록·유지 ⑨ 화재발생시 **초기대응**

19 ③

③ 장시간 → 단시간

점화원

종류	설 명
전기불꽃 보기 ③	**단시간**에 집중적으로 에너지가 방사되므로 에너지밀도가 높은 점화원이다.
충격 및 마찰	두 개 이상의 물체가 서로 **충격·마찰**을 일으키면서 작은 불꽃을 일으키는데, 이러한 마찰불꽃에 의하여 가연성 가스에 착화가 일어날 수 있다.
단열압축 보기 ①	기체를 높은 압력으로 **압축**하면 온도가 상승하는데, 이때 상승한 열에 의한 가연물을 착화시킨다.

불꽃	항상 화염을 가지고 있는 열 또는 화기로서 위험한 화학물질 및 가연물이 존재하고 있는 장소에서 **불꽃**의 사용은 대단히 위험하다.
고온표면	작업장의 화기, 가열로, 건조장치, 굴뚝, 전기·기계 설비 등으로서 항상 화재의 위험성이 내재되어 있다.
정전기 불꽃 보기 ②	물체가 접촉하거나 결합한 후 떨어질 때 양(+)전하와 음(−)전하로 **전하의 분리**가 일어나 발생한 **과잉전하**가 물체(물질)에 **축적**되는 현상이다.
자연발화 보기 ④	물질이 **외부**로부터 에너지를 **공급받지 않아도** 자체적으로 온도가 상승하여 발화하는 현상이다.
복사열	물질에 따라서 비교적 약한 복사열도 장시간 방사로 발화될 수 있다.

20 ④

④ 2급 → 1급

1급 소방안전관리대상물

(1) 소방안전관리자 및 소방안전관리보조자를 선임하는 특정소방대상물

소방안전관리대상물	특정소방대상물
1급 소방안전관리대상물 (동식물원, 철강 등 불연성 물품 저장·취급창고, 지하구, 위험물제조소 등 제외)	• **30층** 이상(지하층 제외) 또는 지상 **120m** 이상 **아파트** • 연면적 **15000m²** 이상인 것(아파트 및 연립주택 제외) • **11층** 이상(아파트 제외) • 가연성 가스를 **1000톤** 이상 저장·취급하는 시설

(2) 1급 소방안전관리대상물의 소방안전관리자 선임조건

자격	경력	비고
• 소방설비기사 · 소방설비산업기사	경력 필요 없음	1급 소방안전 관리자 자격증을 받은 사람
• 소방공무원	7년	
• 소방청장이 실시하는 1급 소방안전관리대상물의 소방안전관리에 관한 시험에 합격한 사람	경력 필요 없음	
• 특급 소방안전관리대상물의 소방안전관리자 자격이 인정되는 사람		

21

해설 공기 중 산소

체적비	중량비
21%	23%

22

해설 **연소** : 열+빛=산화
가연물이 공기 중에 있는 산소 또는 산화제와 반응하여 **열**과 **빛**을 발생하면서 **산화**하는 현상

23

해설 ②·③·④ 제외

주요구조부
(1) 내력**벽**(그 밖에 이와 유사한 부분 제외)
(2) **보**(작은 보 제외)
(3) **지**붕틀(차양 제외)
(4) **바**닥(최하층 바닥 제외)
(5) **주**계단(옥외계단 제외)
(6) **기**둥(사이기둥 제외)

기억법 벽보지 바주기

24

해설 소화방법

제거소화	질식소화	냉각소화	억제소화
가연물 제거	산소공급원 차단 (산소농도 **15%** 이하)	**열**을 뺏음 (**착화온도** 낮춤)	연쇄반응 약화

▎질식소화▎

25

해설
③ 소방기본법 시행령 → 소방기본법

피난시설, 방화구획 및 방화시설에 대한 금지 행위
(1) 피난시설, 방화구획 및 방화시설을 **폐쇄**(잠금 포함)하거나 **훼손**하는 등의 행위
(2) 피난시설, 방화구획 및 방화시설의 주위에 **물건**을 **쌓아두거나 장애물**을 설치하는 행위
(3) 피난시설, 방화구획 및 방화시설의 용도에 장애를 주거나 「소방기본법」에 따른 **소방활동**에 지장을 주는 행위
(4) 그 밖에 피난시설, 방화구획 및 방화시설을 변경하는 행위

26

해설
① 포괄적 → 종합적

소방계획의 주요 원리
(1) **종**합적 안전관리
(2) **통**합적 안전관리
(3) **지**속적 발전모델

> 기억법 계종 통지(개종하도록 통지)

종합적 안전관리	통합적 안전관리		지속적 발전모델
• 모든 형태의 위험을 포괄 보기 ① • 재난의 전주기적 (예방·대비 → 대응 → 복구) 단계의 위험성 평가 보기 ③	내부	협력 및 파트너십 구축, 전원 참여 보기 ④	• PDCA Cycle (계획 : Plan, 이행/운영 : Do, 모니터링 Check, 개선 : Act) 보기 ②
	외부	거버넌스(정부-대상처-전문기관) 및 안전관리 네트워크 구축	

27 ④

> 해설
>
> ④ 보기를 볼 때 심폐소생술(CPR) 실시 후 자동심장충격기(AED)를 사용하는 경우이므로 보기 ④ 정답

심폐소생술(CPR) 순서	자동심장충격기(AED) 사용 순서
① 반응 확인 순서 ① ② 119 신고 순서 ② ③ 호흡 확인 ④ 가슴압박 30회 시행 순서 ③ ⑤ 인공호흡 2회 시행 ⑥ 가슴압박과 인공호흡의 반복 ⑦ 회복 자세	① 전원 켜기 ② 두 개의 패드 부착 ③ 심장리듬 분석 순서 ④ ④ 심장충격 실시 ⑤ 심폐소생술 실시

28 ④

> 해설

예비전원시험 적부 판정	
전압계인 경우 정상	램프방식인 경우 정상
19~29V 보기 ④	녹색

비교 회로도통시험 적부 판정		
구 분	전압계가 있는 경우	도통시험확인등이 있는 경우
정상	4~8V	정상확인등 점등(녹색)
단선	0V	단선확인등 점등(적색)

29 ④

> 해설
>
> ④ 이론의 원칙 → 실습의 원칙

소방**교육** 및 훈련의 원칙

원칙	설 명
현실의 원칙	• 학습자의 능력을 고려하지 않은 훈련은 비현실적이고 불완전하다.
학습자 중심의 원칙 보기 ③	• **한 번에 한 가지씩** 습득 가능한 분량을 교육 및 훈련시킨다. • **쉬운 것**에서 **어려운 것**으로 교육을 실시하되 기능적 이해에 비중을 둔다. • 학습자에게 감동이 있는 교육이 되어야 한다.

> 기억법 학한

동기부여의 원칙	• **교육**의 **중요성**을 **전달**해야 한다. • 학습을 위해 적절한 스케줄을 적절히 배정해야 한다. • 교육은 시기적절하게 이루어져야 한다. • 핵심사항에 교육의 포커스를 맞추어야 한다. • 학습에 대한 보상을 제공해야 한다. • 교육에 재미를 부여해야 한다. • 교육에 있어 다양성을 활용해야 한다. • 사회적 상호작용을 제공해야 한다. • 전문성을 공유해야 한다. • 초기성공에 대해 격려해야 한다.

목적의 원칙 보기 ①	• 어떠한 기술을 어느 정도까지 익혀야 하는가를 명확하게 제시한다. • 습득하여야 할 기술이 활동 전체에서 어느 위치에 있는가를 인식하도록 한다.
실습의 원칙 보기 ④	• **실습**을 통해 지식을 습득한다. • 목적을 생각하고, 적절한 방법으로 정확하게 하도록 한다.
경험의 원칙	• 경험했던 사례를 들어 현실감 있게 하도록 한다.
관련성의 원칙 보기 ②	• 모든 교육 및 훈련 내용은 **실무적**인 **접목**과 **현장성**이 있어야 한다.

기억법 현학동 목실경관교

30 ④

해설

㉠ 단서에 따라 방수압력측정계 압력이 0.3MPa이므로 0.17~0.7MPa 이하이기 때문에 ○
㉡ 단서에 따라 주펌프가 기동하였지만 기동표시등이 점등되지 않았으므로 ×

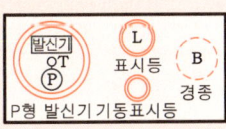

옥내소화전 방수압력 측정

(1) 측정장치 : 방수압력측정계(피토게이지)

(2)

방수량	방수압력
130L/min	0.17~0.7MPa 이하 보기 ㉠

(3) 방수압력 측정방법 : 방수구에 호스를 결속한 상태로 노즐의 선단에 방수압력측정계(피토게이지)를 근접 $\left(\dfrac{D}{2}\right)$ 시켜서 측정하고 방수압력측정계의 압력계상의 눈금을 확인한다.

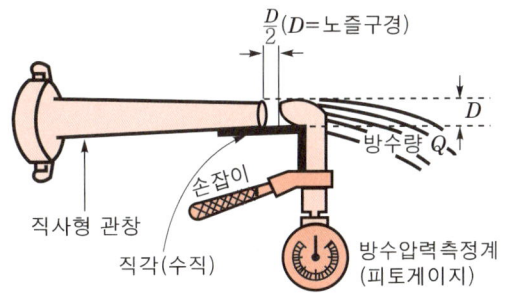

▮방수압력 측정▮

31 ④

해설

④ 방출표시등은 이산화탄소소화설비, 할론소화설비에 해당하는 것으로서 스프링클러설비와는 관련 없음

시험밸브 개방시 작동 또는 점등되어야 할 것

(1) 펌프 작동
(2) 감시제어반 밸브개방표시등(습식 : 알람밸브표시등) 점등
(3) 음향장치(사이렌) 작동
(4) 화재표시등 점등

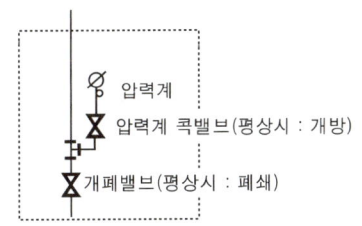

▮시험밸브함▮

32 ①

해설

① 많은 사람들이 보조하면 피난에 정체현상이 발생하므로 한 명이 보조한다.
→ 많은 사람들이 보조할수록 상대적으로 쉬운 대피가 가능하다.

일반휠체어 사용자	전동휠체어 사용자
뒤쪽으로 기울여 손잡이를 잡고 뒷바퀴보다 한 계단 아래에서 무게중심을 잡고 이동한다. 2인이 보조시 다른 1인은 장애인을 마주보며 손잡이를 잡고 동일한 방법으로 이동	전동휠체어에 탑승한 상태에서 계단 이동시는 일반휠체어와 동일한 요령으로 보조할 수도 있으나 무거워 많은 인원과 공간이 필요하므로 전원을 끈 후 업거나 안아서 피난을 보조하는 것이 가장 효과적

33 ④

① 그림 A : 2층 지구표시등이 점등되어 있고, 도통시험 정상램프가 점등되어 있으므로 옳다. (○)

② 그림 A : 도통시험스위치가 눌러져 있으므로 스위치주의표시등이 점등되는 것은 정상이므로 옳다. (○)

③ 그림 B : 3층 회로시험버튼이 눌려 있고, 도통시험 단선램프가 점등되어 있으므로 옳다. (○)

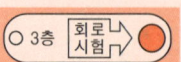

④ 그림 C : 2~5층 회로시험버튼이 눌려 있고, 도통시험 단선램프가 점등되어 있으므로 1층은 단서유무를 알 수 없고, 2~5층은 도통시험결과 단선이다. 그러므로 틀린 답 (×)

34 ③

③ 솔레노이드밸브를 분리하면 수동조작함을 조작하여도 약제가 방출되지 않으므로 방출표시등은 점등되지 않는다.

35 ①

① 예비전원(배터리)점검 : 외부에 있는 점검스위치(배터리상태 점검스위치)를 당겨보는 방법 또는 점검버튼을 눌러서 점등상태 확인
④ 상용전원점검 : 교류전원(전원등)램프의 점등 여부로 확인

(1) **예비전원(배터리)점검** : 외부에 있는 **점검스위치**(배터리상태 점검스위치)를 **당겨보는 방법** 또는 **점검버튼**을 눌러서 점등상태 확인 보기 ①

| 예비전원 점검스위치 |

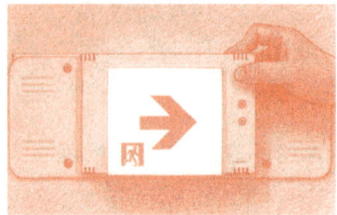

| 예비전원 점검버튼 |

(2) **2선식** 유도등점검 : 유도등이 **평상시 점등**되어 있는지 확인

| 평상시 점등이면 정상 |

| 평상시 소등이면 비정상 |

(3) 3선식 유도등점검

① 수동전환 : 수신기에서 수동으로 점등스위치를 ON하고 건물 내의 점등이 안 되는 유도등을 확인

| 유도등 절환스위치 수동전환 | 유도등 점등 확인 |

② 연동(자동)전환 : 감지기·발신기·중계기·스프링클러설비 등을 현장에서 작동(동작)과 동시에 유도등이 점등되는지를 확인

| 유도등 절환스위치 연동(자동)전환 |

| 감지기, 발신기 동작 | 유도등 점등 확인 |

36 ①

① 작다. → 크다.

이산화탄소소화설비의 장단점 교재 2권 81

장 점	단 점
• **심부화재**에 적합하다. 보기 ②	• 사람에게 질식의 우려가 있다.
• 화재진화 후 깨끗하다.	• 방사시 동상의 우려와 **소음**이 **크다**. 보기 ①
• 피연소물에 피해가 적다.	
• 비전도성이므로 **전기화재**에 좋다. 보기 ③	• 설비가 고압으로 특별한 주의와 관리가 필요하다. 보기 ④

37 ①

① 응급처치는 사전예방 불가능

응급처치의 중요성
(1) 긴급한 환자의 생명 유지 보기 ②
(2) 환자의 고통 경감 보기 ③
(3) 위급한 부상부위의 응급처치로 치료기간 단축
(4) 현장처치의 원활화로 의료비 절감 보기 ④

38 ③

③ 현황 확인

작동점검 전 준비 및 현황확인 사항

점검 전 준비사항	현황확인
① 협의나 협조 받을 건물 **관계인** 등 연락처를 사전확보 보기 ④	① **건축물대장**을 이용하여 건물개요 확인 보기 ③
② 점검의 목적과 필요성에 대하여 건물 관계인에게 사전 안내 보기 ②	② 도면 등을 이용하여 설비의 개요 및 설치위치 등을 파악
③ 음향장치 및 각 실별 방문점검을 미리 공지 보기 ①	③ 점검사항을 토대로 점검순서를 계획하고 점검장비 및 공구를 준비
	④ 기존의 점검자료 및 조치결과가 있다면 점검 전 참고
	⑤ 점검과 관련된 각종 법규 및 기준을 준비하고 숙지

39 ①

① ㉠ 안전밸브 ㉡ 압력계 ㉢ 압력스위치 ㉣ 배수밸브

펌프성능시험

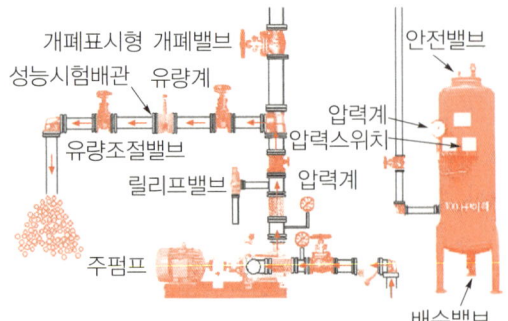

기동용 수압개폐장치(압력챔버)

(1) 제어반에서 주·충압펌프 정지

감시제어반	동력제어반
선택스위치 **정지**위치	선택스위치 **수동**위치

(2) 펌프토출측 밸브(개폐표시형 개폐밸브) 폐쇄
(3) 설치된 펌프의 현황을 파악하여 펌프성능시험을 위한 표 작성
(4) 유량계에 **100%**, **150%** 유량 표시

40 ③

해설 (1) 경계구역의 설정 기준
① 1경계구역이 2개 이상의 **건축물**에 미치지 않을 것

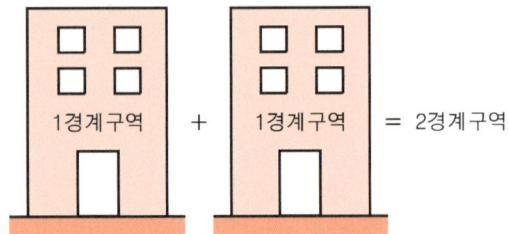

▌하나의 경계구역으로 설정불가

② 1경계구역이 2개 이상의 **층**에 미치지 않을 것(단, **500m²** 이하는 2개층을 1경계구역으로 할 수 있다.)
③ 1경계구역의 면적은 **600m²** 이하로 하고, 1변의 길이는 **50m** 이하로 할 것(단, 내부 전체가 보이면 한변의 길이가 50m의 범위 내에서 **1000m²** 이하로 할 수 있다.) 그림 (a)

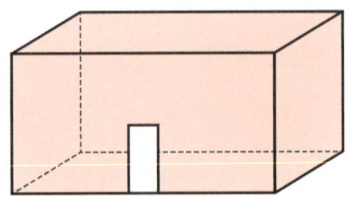

▌내부 전체가 보이면 1경계구역 면적 1000m² 이하, 1변의 길이 50m 이하▐

(2) 건축물 (a)의 경계구역수
건축물 (a)는 내부 전체가 보이는 구조로 한 변의 길이가 50m의 범위 내에서 $1000m^2$ 이하이므로 1경계구역
$40m \times 25m = 1000m^2$

(3) 건축물 (b)의 경계구역수

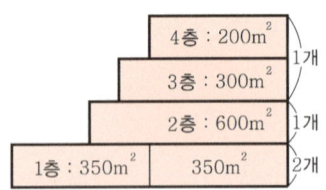

① 1경계구역의 면적은 $600m^2$ 이하로 하여야 하므로 바닥면적을 $600m^2$로 나누어주면 된다.

㉠ 1층 : $\dfrac{700m^2}{600m^2} = 1.1 ≒ 2개$(소수점 올림)

㉡ 2층 : $\dfrac{600m^2}{600m^2} = 1개$

② $500m^2$ 이하는 2개층을 1경계구역으로 할 수 있으므로 2개층의 합이 $500m^2$ 이하일 때는 $500m^2$로 나누어주면 된다.

3~4층 : $\dfrac{(300+200)m^2}{500m^2} = 1개$

∴ 2개 + 1개 + 1개 = 4개
∴ (a) + (b) = 1개 + 4개 = 5개

41 ③

유도등의 설치높이

복도통로유도등, 계단통로유도등 보기 ③	피난구유도등, 거실통로유도등
바닥으로부터 높이 1m 이하	피난구의 바닥으로부터 높이 1.5m 이상
기억법 1복(일복 터졌다.)	기억법 피유15상

42 ①

점등램프

주펌프만 수동으로 기동 보기 ①	충압펌프만 수동으로 기동	주펌프·충압펌프 수동으로 기동
① 선택스위치: 수동	① 선택스위치: 수동	① 선택스위치: 수동
② 주펌프: 기동	② 주펌프: 정지	② 주펌프: 기동
③ 충압펌프: 정지	③ 충압펌프: 기동	③ 충압펌프: 기동

43 ①

준비작동식 스프링클러설비의 작동순서

(1) ㉠ **화**재발생
(2) ㉣ **교**차회로방식의 A or B 감지기 작동(경종 또는 사이렌 경보, 화재표시등 점등)
(3) ㉡ **감**지기 A and B 감지기 작동 또는 수동기동장치(SVP) 작동
(4) ㉢ **준**비작동식 유수검지장치 작동
(5) ㉥ **2**차측으로 급수
(6) ㉤ **헤**드 개방, 방수
(7) ㉦ **배**관 내 압력저하로 기동용 수압개폐장치의 압력스위치 작동 → 펌프 기동

기억법 화교감 준2헤배

비교 습식 스프링클러설비의 작동순서
교재 2권 61

1. **화**재발생
2. **헤**드 개방 및 방수
3. **2**차측 배관 압력저하
4. **1**차측 압력에 의해 습식 유수검지장치의 클래퍼 개방
5. **습**식 유수검지장치의 압력스위치 작동 → 사이렌 경보, 감시제어반의 화재표시등 점등 및 밸브개방표시등 점등
6. **배**관 내 압력저하로 기동용 수압개폐장치의 압력스위치 작동 → 펌프 기동

기억법 화헤 21습배

44 ①

① 적응화재가 ABC급이므로 제1인산암모늄($NH_4H_2PO_4$) 정답

분말소화기

적응화재	소화약제의 주성분	소화효과
BC급	탄산수소나트륨 ($NaHCO_3$)	• 질식효과 • 부촉매(억제)효과
BC급	탄산수소칼륨 ($KHCO_3$)	
ABC급	제1인산암모늄 ($NH_4H_2PO_4$)	
BC급	탄산수소칼륨($KHCO_3$) +요소(($NH_2)_2CO$)	

45 ②

소화기구
소화능력 단위기준 및 보행거리

소화기 분류	능력단위	보행거리
소형소화기	1단위 이상 보기 ㉠	20m 이내 보기 ㉡

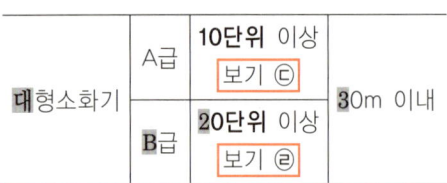

대형소화기	A급	10단위 이상 보기 ㉢	30m 이내
	B급	20단위 이상 보기 ㉣	

기억법 보3대, 대2B(데이빗!)

46 ①

해설 송배선식
도통시험(선로의 정상연결 유무 확인)을 원활히 하기 위한 배선방식

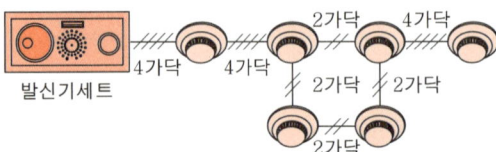

| 송배선식 |

47 ②

해설 ② 없다. → 있다.

자위소방대 초기대응체계의 인원편성
(1) 소방안전관리보조자, 경비(보안)근무자 또는 대상물관리인 등 **상시근무자를 중심**으로 구성한다. 보기 ④

자위소방 인력편성	
자위소방 대장	자위소방 부대장
① 소방안전관리대상물의 소유주 ② 법인의 대표 ③ 관리기관의 책임자	소방안전관리자

(2) 소방안전관리대상물의 근무자의 **근무위치, 근무인원** 등을 고려하여 편성한다. 이 경우 소방안전관리보조자(보조자가 없는 대상처는 선임대원)를 운영책임자로 지정한다. 보기 ③

(3) 초기대응체계 편성시 **1명** 이상은 수신반(또는 종합방재실)에 근무해야 하며 화재상황에 대한 모니터링 또는 지휘통제가 가능해야 한다.

(4) **휴일** 및 **야간**에 **무인경비시스템**을 통해 감시하는 경우에는 무인경비회사와 비상연락체계를 구축할 수 있다.
보기 ①

중요 자위소방대 개별 임무 부여

각 팀별로 기능에 기초하여 자위소방대원별 개별 임무를 부여한다. 이 경우 대원별 임무를 복수로 하거나 중복하여 지정할 수 있다. 보기 ②

48 ③

해설 압력이 부족한 상태이므로 불량이다.

지시압력계
(1) 노란색(황색) : 압력부족
(2) 녹색 : 정상압력
(3) 적색 : 정상압력 초과

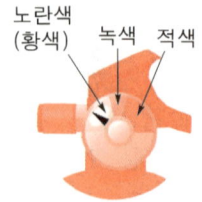

| 소화기 지시압력계 |

• 동력제어반 선택스위치가 자동이고, 기동램프가 점등되어 있으므로 동력제어반 상태는 자동기동, 점검결과 불량내용이 이상 없으므로 정상이다.

49 ①

 종합점검(최초점검 제외)

(1) 건축물을 사용승인 후 그 다음 해부터 실시
(2) 연 1회 이상 실시

> • 사용승인 후 그 다음 해부터 실시하므로 2024년도에 실시하고 연 1회 이상 실시해야 하므로 2024년 8월 9일 이내에 실시해야 한다. 그러므로 종합점검은 2024년 8월 4일이 정답
> • 최초점검일은 신경쓸 필요 없다.

작동점검

종합점검(최초점검 제외)을 받은 달부터 6개월이 되는 달에 실시

> • 종합점검일이 2024년 8월 4일이므로 작동점검은 6개월이 되는 달인 2025년 2월이다. 그러므로 작동점검은 2025년 2월 3일 정답

50 ②

 (1) 옥내소화전설비 vs 옥외소화전설비

구 분	옥내소화전설비	옥외소화전설비
방수량	130L/min 이상	350L/min 이상
방수압	0.17~0.7MPa 이하 보기 ②	0.25~0.7MPa 이하
최소 방출 시간	• 20분 : 29층 이하 • 40분 : 30~49층 이하 • 60분 : 50층 이상	• 20분
소화전 최대 개수	• 저층건축물 : 최대 2개 • 고층건축물 : 최대 5개	

(2) 옥내소화전설비 호스구경

구 분	호 스
호스릴	25mm 이상
일 반	40mm 이상

> **기억법** 내호25, 내4(내사 종결)

2024년 기출문제

01	02	03	04	05	06	07	08	09	10
①	①	④	④	②	④	①	①	①	③
11	12	13	14	15	16	17	18	19	20
④	③	②	③	②	④	②	②	②	①
21	22	23	24	25	26	27	28	29	30
①	④	①	③	①	④	②	②	③	②
31	32	33	34	35	36	37	38	39	40
③	②	①	②	④	②	④	②	②	①
41	42	43	44	45	46	47	48	49	50
③	③	③	①	③	②	④	③	②	④

제 1 과목

01 ①

해설 (1) 옥내소화전설비 수원의 저수량

$Q = 2.6N$ (30층 미만, N: 최대 2개) 보기 ①
$Q = 5.2N$ (30~49층 이하, N: 최대 5개)
$Q = 7.8N$ (50층 이상, N: 최대 5개)

여기서, Q: 수원의 저수량[m³]
N: 가장 많은 층의 소화전개수

수원의 저수량 Q는
$Q = 2.6N = 2.6 \times 2 = 5.2\text{m}^3$

(2) 옥외소화전설비 수원의 저수량

$Q = 7N$ 보기 ①

여기서, Q: 수원의 저수량[m³]
N: 옥외소화전 설치개수(**최대 2개**)

수원의 저수량 Q는
$Q = 7N = 7 \times 2 = 14\text{m}^3$

∴ $5.2\text{m}^3 + 14\text{m}^3 = 19.2\text{m}^3$

02 ①

해설 ②・③・④ 정온식 스포트형 감지기에 대한 설명

감지기의 구조

	정온식 스포트형 감지기	차동식 스포트형 감지기
	① 바이메탈, 감열판, 접점 등으로 구성 보기 ②	① 감열실, 다이어프램, 리크구멍, 접점 등으로 구성 보기 ①
	기억법 바정(봐줘)	② 거실, 사무실 설치
	② 보일러실, 주방 설치 보기 ④	③ 주위온도가 **일정상승률** 이상이 되는 경우에 작동
	③ 주위온도가 **일정온도** 이상이 되었을 때 작동 보기 ③	기억법 차감

정온식 스포트형 감지기 / 차동식 스포트형 감지기

03 ④

해설 ④ 가열, 충격, 마찰 등에 의해 분해되고 산소를 방출한다. → 강산으로 산소를 발생하는 조연성 액체로 일부는 물과 접촉하면 발열된다.

위험물

유별	성질	설명
제1류	산화성 고체 보기 ① 기억법 1산고(일산고)	• 강산화제 • 가열, 충격, 마찰 등에 의해 분해되고 산소 방출
제2류	가연성 고체 보기 ② 기억법 2가고(이가 고장)	• 저온착화 • 연소시 유독가스 발생

제3류	자연**발**화성 물질 및 금수성 물질 [기억법] 3발(세발낙지)	물과 반응
제4류	인화성 액체 보기 ③	• 물보다 가볍고 증기는 공기보다 무거움 • 주수소화 불가능
제5류	자기반응성 물질	**산**소 함유 [기억법] 5산(오산지역)
제6류	**산**화성 **액**체 보기 ④ [기억법] 산액	• 조연성 액체 • 강산으로 산소 발생

04 ④

해설

① 없다. → 있다.
② 반드시 1층 → 1층 또는 피난층
③ 30m² → 20m²

(1) **종합방재실의 위치**
① **1층** 또는 **피난층** 보기 ②
② 초고층 건축물 등에 특별피난계단이 설치되어 있고, 특별피난계단 출입구로부터 **5m** 이내에 종합방재실을 설치하려는 경우에는 **2층** 또는 **지하 1층**에 설치할 수 있다.
③ 공동주택의 경우에는 **관리사무소 내**에 설치할 수 있다. 보기 ①
④ **비상용 승강장, 피난 전용 승강장** 및 **특별피난계단**으로 이동하기 쉬운 곳
⑤ 재난정보 수집 및 제공, 방재활동의 거점 역할을 할 수 있는 곳 보기 ④
⑥ **소방대**가 쉽게 도달할 수 있는 곳
⑦ **화재** 및 **침수** 등으로 인하여 피해를 입을 우려가 적은 곳

(2) **종합방재실의 구조 및 면적**
① 다른 부분과 방화구획으로 설치할 것 (단, 다른 제어실 등의 감시를 위하여 두께 **7mm** 이상의 망입유리(두께 **16.3mm** 이상의 접합유리 또는 두께 **28mm** 이상의 복층유리 포함)로 된 **4m²** 미만의 붙박이창 설치 가능)
② 인력의 대기 및 휴식 등을 위하여 종합방재실과 방화구획된 부속실을 설치할 것
③ 면적은 **20m²** 이상으로 할 것 보기 ③
④ 재난 및 안전관리, 방범 및 보안, 테러예방을 위하여 필요한 시설·장비의 설치와 근무인력의 재난 및 안전관리 활동, 재난 발생시 소방대원의 지휘활동에 지장이 없도록 설치할 것
⑤ 출입문에는 출입 제한 및 통제장치를 갖출 것

05 ②

해설

② 제조 또는 가공공정에서 방염처리를 한 물품이 아니고 건축물 내부의 천장이나 벽에 설치하는 물품이다.

방염대상물품
(1) **제조** 또는 **가공공정**에서 방염처리를 한 물품
① 창문에 설치하는 **커튼류**(블라인드 포함) 보기 ①
② 카펫
③ **벽지류**(두께 2mm 미만인 종이벽지 제외)
④ **전시용 합판·목재·섬유판**
⑤ **무대용 합판·목재·섬유판**
⑥ **암막·무대막**(영화상영관·가상체험 체육시설업의 **스크린** 포함) 보기 ③
⑦ 섬유류 또는 합성수지류 등을 원료로 하여 제작된 **소파·의자**(단란주점·유흥주점·노래연습장에 한함) 보기 ④

(2) 건축물 내부의 **천장·벽**에 **부착·설치**하는 것
① 종이류(두께 **2mm 이상**), 합성수지류 또는 **섬유류**를 주원료로 한 물품 보기 ②

② **합판**이나 **목재**
③ 공간을 구획하기 위하여 설치하는 **간이칸막이**
④ 흡음·방음을 위하여 설치하는 **흡음재**(흡음용 커튼 포함) 또는 **방음재**(방음용 커튼 포함)

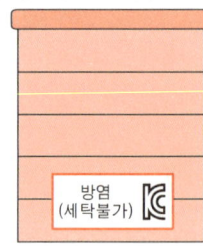

┃방염커튼┃

06 ④

(1) **자동화재탐지설비**가 설치되어 있으므로 **3급 소방안전관리대상물**에 해당되므로 **3급 소방안전관리자 1명**이 필요하다.
(2) 연면적이 5000㎡로 15000㎡를 초과하지 않으므로 소방안전관리보조자는 선임할 필요가 없다.

┃소방안전관리자 및 소방안전관리보조자를 선임하는 특정소방대상물┃

소방안전관리 대상물	특정 소방대상물
특급 소방안전관리 대상물 (동식물원, 철강 등 불연성 물품 저장·취급창고, 지하구, 위험물 제조소 등 제외)	• 50층 이상(지하층 제외) 또는 지상 200m 이상 아파트 • 30층 이상(지하층 포함) 또는 지상 120m 이상(아파트 제외) • 연면적 100000㎡ 이상 (아파트 제외)
1급 소방안전관리 대상물 (동식물원, 철강 등 불연성 물품 저장·취급창고, 지하구, 위험물 제조소 등 제외)	• 30층 이상(지하층 제외) 또는 지상 120m 이상 아파트 • 연면적 15000㎡ 이상인 것(아파트 및 연립주택 제외) • 11층 이상(아파트 제외) • 가연성 가스를 1000톤 이상 저장·취급하는 시설
2급 소방안전관리 대상물	• 지하구 • 가스제조설비를 갖추고 도시가스사업 허가를 받아야 하는 시설 또는 가연성 가스를 100톤 이상 1000톤 미만 저장·취급하는 시설 • **옥내소화전설비, 스프링클러설비** 설치대상물 • **물분무등소화설비**(호스릴방식 제외) 설치대상물 • 공동주택 • 목조건축물(국보·보물)
3급 소방안전관리 대상물	• **자동화재탐지설비** 설치대상물 보기 ④ • 간이스프링클러설비(주택전용 제외) 설치대상물

┃최소 선임기준┃

소방안전관리자	소방안전관리보조자
• 특정소방대상물마다 1명	• 300세대 이상 아파트 : 1명(단, 300세대 초과마다 1명 이상 **추가**) • 연면적 15000㎡ 이상 : 1명(단, 15000㎡ 초과마다 1명 이상 **추가**) 보기 ④ • 공동주택(기숙사), 의료시설, 노유자시설, 수련시설 및 숙박시설(바닥면적 합계 1500㎡ 미만이고, 관계인이 24시간 상시 근무하고 있는 숙박시설 제외) : 1명

07 ①

① 2급 소방안전관리자 자격증을 받은 사람은 3급 소방안전관리대상물에 선임 가능하므로 정답
② 교육을 수료한 사람 → 자격증을 받은 사람
③ 소방안전관리보조자 선임자격
④ 위험물기능사 자격이 있고 2급 소방안전관리자 자격증을 받은 사람

(1) 특급 소방안전관리대상물의 소방안전관리자 선임조건 [교재1권 11]

자격	경력	비고
• 소방기술사 • 소방시설관리사	경력 필요 없음	특급 소방안전관리자 자격증을 받은 사람
• 1급 소방안전관리자(소방설비기사)	5년	
• 1급 소방안전관리자(소방설비산업기사)	7년	
• 소방공무원	20년	
• 소방청장이 실시하는 특급 소방안전관리대상물의 소방안전관리에 관한 시험에 합격한 사람	경력 필요 없음	

(2) 1급 소방안전관리대상물의 소방안전관리자 선임조건 [교재1권 12]

자격	경력	비고
• 소방설비기사 · 소방설비산업기사	경력 필요 없음	1급 소방안전관리자 자격증을 받은 사람
• 소방공무원	7년	
• 소방청장이 실시하는 1급 소방안전관리대상물의 소방안전관리에 관한 시험에 합격한 사람	경력 필요 없음	
• 특급 소방안전관리대상물의 소방안전관리자 자격이 인정되는 사람		

(3) 2급 소방안전관리대상물의 소방안전관리자 선임조건 [교재1권 12-13]

자격	경력	비고
• 위험물기능장 · 위험물산업기사 · 위험물기능사	경력 필요 없음	2급 소방안전관리자 자격증을 받은 사람
• 소방공무원	3년	
• 소방청장이 실시하는 2급 소방안전관리대상물의 소방안전관리에 관한 시험에 합격한 사람	경력 필요 없음	
• 「기업활동 규제완화에 관한 특별조치법」에 따라 소방안전관리자로 선임된 사람(소방안전관리자로 선임된 기간으로 한정)		
• 특급 또는 1급 소방안전관리대상물의 소방안전관리자 자격이 인정되는 사람		

(4) 3급 소방안전관리대상물의 소방안전관리자 선임조건 [교재1권 13]

자격	경력	비고
• 소방공무원	1년	3급 소방안전관리자 자격증을 받은 사람
• 소방청장이 실시하는 3급 소방안전관리대상물의 소방안전관리에 관한 시험에 합격한 사람	경력 필요 없음	

- 「기업활동 규제 완화에 관한 특별조치법」에 따라 소방안전관리자로 선임된 사람(소방안전관리자로 선임된 기간으로 한정)
- 특급 소방안전관리대상물, 1급 소방안전관리대상물 또는 2급 소방안전관리대상물의 소방안전관리자 자격이 인정되는 사람

	경력 필요 없음	3급 소방안전관리자 자격증을 받은 사람

(5) 소방안전관리보조자 선임자격

① 특급·1급·2급 또는 3급 소방안전관리대상물의 소방안전관리자 자격이 있는 사람
② 건축, 기계제작, 기계장비설비 설치, 화공, 위험물, 전기, 전자 및 안전관리에 해당하는 국가기술자격이 있는 사람
③ **공공기관**·특급·1급·2급·3급 소방안전관리에 관한 **강습교육**을 수료한 사람 보기 ③
④ 소방안전관리대상물에서 소방안전관련업무에 **2년** 이상 근무한 경력이 있는 사람

08 ①

소방안전관리자의 실무교육

실시기관	실무교육주기
한국소방안전원	선임된 날부터 6개월 이내, 그 이후 2년마다 1회

2021년 3월 5일에 선임되었으므로, 선임한 날(다음 날)로부터 6개월 이내인 2021년 9월 1일이 된다.

- '선임한 날부터'라는 말은 '선임한 날 다음 날'부터 세는 것을 의미한다.

비교 실무교육

소방안전 관련업무 경력보조자	소방안전관리자 및 소방안전관리보조자
선임된 날로부터 **3개월** 이내, 그 이후 **2년**마다 **1회** 실무교육을 받아야 한다.	선임된 날로부터 **6개월** 이내, 그 이후 **2년**마다 **1회** 실무교육을 받아야 한다.

09 ①

① 대류에 대한 설명

열전달

종류	설명
전도 (conduction)	• 하나의 물체가 다른 물체와 **직접 접촉**하여 전달되는 것
대류 (convection)	• **유체**의 흐름에 의하여 열이 전달되는 것 보기 ①
복사 (radiation)	• 화재시 열의 이동에 **가장 크게 작용**하는 열이동방식 보기 ② • **화염의 접촉 없이** 연소가 확산되는 현상 • 화재현장에서 **인접건물**을 **연소**시키는 주된 원인 • **열에너지**를 파장의 형태로 계속 **방사** 보기 ③ • **열복사**라고 하며 양지바른 곳에서 **햇볕**을 쬐면 따뜻함 보기 ④

10 ③

해설 200만원 이하의 과태료
(1) **소방활동구역**을 출입한 사람 보기 ①
(2) 소방자동차의 출동에 **지장**을 준 자 보기 ②
(3) 기간 내에 **소방안전관리자 선임신고**를 하지 아니한 자 또는 소방안전관리자의 성명 등을 게시하지 아니한 자
(4) 기간 내에 **건설현장 소방안전관리자 선임신고**를 하지 아니한 자
(5) 기간 내에 소방훈련 및 교육 결과를 제출하지 아니한 자 보기 ④

11 ④

해설 ④ 해당 없음

전기화재의 주요 화재원인
(1) 전선의 **합선(단락)**에 의한 발화 보기 ①
  단선 ×
(2) **누전**에 의한 발화 보기 ②
(3) **과전류(과부하)**에 의한 발화 보기 ③
(4) 정전기불꽃

12 ③

해설 ③ 폐쇄 → 개방

거실제연설비의 점검방법
(1) 감지기(또는 수동기동장치의 스위치) 작동
(2) 작동상태의 확인할 내용
  ① 화재경보가 발생하는지 확인 보기 ①
  ② 제연커튼이 설치된 장소에는 제연커튼이 작동(내려오는지)되는지 확인 보기 ②
  ③ 배기·급기댐퍼가 작동하여 **개방**되는지 확인 보기 ③
  ④ 배풍기(배기팬)·송풍기(급기팬)이 작동하여 송풍 및 배풍이 정상적으로 되는지 확인 보기 ④

13 ②

해설 ② 청각장애인에 대한 설명

장애유형별 피난보조 예시

장애유형	피난보조 예시
지체장애인	불가피한 경우를 제외하고는 **2인** 이상이 **1조**가 되어 피난을 보조하고 장애정도에 따라 보조기구를 적극 활용하며 계단 및 경사로에서의 균형에 주의를 요한다. 보기 ①
청각장애인	시각적인 전달을 위해 **표정**이나 **제스처**를 사용하고 **조명**(손전등 및 전등)을 적극 활용하며 메모를 이용한 대화도 효과적이다.
시각장애인	평상시와 같이 **지팡이**를 이용하여 피난하도록 한다. 보기 ②
지적장애인	공황상태에 빠질 수 있으므로 **차분**하고 **느린 어조**로 도움을 주러 왔음을 밝히고 피난을 보조한다. 보기 ③
노약자	① **장애인**에 준하여 피난보조를 실시한다. ② 노인은 지병이 있는 경우가 많으므로 구조대가 알기 쉽게 지병을 표시한다. 보기 ④

14 ④

해설
④ 6~19% → 5~15%

LPG vs LNG

종류 구분	액화석유가스 (LPG)	액화천연가스 (LNG)
주성분	• 프로판(C_3H_8) • 부탄(C_4H_{10}) 기억법 P프부	• 메탄(CH_4) 기억법 N메
비중	• 1.5~2(누출시 낮은 곳 체류) 보기 ①	• 0.6(누출시 천장쪽 체류)
폭발범위 (연소범위)	• 프로판 : 2.1~9.5% 보기 ② • 부탄 : 1.8~8.4% 보기 ③	• 5~15% 보기 ④
용도	• 가정용 • 공업용 • 자동차연료용	• 도시가스
증기비중	• 1보다 큰 가스	• 1보다 작은 가스
탐지기의 위치	• 탐지기의 **상단**은 **바닥**면의 **상방 30cm** 이내에 설치 LPG 탐지기 위치 • 가스연소기 또는 관통부로부터 수평거리 **4m** 이내에 설치	• 탐지기의 **하단**은 **천장**면의 **하방 30cm** 이내에 설치 LNG 탐지기 위치 • 가스연소기로부터 수평거리 **8m** 이내에 설치
공기와 무게 비교	• 공기보다 무겁다.	• 공기보다 가볍다.

15 ④

해설
④ 5년 이하의 징역 또는 5000만원 이하의 벌금

100만원 이하의 벌금
(1) 정당한 사유 없이 소방대가 현장에 도착할 때까지 사람을 **구**출하는 조치 또는 불을 **끄**거나 불이 번지지 않도록 하는 조치를 하지 아니한 소방대상물 관계인 보기 ③
(2) **피**난명령을 위반한 사람 보기 ①
(3) 정당한 사유 없이 물의 사용이나 **수도**의 **개폐장치**의 사용 또는 **조**작을 하지 못하게 하거나 방해한 자 보기 ②
(4) 정당한 사유 없이 소방대의 **생활안전활동**을 방해한 자
(5) 긴급조치를 정당한 사유 없이 방해한 자

기억법 구피조1

16 ③

해설
① 도통시험순서 → 동작시험순서, 도통시험스위치 → 동작시험스위치
② 19~29V → 4~8V
④ 교차회로방식 → 송배선식

보기 ① **P형 수신기의 동작시험** 〔교재 2권 110〕

구분	순서
동작시험 순서	① 동작시험스위치 누름 ② 자동복구스위치 누름 ③ 회로시험스위치 돌림
동작시험복구 순서	① 회로시험스위치 돌림 ② 동작시험스위치 누름 ③ 자동복구스위치 누름
회로도통시험 순서	① 도통시험스위치 누름 ② 각 경계구역 동작버튼을 차례로 누름(회로시험스위치를 각 경계구역별로 차례로 회전)
예비전원시험 순서	① 예비전원시험스위치 누름 ② 예비전원 결과 확인

보기 ② 회로도통시험 적부 판정 [교재 2권 112]

구 분	전압계가 있는 경우	도통시험확인등이 있는 경우
정 상	4~8V	정상확인등 점등(녹색)
단 선	0V	단선확인등 점등(적색)

보기 ③ 예비전원시험 적부 판정 [교재 2권 114]

전압계인 경우 정상	램프방식인 경우 정상
19~29V	녹색

보기 ④ 자동화재탐지설비 [교재 2권 102-103]
감지기 사이의 회로배선 : **송배선식**

> **[용어] 송배선식**
> 도통시험(선로의 정상연결 여부 확인)을 원활히 하기 위한 배선방식

17 ②

[해설]
> ② 지하 1층 또는 지하 2층 → 2층 또는 지하 1층

종합방재실의 위치
(1) **1층** 또는 **피난층** 보기 ①
(2) 초고층 건축물 등에 특별피난계단이 설치되어 있고, 특별피난계단 출입구로부터 **5m** 이내에 종합방재실을 설치하려는 경우에는 **2층** 또는 **지하 1층**에 설치할 수 있다. 보기 ②
(3) 공동주택의 경우에는 **관리사무소 내**에 설치할 수 있다. 보기 ④
(4) **비상용 승강장, 피난 전용 승강장** 및 **특별피난계단**으로 이동하기 쉬운 곳
(5) 재난정보 수집 및 제공, 방재활동의 거점 역할을 할 수 있는 곳
(6) **소방대**가 쉽게 도달할 수 있는 곳
(7) **화재** 및 **침수** 등으로 인하여 피해를 입을 우려가 적은 곳 보기 ③

18 ②

[해설] 피난기구의 적응성

층별 설치 장소별 구분	1층	2층
노유자 시설	• 미끄럼대 [문제 21] • 구조대 [문제 21] • 피난교 • 다수인 피난장비 [문제 21] • 승강식 피난기	• 미끄럼대 • 구조대 • 피난교 • 다수인 피난장비 • 승강식 피난기
의료시설 • 입원실이 있는 의원 • 접골원 • 조산원	–	–
영업장의 위치가 4층 이하인 다중 이용업소	–	• 미끄럼대 • 피난사다리 • 구조대 • 완강기 • 다수인 피난장비 • 승강식 피난기
그 밖의 것	–	–

층별 설치 장소별 구분	3층	4층 이상 10층 이하
노유자 시설	• 미끄럼대 • 구조대 • 피난교 • 다수인 피난장비 • 승강식 피난기	• 구조대[1] • 피난교 보기 ② • 다수인 피난장비 • 승강식 피난기
의료시설 • 입원실이 있는 의원 • 접골원 • 조산원	• 미끄럼대 • 구조대 • 피난교 • 피난용 트랩 • 다수인 피난장비 • 승강식 피난기	• 구조대 • 피난교 • 피난용 트랩 • 다수인 피난장비 • 승강식 피난기

영업장의 위치가 4층 이하인 다중이용업소	• 미끄럼대 • 피난사다리 • 구조대 • 완강기 • 다수인 피난장비 • 승강식 피난기	• 미끄럼대 • 피난사다리 • 구조대 • 완강기 • 다수인 피난장비 • 승강식 피난기
그 밖의 것	• 미끄럼대 • 피난사다리 • 구조대 • 완강기 • 피난교 • 피난용 트랩 • 간이완강기[2] • 공기안전매트 • 다수인 피난장비 • 승강식 피난기	• 피난사다리 • 구조대 • 완강기 • 피난교 • 간이완강기[2] • 공기안전매트 • 다수인 피난장비 • 승강식 피난기

1) **구조대**의 적응성은 장애인관련시설로서 주된 사용자 중 스스로 피난이 불가한 자가 있는 경우 추가로 설치하는 경우에 한한다.
2) 간이완강기의 적응성은 **숙박시설**의 **3층 이상**에 있는 객실에 설치하는 경우에 한한다.

19 ③

해설 소방교육 및 훈련의 원칙

원칙	설 명
현실의 원칙	• 학습자의 능력을 고려하지 않은 훈련은 비현실적이고 불완전하다.
학습자 중심의 원칙	• **한** 번에 한 가지씩 습득 가능한 분량을 교육 및 훈련시킨다. • **쉬운 것**에서 **어려운 것**으로 교육을 실시하되 기능적 이해에 비중을 둔다. • 학습자에게 감동이 있는 교육이 되어야 한다.

기억법 학한

동기부여의 원칙	• **교육**의 **중요성**을 **전달**해야 한다. • 학습을 위해 적절한 스케줄을 적절히 배정해야 한다. • 교육은 시기적절하게 이루어져야 한다. • 핵심사항에 교육의 포커스를 맞추어야 한다. • 학습에 대한 보상을 제공해야 한다. • 교육에 재미를 부여해야 한다. • 교육에 있어 다양성을 활용해야 한다. • 사회적 상호작용을 제공해야 한다. • 전문성을 공유해야 한다. • 초기성공에 대해 격려해야 한다.
목적의 원칙 보기 ③	• 어떠한 기술을 어느 정도까지 익혀야 하는가를 명확하게 제시한다. • 습득하여야 할 기술이 활동 전체에서 어느 위치에 있는가를 인식하도록 한다.
실습의 원칙	• **실습**을 통해 지식을 습득한다. • 목적을 생각하고, 적절한 방법으로 정확하게 하도록 한다.
경험의 원칙	• 경험했던 사례를 들어 현실감 있게 하도록 한다.
관련성의 원칙	• 모든 교육 및 훈련 내용은 **실무적**인 **접목**과 **현장성**이 있어야 한다.

기억법 현학동 목실경관교

20 ①

해설 스프링클러설비의 종류

구 분	장 점	단 점
폐쇄형 헤드 사용 습식	• **구조**가 간단하고 **공사비 저렴** • 소화가 신속하다. 보기 ① • 타방식에 비해 유지·관리 용이	• **동결** 우려 장소 사용**제한** • 헤드 오작동시 수손피해 및 배관 부식 촉진

폐쇄형 헤드 사용	건식	• 동결 우려 장소 및 옥외 사용 가능 보기 ②	• 살수개시시간 지연 및 복잡한 구조 • 화재 초기 **압축공기**에 의한 화재 촉진 우려 • 일반헤드인 경우 **상향형**으로 시공하여야 함
	준비작동식	• 동결 우려 장소 사용 가능 • 헤드 오작동(개방)시 수손피해 우려 없음. 보기 ③ • 헤드개방 전 경보로 조기 대처 용이	• 감지장치로 감지기 별도 시공 필요 • 구조 복잡, 시공비 고가 • 2차측 배관 부실 시공 우려
개방형 헤드 사용	일제살수식	• **초기화재**에 신속 대처 용이 • 층고가 높은 장소에서도 소화 가능	• 대량살수로 수손피해 우려 보기 ④ • 화재감지장치 별도 필요

(2) 1경계구역이 2개 이상의 **층**에 미치지 않을 것(단, **500m²** 이하는 2개층을 1경계구역으로 할 것) 보기 ②

(3) 1경계구역의 면적은 **600m²** 이하로 하고, 1변의 길이는 **50m** 이하로 할 것(단, 내부 전체가 보이면 **1000m²** 이하로 할 것) 보기 ③④

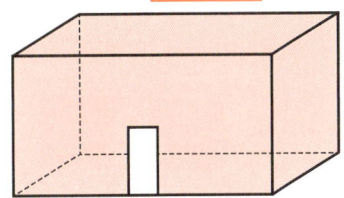

┃내부 전체가 보이면 1경계구역 면적 1000m² 이하, 1변의 길이 50m 이하┃

용어 경계구역

자동화재탐지설비의 1회선(회로)이 화재의 발생을 유효하고 효율적으로 감지할 수 있도록 적당한 범위를 정한 구역

21

해설 문제 18번 참조

22 ④

해설
④ 70m → 50m

경계구역의 설정기준
(1) 1경계구역이 2개 이상의 **건축물**에 미치지 않을 것 보기 ①

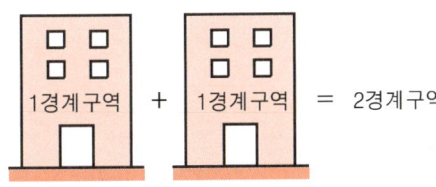

┃하나의 경계구역으로 설정불가┃

23

해설
① 예비전원(배터리)점검 : 점검스위치 또는 점검버튼을 눌러서 점등상태 확인
④ 상용전원점검 : 교류전원(전원등)램프의 점등 여부로 확인

(1) **예비전원**(배터리)**점검** : 외부에 있는 **점검스위치**(배터리상태 점검스위치)를 **당겨보는 방법** 또는 **점검버튼**을 눌러서 점등상태 확인 보기 ①

┃예비전원 점검스위치┃

| 예비전원 점검버튼 |

(2) **2선식** 유도등점검 : 유도등이 **평상시 점등**되어 있는지 확인 [교재 2권 148]

| 평상시 점등이면 정상 |

| 평상시 소등이면 비정상 |

(3) **3선식** 유도등점검 [교재 2권 147]
① 수동전환 : 수신기에서 수동으로 점등스위치를 ON하고 건물 내의 점등이 안 되는 유도등을 확인

| 유도등 절환스위치 수동전환 | 유도등 점등 확인 |

① 연동(자동)전환 : 감지기·발신기·중계기·스프링클러설비 등을 현장에서 작동(동작)과 동시에 유도등이 점등되는지를 확인

| 유도등 절환스위치 연동(자동)전환 |

| 감지기, 발신기 동작 | 유도등 점등 확인 |

24 ④

> ④ 개축의 정의

재축
건축물이 **천재지변**이나 그 밖의 재해로 멸실된 경우에 그 대지 안에 다음의 요건을 갖추어 **다시 축조**하는 것
(1) **연면적** 합계는 종전 **규모 이하**로 할 것 보기 ①
(2) 동수, 층수 및 높이는 다음 어느 하나에 해당할 것
  ① 동수, 층수 및 높이가 모두 종전 **규모 이하**일 것 보기 ②
  ② 동수, 층수 또는 높이의 어느 하나가 종전 규모를 초과하는 경우에는 해당 동수, 층수 및 높이가 **건축법령**에 모두 적합할 것 보기 ③

[비교] **개축** 보기 ④
기존 건축물의 **전부** 또는 **일부**(내력벽·기둥·보·지붕틀 중 **3개** 이상이 포함되는 경우)를 해체하고 그 대지에 종전과 동일한 규모의 범위 안에서 건축물을 **다시 축조**하는 것

25 ②

①·③·④ 0.5m/s 이상
② 0.7m/s 이상

방연풍속

제연구역		방연풍속
계단실 및 그 부속실을 동시에 제연하는 것 또는 계단실만 단독으로 제연하는 것 보기 ①④		0.5m/s 이상
부속실만 단독으로 제연하는 것	부속실이 면하는 옥내가 거실인 경우 보기 ②	0.7m/s 이상
	부속실이 면하는 옥내가 복도로서 그 구조가 방화구조(내화시간이 **30분** 이상인 구조 포함)인 것 보기 ③	0.5m/s 이상

제 ② 과목

문제는 여기로! → 문제 p.1-25

26 ①

해설

① 습식 스프링클러설비는 **감지기**를 **사용**하지 **않음**으로 감지기 동작과는 무관

감지기 사용유무

습식·건식 스프링클러설비	준비작동식·일제살수식 스프링클러설비
감지기 ×	감지기 ○

시험밸브 개방시 작동 또는 점등되어야 할 것
(1) 펌프 작동
(2) 감시제어반 밸브개방표시등(습식 : 알람밸브표시등) 점등
(3) 음향장치(사이렌) 작동
(4) 화재표시등 점등

27 ②

해설

② 감지기 작동은 자동으로 작동시키는 경우이므로 모든 스위치를 **자동**으로 놓으면 된다.

수동조작시 상태

조작	상태
급기송풍기 : **수동** ➡	급기송풍기 **작동**
급기댐퍼 : **수동** ➡	급기댐퍼 **개방**

28 ②

해설

② 계단감지기 점검시에는 **계단램프**가 점등되어야 하므로 ②번 정답

① 아무것도 점등되지 않음

② 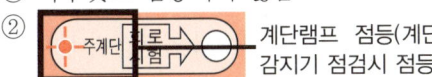 계단램프 점등(계단감지기 점검시 점등)

③ 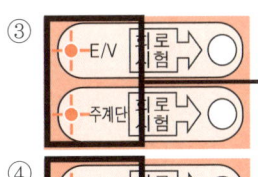 E/V(엘리베이터) 램프, 계단램프 2개 점등(E/V 및 계단감지기 점검시 점등)

④ 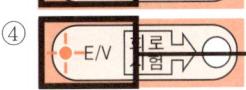 E/V(엘리베이터) 램프 점등(E/V 점검시 점등)

29 ①

해설

2F(2층)에서 발신기 오작동이 발생하였으므로 2층이 발화층이 되어 **지구표시등**은 **2층**에만 점등된다. 경보층은 발화층 (2층), 직상 4개층(3~6층)이므로 경종은 2~6층이 울린다.

자동화재탐지설비의 직상 4개층 우선경보방식 적용대상물

11층(공동주택 16층) 이상의 특정소방대상물의 경보

자동화재탐지설비 직상 4개층 우선경보방식

발화층	경보층	
	11층(공동주택 16층) 미만	11층(공동주택 16층) 이상
2층 이상 발화	전층 일제경보	• 발화층 • 직상 4개층
1층 발화		• 발화층 • 직상 4개층 • 지하층
지하층 발화		• 발화층 • 직상층 • 기타 지하층

30 ④

해설

5층 선로 단선 확인순서
(1) 도통시험스위치 버튼 누름

(2) 5층 회로시험 버튼 누름

> **[용어] 회로도통시험**
> 수신기에서 감지기 사이 회로의 단선 유무와 기기 등의 접속 상황을 확인하기 위한 시험

[중요] P형 수신기의 동작시험

구 분	순 서
동작시험순서	① 동작시험스위치 누름 ② 자동복구스위치 누름 ③ 회로시험스위치 돌림
동작시험복구 순서	① 회로시험스위치 돌림 ② 동작시험스위치 누름 ③ 자동복구스위치 누름
회로도통시험 순서	① 도통시험스위치를 누름 ② 각 경계구역 동작버튼을 차례로 누름(회로시험스위치를 각 경계구역별로 차례로 회전)
예비전원시험 순서	① 예비전원시험스위치 누름 ② 예비전원 결과 확인

31 ③

주펌프 수동기동방법

감시제어반	동력제어반
① 선택스위치 : **수동** 보기 ㉠ ② 주펌프 : **기동** 보기 ㉡	① 주펌프 선택스위치 : **수동** 보기 ㉢ ② 주펌프기동버튼(기동스위치) : **누름** 보기 ㉢

충압펌프 수동기동방법

감시제어반	동력제어반
① 선택스위치 : **수동** ② 충압펌프 : **기동**	① 충압펌프 선택스위치 : **수동** 보기 ㉣ ② 충압펌프기동버튼(기동스위치) : **누름** 보기 ㉣

32 ②

① 방사형 → 직사형
③ 0.15MPa 이하 → 0.17~0.7MPa 이하
④ 상관없다. → 수직방향으로 해야 한다.

옥내소화전 방수압력 측정
(1) 측정장치 : 방수압력측정계(피토게이지)
(2)

방수량	방수압력
130L/min	0.17~0.7MPa 이하 보기 ③

(3) 방수압력 측정방법 : 방수구에 호스를 결속한 상태로 노즐의 선단에 방수압력측정계(피토게이지)를 근접 $\left(\dfrac{D}{2}\right)$ 시켜서 측정하고 방수압력측정계의 압력계상의 눈금을 확인한다. 보기 ②

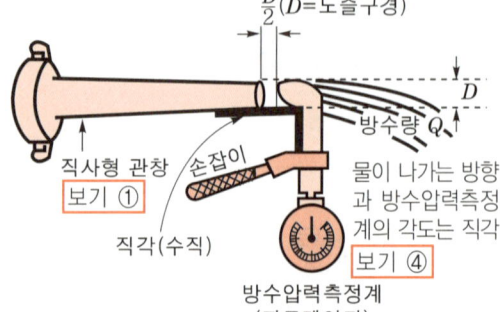

▮ 방수압력 측정 ▮

33 ①

① 프리액션밸브는 방화문 감지기와는 무관함

프리액션밸브 개방조건
(1) SVP(수동조작함) 수동조작 버튼 기동 보기 ②
(2) 감시제어반에서 동작시험 보기 ③
(3) 감시제어반에서 수동조작 보기 ④
(4) 해당 방호구역의 감지기 **2개 회로** 작동
(5) 밸브자체에 부착된 **수동기동밸브** 개방

34 ②

 ② 선택스위치 : **수동**, 주펌프 : **기동**이므로 주펌프를 **수동**으로 기동 중임

감시제어반

평상시 상태	수동기동 상태	점검시 상태
① 선택스위치 : **연동**	① 선택스위치 : **수동**	① 선택스위치 : **정지**
② 주펌프 : **정지**	② 주펌프 : **기동**	② 주펌프 : **정지**
③ 충압펌프 : **정지**	③ 충압펌프 : **기동**	③ 충압펌프 : **정지**

35 ④

 ④ 보기를 볼 때 심폐소생술(CPR) 실시 후 자동심장충격기(AED)를 사용하는 경우이므로 보기 ④ 정답

심폐소생술(CPR) 순서	자동심장충격기(AED) 사용 순서
① 반응 확인 [순서 ①]	① 전원 켜기
② 119 신고 [순서 ②]	② 두 개의 패드 부착
③ 호흡 확인	③ 심장리듬 분석 [순서 ④]
④ 가슴압박 30회 시행 [순서 ③]	④ 심장충격 실시
⑤ 인공호흡 2회 시행	⑤ 심폐소생술 실시
⑥ 가슴압박과 인공호흡의 반복	
⑦ 회복 자세	

36 ③

주펌프 수동기동방법 [보기 ③]	충압펌프 수동기동방법
① 선택스위치 : **수동**	① 선택스위치 : **수동**
② 주펌프 : **기동**	② 주펌프 : **정지**
③ 충압펌프 : **정지**	③ 충압펌프 : **기동**
④ 음향장치 : **부저**	④ 음향장치 : **부저**

37 ④

 ④ 예비전원감시램프가 점등되어 있으므로 예비전원 불량여부를 확인해야 한다.

38 ④

 ① 그림 A : 2층 지구표시등이 점등되어 있고, 도통시험 정상램프가 점등되어 있으므로 옳다. (O)

② 그림 A : 도통시험스위치가 눌러져 있으므로 스위치주의표시등이 점등되는 것은 정상이므로 옳다. (O)

③ 그림 B : 3층 **회로시험**버튼이 눌려 있고, 도통시험 단선램프가 점등되어 있으므로 옳다. (O)

④ 그림 C : 2~5층 **회로시험**버튼이 눌려 있고, 도통시험 단선램프가 점등되어 있으므로 1층은 단서유무를 알 수 없고, 2~5층은 도통시험결과 단선이다. 그러므로 틀린 답 (×)

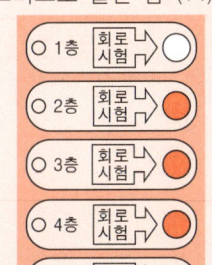

39 ②

해설 옥내소화전 방수압력 측정

(1) 측정장치 : 방수압력측정계(피토게이지)

(2)

방수량	방수압력
130L/min	0.17~0.7MPa 이하

(3) 방수압력 측정방법 : 방수구에 호스를 결속한 상태로 노즐의 선단에 방수압력측정계(피토게이지)를 근접 $\left(\dfrac{D}{2}\right)$시켜서 측정하고 방수압력측정계의 압력계상의 눈금을 확인한다.

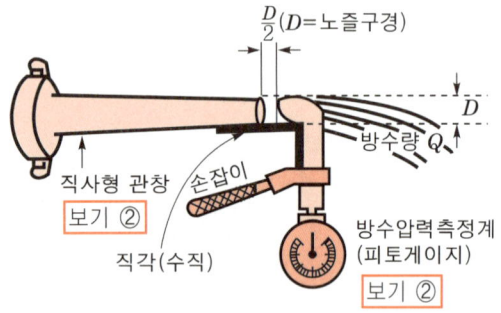

∥방수압력 측정∥

40 ①

해설

동력제어반에 주펌프의 **기동표시등**과 **펌프기동표시등**이 **점등**되어 있으므로 **감시제어반**에서 펌프를 **수동**조작하고 있는 것으로 판단된다. 그러므로 **선택스위치 : 수동**, **주펌프 : 기동**, **충압펌프 : 정지**

감시제어반	동력제어반
① 선택스위치 : **수동** ② 주펌프 : **기동** ③ 충압펌프 : **정지**	① POWER 램프 : **점등** ② 주펌프 선택스위치 : 어느 위치든 관계없음 ③ 주펌프 기동램프 : **점등** ④ 주펌프 정지램프 : **소등** ⑤ 주펌프 펌프기동램프 : **점등**

41 ③

해설 수동기동장치 작동시

구 분	감시제어반 표시등	작동상태
㉠	감지기	소등
㉡	댐퍼 확인	점등
㉢	댐퍼수동기동	점등
㉣	송풍기 확인	점등

감지기 작동시 점등되는 것	급기댐퍼 수동기동장치 작동시 점등하는 것
① 감지기램프 ② 댐퍼확인램프 ③ 송풍기확인램프	① 댐퍼수동기동램프 ② 댐퍼확인램프 ③ 송풍기확인램프

42 ③

해설

① 동작하고 있다. → 동작하고 있지 않다. 주펌프, 충압펌프 램프가 소등되어 있으므로 주펌프 및 충압펌프는 동작하고 있지 않다.

② 꺼져있다. → 켜져있다.

③ 알람밸브 개방램프가 소등되어 있으므로 알람밸브는 개방되어 있지 않다. 그러므로 옳다.

④ 수동 → 자동

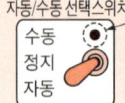

이것은 표시등으로 선택스위치가 정지위치에 있으면 꺼지고, 자동이나 수동위치에 있으면 켜진다. 수동위치에만 있을 때 켜지는 것이 아니다.

시험밸브 개방시 작동 또는 점등되어야 할 것

(1) 펌프 작동
(2) 감시제어반 밸브개방표시등(습식 : 알람밸브 표시등)
(3) 음향장치(사이렌) 작동
(4) 화재표시등 점등

43 ③

① 주펌프 기동확인램프가 **점등**되어 있지만, **주펌프 P/S**(압력스위치)는 **소등**되어 있으므로 주펌프 압력스위치는 미작동 상태이다. 그러므로 옳다.

② 감시제어반 선택스위치 : **수동**, 주펌프 : **기동**으로 되어있으므로 주펌프는 기동하고 있다. 이 상태에서 주펌프 : **정지**로 내리면 주펌프는 정지하므로 옳다.

③ 자동으로 → 수동으로
감시제어반 선택스위치 : **수동**, 주펌프 : **기동**, 충압펌프 : **기동**으로 되어 있으므로 현재 주펌프, 충압펌프 모두 **수동**으로 작동하고 있다.

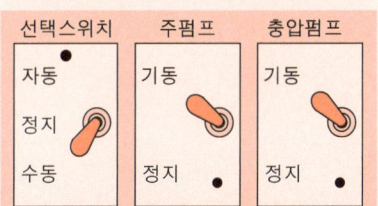

④ 기동확인등은 펌프가 기동될 때 점등되므로 감시제어반 선택스위치 : **수동**, 충압펌프 : **기동**으로 되어있으므로 충압펌프 기동확인램프가 점등되어야 한다. 소등되어있다면 불량이 맞다.

44 ③

① 안정 → 불안정
전압지시가 **낮음**으로 표시되어 있으므로 전력이 **불안정**

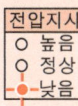

② 예비전원스위치는 예비전원 이상 유무를 확인하는 버튼으로 전원을 공급하지는 않는다.
③ 예비전원감시램프가 점등되어 있으므로 예비전원배터리가 문제있다는 뜻임

④ 예비전원감시 : **점등**되어 있으므로 예비전원이 불량이자 소방설비가 작동되지 않을 가능성이 높다.

45 ①

① 습식 스프링클러설비 : 동결 우려 장소(추운 곳) 사용제한

스프링클러설비의 종류

구 분		장 점	단 점
	습식	• **구조가 간단**하고 **공사비 저렴** • 소화가 신속 • 타방식에 비해 유지·관리 용이	• **동결** 우려 장소 **사용제한** 보기 ① • 헤드 오작동시 수손피해 및 배관 부식 촉진
폐쇄형 헤드 사용	건식	• 동결 우려 장소 및 옥외 사용 가능	• 살수개시시간 지연 및 복잡한 구조 • 화재 초기 **압축공기**에 의한 화재 촉진 우려 • 일반헤드인 경우 **상향형**으로 시공하여야 함
	준비작동식	• 동결 우려 장소 사용 가능 • 헤드 오작동(개방)시 수손피해 우려 없음 • 헤드개방 전 경보로 조기 대처 용이	• 감지장치로 감지기 별도 시공 필요 • 구조 복잡, 시공비 고가 • 2차측 배관 부실 시공 우려

개방형헤드사용	일제살수식	• **초기화재**에 신속 대처 용이 • 층고가 높은 장소에서도 소화 가능	• 대량살수로 수손피해 우려 • 화재감지장치 별도 필요

46 ③

해설

① 스위치 주의표시등이 점등되어 있으므로 눌러져 있는 주경종, 지구경종 정지스위치 등을 **정상위치**로 **복구**시켜야 한다. 119에 신고할 필요는 없으므로 틀린 답 (×)
② 스위치 주의표시등이 점등되어 있으므로 눌러져 있는 주경종, 지구경종 정지스위치등을 정상위치로 복구시켜야 한다. 화재가 발생한 경우는 아니므로 화재위치를 확인할 필요는 없다. 그러므로 틀린 답 (×)
④ 스위치 주의표시등은 주경종, 지구경종 정지스위치 등이 눌러져 있을 때 점등되는 것으로 예비전원 상태와는 무관하다. 그러므로 틀린 답 (×)

47 ②

해설

도통시험 정상램프가 점등되어 있으므로 회로단선 여부는 ○이고, 불량내용은 이상 없음

48 ②

해설

㉠ 수동 → 연동
㉡ 기동 → 정지

평상시 상태	수동기동 상태	점검시 상태
① 선택스위치 : **연동**	① 선택스위치 : **수동**	① 선택스위치 : **정지**
② 주펌프 : **정지**	② 주펌프 : **기동**	② 주펌프 : **정지**
③ 충압펌프 : **정지**	③ 충압펌프 : **기동**	③ 충압펌프 : **정지**

49 ③

해설

㉠ 턱을 목 아래쪽으로 → 턱을 들어올려
㉡ 공기가 배출되도록 해야 한다. → 숨을 불어넣은 후에는 입을 떼고 코도 놓아주어서 공기가 배출되도록 한다.

50 ④

해설

㉠ 도통시험버튼이 눌러져 있지 않으므로 도통시험을 실시하는 것이 아님

㉡ 발신기램프가 점등되어 있으므로 화재통보기기는 발신기이다.

㉢ 점멸되지 않는 것은 → 점멸되는 것은

㉣ 전압지시 정상램프가 점등되어 있으므로 수신기의 전원상태는 이상이 없다.

2023년 기출문제

01	02	03	04	05	06	07	08	09	10
①	①	④	③	④	④	②	③	①	③
11	12	13	14	15	16	17	18	19	20
②	④	④	②	③	④	②	②	②	④
21	22	23	24	25	26	27	28	29	30
①	②	③	④	③	④	③	②	①	①
31	32	33	34	35	36	37	38	39	40
④	③	②	①	②	④	②	④	③	①
41	42	43	44	45	46	47	48	49	50
④	④	②	①	①	④	③	①	④	②

제 1 과목

01 ①

해설 관계인
(1) **소**유자 보기 ③
(2) **관**리자 보기 ②
(3) **점**유자 보기 ④

기억법 소관점

02 ①

① 2개 → 3개 이상

대수선의 범위
(1) **내력벽**을 증설 또는 해체하거나 그 벽면적을 30m² 이상 수선 또는 변경하는 것
(2) **기둥**을 증설 또는 해체하거나 **3개** 이상 수선 또는 변경하는 것 보기 ①
(3) **보**를 증설 또는 해체하거나 **3개** 이상 수선 또는 변경하는 것 보기 ③
(4) **지붕틀**(한옥의 경우에는 지붕틀의 범위에서 서까래 제외)을 증설 또는 해체하거나 **3개** 이상 수선 또는 변경하는 것 보기 ②
(5) 방화벽 또는 방화구획을 위한 바닥 또는 벽을 증설 또는 해체하거나 수선 또는 변경하는 것
(6) 주계단·피난계단 또는 특별피난계단을 증설 또는 해체하거나 수선 또는 변경하는 것 보기 ④
(7) 다가구주택의 가구 간 경계벽 또는 다세대주택의 세대 간 경계벽을 증설 또는 해체하거나 수선 또는 변경하는 것
(8) 건축물의 외벽에 사용하는 **마감재료**를 증설 또는 해체하거나 벽면적 30m² 이상 수선 또는 변경하는 것

03 ④

해설 방화구획의 기준

대상 건축물	대상 규모	층 및 구획방법	구획부분 의 구조
주요 구조부가 내화구조 또는 불연재료 된 건축물	연면적 1000m² 넘는 것	10층 이하	● 바닥면적 1000m² 이내마다(스프링클러×3배 = 3000m²)	● 내화구조로 된 바닥·벽 ● 방화문 ● 자동방화셔터
		매 층 마다	● 지하 1층에서 지상으로 직접 연결하는 경사로 부위는 제외	
		11층 이상	● 바닥면적 200m²(스프링클러×3배 = 600m²) 이내마다(내장재가 불연재인 경우 500m² 이내마다(스프링클러×3배 = 1500m²)	

● **스프링클러설비**, 기타 이와 유사한 **자동식 소화설비**를 설치한 경우 바닥면적은 위의 면적의 3배로 산정
● **아파트**로서 **4층** 이상에 **대피공간** 설치시 다른 부분과 방화구획

04 ③

특 징	불연성 물질
불활성기체	• **헬**륨(He) • **네**온(Ne) • **아**르곤(Ar) • **크**립톤(Kr) • **크**세논(Xe) • **라**돈(Rn) [기억법] 헬네아크라
완전산화물	• 물(H_2O) • 이산화탄소(CO_2) • 산화알루미늄(Al_2O_3) • 삼산화황(SO_3)
흡열반응물질	• **질**소(N_2) • 질소산화물(NO_x) [기억법] 질흡(진흙)

05 ④

① 작다 → 크다
② 낮다 → 높다
③ 작다 → 크다

가연성 물질의 구비조건
(1) 산소와의 친화력이 크다. 보기 ①
(2) **활성화에너지**가 **작다.**

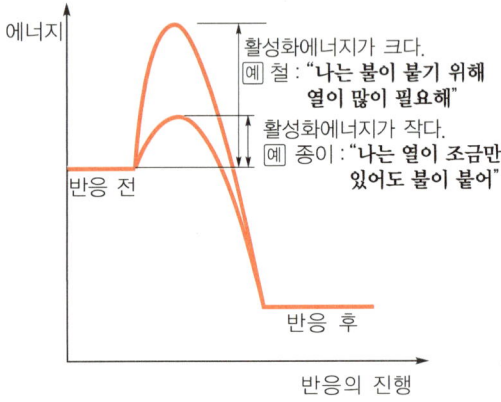

∎ 활성화에너지 ∎

(3) **열전도율**이 **작다.** 보기 ④

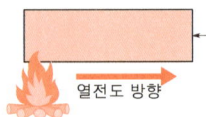

〈가연물질별 열전도〉
• 철: 열전도 빠르다(크다).
  → 불에 잘 타지 않는다.
• 종이: 열전도 느리다(작다).
  → 불에 잘 탄다.

∎ 열전도 ∎

(4) 연소열이 크다. 보기 ③
(5) 비표면적이 크다.
(6) 건조도가 높다. 보기 ②

06 ④

연소형태의 종류

구 분	종 류
표면연소	• **숯** • **코**크스 • **목**재의 말기연소 • **금**속(**마**그네슘 등) 보기 ① [기억법] 표숯코목금마
분해연소	• 석탄 보기 ② • **종**이 • **목**재 [기억법] 분종목재
증발연소	• 황 보기 ④ • 고체파라핀(양초) • 열가소성 수지(열에 의해 녹는 플라스틱) 보기 ③
자기연소	• 자기반응성 물질(제5류 위험물) • 폭발성 물질

07 ②

화재의 종류

종 류	적응물질	소화약제
일반 화재 (A급)	• 보통가연물(폴리에틸렌 등) • 종이 • 목재, 면화류, 석탄 • 재를 남김	① 물 ② 수용액

유류화재 (B급)	• 유류 • 알코올 • 재를 남기지 않음 보기 ②	① 포(폼)
전기화재 (C급)	• 변압기 • 배전반	① 이산화탄소 ② 분말소화약제 ③ 주수소화 금지
금속화재 (D급)	• 가연성 금속류 (나트륨 등)	① 금속화재용 분말소화약제 ② 마른 모래(건조사)

08 ③

해설 열전달

종류	설 명
전도 (conduction)	• 하나의 물체가 다른 물체와 **직접 접촉**하여 전달되는 것
대류 (convection)	• **유체**의 흐름에 의하여 열이 전달되는 것
복사 (radiation)	• 화재시 열의 이동에 **가장 크게 작용**하는 열이동방식 • **화염**의 **접촉 없이** 연소가 확산되는 현상 보기 ③ • 화재현장에서 **인접건물**을 **연소**시키는 주된 원인

용어 비화

불씨가 날아가서 다른 곳에 또 화재를 일으키는 것

09 ①

해설 연기의 확산속도

구 분	확산속도
수평방향	0.5~1.0m/sec 보기 ①
계단실 등 수직방향	① 화재초기 : 2~3m/sec ② 농연 : **3**~**5**m/sec

기억법 계35

10 ③

해설 위험물

인화성 또는 **발화성** 등의 성질을 가지는 것으로서 **대통령령**이 정하는 물품

11 ②

해설

② $CH_4 \rightarrow C_3H_8$ 또는 C_4H_{10}

LPG vs LNG

종류 구분	액화석유가스 (LPG)	액화천연가스 (LNG)
주성분	• 프로판(C_3H_8) • **부**탄(C_4H_{10}) 보기 ② **기억법** P프부	• **메**탄(CH_4) **기억법** N메
비중	• 1.5~2(누출시 낮은 곳 체류) 보기 ④	• 0.6(누출시 천장쪽 체류)
폭발범위 (연소범위)	• 프로판 : 2.1~9.5% 보기 ③ • 부탄 : 1.8~8.4%	• 5~15%
용도	• 가정용 • 공업용 보기 ① • 자동차연료용	• 도시가스
증기비중	• 1보다 큰 가스	• 1보다 작은 가스
탐지기의 위치	• 탐지기의 **상단**은 **바닥면**의 **상방** 30cm 이내에 설치	• 탐지기의 **하단**은 **천장면**의 **하방** 30cm 이내에 설치

LPG 탐지기 위치 | LNG 탐지기 위치

	• 가스연소기 또는 관통부로부터 수평거리 4m 이내에 설치	• 가스연소기로부터 수평거리 8m 이내에 설치
공기와 무게 비교	• 공기보다 무겁다.	• 공기보다 가볍다.

12 ④

④ 증가 → 절감

종합방재실의 구축효과
(1) 화재피해 최소화 보기 ①
(2) 화재시 신속한 대응 보기 ②
(3) 시스템 안전성 향상 보기 ③
(4) 유지관리 비용 절감 보기 ④

13 ④

④ 연면적 1500m² → 연면적 2000m²

자동화재탐지설비의 설치대상

설치대상	조 건
① 정신의료기관·의료재활시설	• 창살설치 : 바닥면적 300m² 미만 • 기타 : 바닥면적 300m² 이상
② 노유자시설	• 연면적 400m² 이상
③ 근린생활시설 보기 ①·위락시설	• 연면적 600m² 이상
④ 의료시설(정신의료기관 또는 요양병원 제외) ⑤ 복합건축물·장례시설	
⑥ 목욕장·문화 및 집회시설, 운동시설 ⑦ 종교시설 ⑧ 방송통신시설·관광휴게시설 ⑨ 업무시설 보기 ③·판매시설 보기 ② ⑩ 항공기 및 자동차 관련시설·공장·창고시설 ⑪ 지하가(터널 제외)·운수시설·발전시설·위험물 저장 및 처리시설 ⑫ 교정 및 군사시설 중 국방·군사시설	• 연면적 1000m² 이상
⑬ 교육연구시설 보기 ④·동식물관련시설 ⑭ 자원순환관련시설·교정 및 군사시설(국방·군사시설 제외) ⑮ 수련시설(숙박시설이 있는 것 제외) ⑯ 묘지관련시설	• 연면적 2000m² 이상
⑰ 지하가 중 터널	• 길이 1000m 이상
⑱ 지하구 ⑲ 노유자생활시설 ⑳ 공동주택 ㉑ 숙박시설 ㉒ 6층 이상인 건축물 ㉓ 조산원 및 산후조리원 ㉔ 전통시장 ㉕ 요양병원(정신병원과 의료재활시설 제외)	• 전부
㉖ 특수가연물 저장·취급	• 지정수량 500배 이상
㉗ 수련시설(숙박시설이 있는 것)	• 수용인원 100명 이상
㉘ 발전시설	• 전기저장시설

기억법 근위의복 6, 교동자교수 2

14 ②

최소 선임기준

소방안전관리자	소방안전관리보조자
• 특정소방대상물마다 1명	• **300세대** 이상 아파트 : **1명**(단, 300세대 초과마다 1명 이상 추가) • 연면적 **15000m²** 이상 : **1명**(단, 15000m² 초과마다 1명 이상 추가) • **공동주택**(기숙사), **의료시설, 노유자시설, 수련시설** 및 **숙박시설**(바닥면적 합계 **1500m²** 미만이고, 관계인이 24시간 상시 근무하고 있는 숙박시설 제외) : **1명**

소방안전관리보조자 $= \dfrac{40000\text{m}^2}{15000\text{m}^2} = 2.67$

(소수점 버림) ≒ 2명

15 ③

③ 전체 능력단위를 → 전체 능력단위의 $\dfrac{1}{2}$ 을

소화기구 교재 2권 11, 19

(1) 소화능력 단위기준 및 보행거리 보기 ①

소화기 분류	능력단위	보행거리
소형소화기	**1단위** 이상	**20m** 이내
대형소화기 A급	**10단위** 이상	**30m** 이내
대형소화기 B급	**20단위** 이상	

기억법 보3대, 대2B(데이빗!)

(2) 분말소화기 교재 2권 14

소화약제 및 적응화재

적응화재	소화약제의 주성분	소화효과
BC급	탄산수소나트륨 (NaHCO₃)	• 질식효과 • 부촉매(억제)효과
	탄산수소칼륨 (KHCO₃)	
ABC급 보기②	제1인산암모늄 (NH₄H₂PO₄)	
BC급	탄산수소칼륨(KHCO₃) + 요소(NH₂)₂CO	

(3) 내용연수 보기 ④ 교재 2권 15

소화기의 내용연수를 **10년**으로 하고 내용연수가 지난 제품은 교체 또는 성능확인을 받을 것

내용연수 경과 후 10년 미만	내용연수 경과 후 10년 이상
3년	1년

능력단위가 **2단위** 이상이 되도록 소화기를 설치하여야 할 특정소방대상물 또는 그 부분에 있어서는 **간이소화용구**의 능력단위가 전체능력단위의 $\dfrac{1}{2}$ 초과금지 (노유자시설 제외) 보기 ③

16 ④

특정소방대상물별 소화기구의 능력단위기준

특정소방대상물	소화기구의 능력단위	건축물의 주요 구조부가 **내화구조**이고, 벽 및 반자의 실내에 면하는 부분이 **불연재료・준불연재료** 또는 **난연재료**로 된 특정소방대상물의 능력단위
• **위**락시설 기억법 위3(위상)	바닥면적 **30m²**마다 1단위 이상	바닥면적 **60m²**마다 1단위 이상

	바닥면적 50m²마다 1단위 이상	바닥면적 100m²마다 1단위 이상
• 공연장 • 집회장 • 관람장 및 문화재 • 의료시설 및 장례식장 기억법 5공연장 문의 집관람(손오공 연장 문의 집관람)		
• 근린생활시설 • 판매시설 • 운수시설 • 숙박시설 • 노유자시설 • 전시장 • 공동주택(아파트 등) • 업무시설(사무실 등) • 방송통신시설 • 공장·창고시설 • 항공기 및 자동차관련시설 및 • 관광휴게시설 기억법 근판숙노전 주업 방차창 1항 관광 (근판숙노전 주업 방차창 일본항 관광)	바닥면적 100m²마다 1단위 이상	바닥면적 200m²마다 1단위 이상
• 그 밖의 것	바닥면적 200m²마다 1단위 이상	바닥면적 400m²마다 1단위 이상

의료시설로서 **내화구조**이고 **불연재료**이므로 바닥면적 100m²마다 1단위 이상이므로 $\dfrac{600\text{m}^2}{100\text{m}^2} = 6$단위

17 ①

해설

② 350L/min → 130L/min
③ 0.8m~1.5m → 1.5m
④ 25mm → 40mm

(1) 옥내소화전설비 vs 옥외소화전설비 [교재 2권 30, 51]

구 분	방수량	방수압	최소방출시간	소화전 최대개수
옥내 소화전 설비	• 130L/min 이상 보기 ②	• 0.17~0.7MPa 이하 보기 ①	• 20분 : 29층 이하 • 40분 : 30~49층 이하 • 60분 : 50층 이상	• 저층건축물 : 최대 2개 • 고층건축물 : 최대 5개 보기 ①
옥외 소화전 설비	• 350L/min 이상	• 0.25~0.7MPa 이하	• 20분	

(2) 옥내소화전설비 호스구경 [교재 2권 37]

구 분	호 스
호스릴	25mm 이상
일 반	40mm 이상 보기 ④

기억법 내호25, 내4(내사 종결)

비교 **설치높이 1.5m 이하** [교재 2권 20, 37]
(1) 소화기
(2) 옥내소화전 방수구 보기 ③

18 ②

옥내소화전설비 수원의 저수량

$Q = 2.6N$ (30층 미만, N : 최대 2개)
$Q = 5.2N$ (30~49층 이하, N : 최대 5개)
$Q = 7.8N$ (50층 이상, N : 최대 5개)

여기서, Q : 수원의 저수량[m³]
　　　　N : 가장 많은 층의 소화전개수

수원의 **저수량** Q는
$Q = 2.6N = 2.6 \times 2 = 5.2\,\mathrm{m}^3$

19 ②

폐쇄형 스프링클러헤드

설치장소의 최고주위온도	표시온도
39℃ 미만	79℃ 미만
39~64℃ 미만	79~121℃ 미만
64~106℃ 미만	121~162℃ 미만
106℃ 이상	162℃ 이상

※ 비고 : 높이 4m 이상인 공장은 표시온도 121℃ 이상으로 할 것

> **기억법** 39　79
> 　　　　64　121
> 　　　　106　162

20 ③

폐쇄형 헤드의 기준개수

특정소방대상물		폐쇄형 헤드의 기준개수
지하가·지하역사		
11층 이상		
10층 이하	공장(**특수가연물**), 창고시설	30
	판매시설(슈퍼마켓, 백화점 등), 복합건축물(판매시설이 설치된 것)	
	근린생활시설·운수시설	20
	8m 이상	
	8m 미만	10

공동주택(아파트 등)	10(각 동이 주차장으로 연결된 주차장 30)

21 ①

알람밸브 2차측 압력이 저하되어 **클래퍼**가 **개방**되면 클래퍼 개방에 따른 **압력수 유입**으로 **압력스위치**가 **작동**된다.

22 ②

준비작동식 스프링클러설비 작동

A or B 감지기 작동	A and B 감지기 작동
① **경종** 또는 **사이렌 경보** ② **화재표시등** 점등	① **경종** 또는 **사이렌** 경보 ② **화재표시등** 점등 ③ **준비작동식 유수검지장치 작동** ④ **2차측**으로 **급수** ⑤ **헤드 개방**, 방수 ⑥ 배관 내 압력저하로 기동용 수압개폐장치의 **압력스위치 작동** ⑦ **펌프 기동**

23 ①

펌프성능시험

구 분	운전방법	확인사항
체절운전 (무부하시험, No Flow Condition)	① **펌프토출측 개폐밸브** 폐쇄 ② **성능시험배관 개폐밸브 유량조절밸브** 폐쇄 ③ 펌프 **기동**	① 체절압력이 **정격토출압력**의 **140%** 이하인지 확인 ② 체절운전시 체절압력 미만에서 릴리프밸브가 작동하는지 확인

정격부하운전 (정격부하시험, Rated Load, 100% 유량운전)	① 펌프 **기동** ② 유량조절밸브를 개방	**유량계**의 유량이 **정격유량**상태(100%)일 때 **정격토출압 이상**이 되는지 확인
최대운전 (피크부하시험, Peak Load, 150% 유량운전)	유량조절밸브를 더욱 개방	유량계의 유량이 **정격토출량**의 150%가 되었을 때 **정격토출압**의 **65%** 이상이 되는지 확인

중요 펌프성능시험

(1) 정격토출량 = 토출량[L/min]×1.0 (100%)
(2) 체절운전 = 토출압력(양정)×1.4 (140%)
(3) 150% 유량운전 토출량 = 토출량[L/min]×1.5(150%)
(4) 150% 유량운전 토출압 = 정격양정[m]×0.65(65%)

24 ③

해설 (1) 1층 : 1경계구역의 면적은 600m² 이하로 하여야 하므로 바닥면적을 600m²로 나누어주면 된다.

1층: $\dfrac{700\text{m}^2}{600\text{m}^2} = 1.1 ≒ 2$개(소수점 올림)

(2) 2층 : 2층 바닥면적이 600m² 이하이지만 한 변의 길이가 **50m**를 **초과**하므로 **2개**로 나뉜다.
면적길이가 모두 주어진 경우 면적, 길이 2가지를 모두 고려해서 **큰 값**을 적용한다.

2층 : $\dfrac{50\text{m}+10\text{m}+10\text{m}}{50\text{m}} = 1.4 ≒ 2$개(소수점 올림)

(3) 3~4층 : 500m² 이하는 2개층을 1경계구역으로 할 수 있으므로 2개층의 합이 500m² 이하일 때는 **500m²**로 나누어주면 된다.

3~4층 : $\dfrac{(300+200)\text{m}^2}{500\text{m}^2} = 1$개

∴ 2개+2개+1개 = 5개

25 ③

해설 감지기의 구조

정온식 스포트형 감지기	차동식 스포트형 감지기
① **바이메탈**, 감열판, 접점 등으로 구분 기억법 바정(봐줘) ② **보일러실**, **주방** 설치 보기 ③ ③ 주위 온도가 일정 온도 이상이 되었을 때 작동	① 감열실, 다이어프램, 리크구멍, 접점 등으로 구성 ② 거실, 사무실 설치 ③ 주위 온도가 일정 상승률 이상이 되는 경우에 작동

제 **②** 과목

문제는 여기로! → 문제 p.1-47

26 ④

해설 ㉠ 지시압력계가 녹색범위를 가리키고 있으므로 적정여부는 (○)이다.

지시압력계의 색표시에 따른 상태

노란색(황색)	녹 색	적 색
압력이 부족한 상태	정상압력 상태	정상압력보다 높은 상태

• 용기 내 압력을 확인할 수 있도록 지시압력계가 부착되어 사용가능한 범위가 **녹색**(0.7~0.98MPa)으로 되어있음

㉡ 제조연월 : 2008.6이고 내용연수가 10년이므로 유효기간은 2018.6까지이다. 내용연수가 초과되었으므로 (×)이다.

ⓒ 불량내용은 내용연수 초과이다.
• 소화기의 내용연수를 10년으로 하고 내용연수가 지난 제품은 교체 또는 성능확인을 받을 것

내용연수	
내용연수 경과 후 10년 미만	내용연수 경과 후 10년 이상
3년	1년

27 ②

① 정상 → 불량
③ 교류전원 → 예비전원
　예비전원이 0V를 가리키고 있으므로 예비전원을 점검하여야 한다.
④ 높다 → 낮다

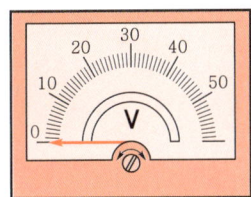
| 0V를 가리킴 |

| 예비전원시험 | 교재 2권 114 |

전압계인 경우 정상	램프방식인 경우 정상
19~29V	녹색

| 예비전원시험 |

| 24V를 가리킴 |

28 ③

ⓒ 말단시험밸브는 습식·건식 스프링클러설비에만 있으므로 프리액션밸브(준비작동식)은 해당 없음
ⓑ 도통시험회로 단선 여부는 유수검지장치 작동과 무관함
ⓢ 발신기 응답표시등은 자동화재탐지설비에 적용되므로 준비작동식에는 관계 없음

말단시험밸브 여부

습식·건식 스프링클러설비	준비작동식·일제살수식 스프링클러설비
말단시험밸브 ○	말단시험밸브 ×

29 ②

기동용기함의 솔레노이드밸브의 점검 전 안전조치 순서
ⓒ 안전핀 체결 → ⓛ 솔레노이드 분리 → ⓐ 안전핀 제거

30 ①

제연설비 작동순서

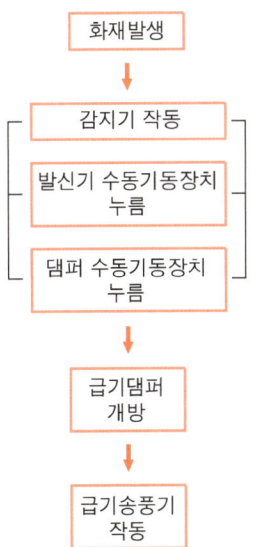

31 ④

[해설] 작동점검표

자동화재탐지설비   (양호○, 불량×, 해당 없음/)

구 분	점검 번호	점검항목	점검 결과
수신기	15-B-002	• 조작스위치가 정상위치에 <u>스위치주의등 확인</u> 있는지 여부	○
	15-B-006	• 수신기 음향기구의 음량·음색 구별 가능 여부	○
감지기	15-D-009	• 감지기 변형·손상 확인 및 작동시험 적합 여부	○
전원	15-H-002	• 예비전원 성능 적정 및 <u>예비전원 및 예비전원감시등 확인</u> 상용전원 차단시 예비전원 자동전환 여부	×
배선	15-I-003	• 수신기 도통시험회로 정상 <u>회로단선 여부</u> 여부	○

32 ③

[해설]
③ 주경종 정지스위치, 지구경종 정지스위치를 누르면 경종(음향장치)이 울리지 않는다.

33 ③

[해설]
 호스가 파손되었고 소화기가 부식되었으므로 외관의 이상이 있기 때문에 ×
 지시압력계가 녹색범위를 가리키고 있으므로 적정 여부는 ○
ⓒ 불량내용은 외관부식과 호스파손 이다.
※ 양호 ○, 불량 ×로 표시하면 됨

34 ②

[해설] 옥내소화전 방수압력 측정
(1) 측정장치 : 방수압력측정계(피토게이지)
(2)

방수량	방수압력
130L/min	0.17~0.7MPa 이하

(3) 방수압력 측정방법 : 방수구에 호스를 결속한 상태로 노즐의 선단에 방수압력측정계(피토게이지)를 근접 $\left(\dfrac{D}{2}\right)$ 시켜서 측정하고 방수압력측정계의 압력계상의 눈금을 확인한다.

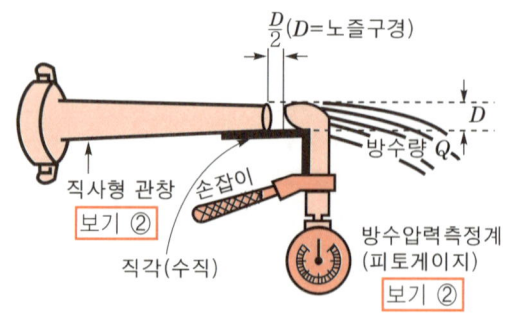

▮방수압력 측정▮

35 ①

[해설] 시험밸브 개방시 작동 또는 점등되어야 할 것
(1) 펌프 작동
(2) 감시제어반 밸브개방표시등(습식 : 알람밸브표시등) 점등
(3) 음향장치(사이렌) 작동
(4) 화재표시등 점등

36 ②

[해설] 가스계 소화설비의 점검 전 안전조치
ⓛ 연결된 조작동관 분리 → ⓒ 감시제어반 연동 정지 → 솔레노이드밸브 분리 → ② 솔레노이드 밸브 안전핀 제거

37 ④

해설 성인의 가슴압박
(1) 환자의 **어깨**를 두드린다.
(2) 쓰러진 환자의 얼굴과 가슴을 10초 이내 (10초 이상 ✗) 로 관찰하여 호흡이 있는지를 확인한다.
(3) 구조자의 체중을 이용하여 압박
(4) 인공호흡에 자신이 없으면 가슴압박만 시행

구 분	설 명 보기 ④
속 도	분당 100~120회
깊 이	약 5cm(소아 4~5cm)

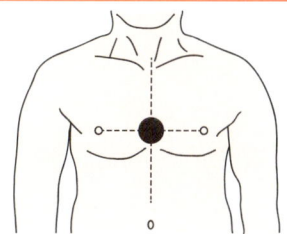

∥가슴압박 위치∥

38 ②

해설 비화재보 복구순서
㉠ 수신기 확인 - ㉣ 실제 화재 여부 확인 - ㉢ 음향장치 정지 - ㉤ 발신기 복구 - ㉡ 수신반 복구 - ㉥ 음향장치 복구 - 스위치주의등 확인

39 ③

해설
① 부족한 상태 → 정상상태
② 0.7MPa → 0.7~0.98MPa, 교체하여야 한다. → 교체하지 않아도 된다.
③ 용기 내 압력을 확인할 수 있도록 지시압력계가 부착되어 사용 가능한 범위가 녹색(0.7~0.98MPa)으로 되어 있음
④ 어려울 것으로 보인다. → 용이한 상태이다.

지시압력계
(1) 노란색(황색) : 압력부족
(2) 녹색 : 정상압력
(3) 적색 : 정상압력 초과

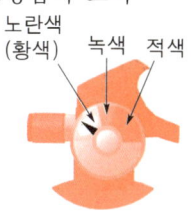

∥소화기 지시압력계∥

∥지시압력계의 색표시에 따른 상태∥

노란색(황색)	녹 색	적 색
∥압력이 부족한 상태∥	∥정상압력 상태∥	∥정상압력보다 높은 상태∥

40 ①

해설 점등램프

주펌프만 수동으로 기동 보기 ①	충압펌프만 수동으로 기동	주펌프·충압펌프 수동으로 기동
① 선택스위치 : 수동	① 선택스위치 : 수동	① 선택스위치 : 수동
② 주펌프 : 기동	② 주펌프 : 정지	② 주펌프 : 기동
③ 충압펌프 : 정지	③ 충압펌프 : 기동	③ 충압펌프 : 기동

41 ④

해설 준비작동식 스프링클러설비 밸브개방시험 전에는 1차측은 개방, 2차측은 폐쇄되어 있어야 스프링클러헤드를 통해 물이 방사되지 않아서 안전하다.

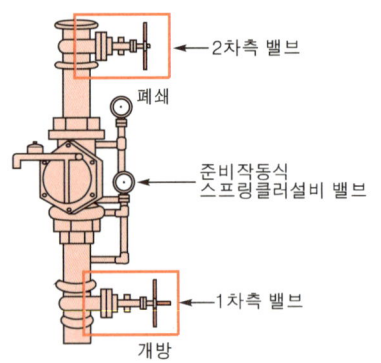

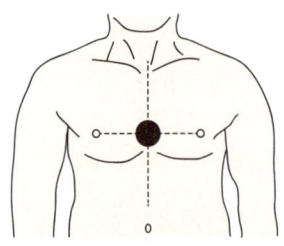

|가슴압박 위치|

44 ①

왼쪽그림은 2층 감지기 작동시험을 하는 그림이다.
2층 감지기가 작동되면 ㉠ 화재표시등, ㉡ 2층 지구표시등이 점등된다.

42 ③

③ 압력스위치를 작동시키면 방출등(방출표시등)이 점등되므로 방출등 점등을 확인하는 것이 맞음

45 ①

① 적응화재가 ABC급이므로 제1인산암모늄($NH_4H_2PO_4$) 정답

분말소화기

|소화약제 및 적응화재|

적응화재	소화약제의 주성분	소화효과
BC급	탄산수소나트륨 ($NaHCO_3$)	• 질식효과 • 부촉매(억제)효과
BC급	탄산수소칼륨 ($KHCO_3$)	
ABC급	제1인산암모늄 ($NH_4H_2PO_4$)	
BC급	탄산수소칼륨($KHCO_3$) +요소(($NH_2)_2CO$)	

43 ②

② 위쪽 → 아래쪽

일반인 심폐소생술 시행방법
(1) 환자의 **어깨**를 두드린다.
(2) 쓰러진 환자의 얼굴과 가슴을 10초 이내 (10초 이상 ×) 로 관찰하여 호흡이 있는지를 확인한다.
(3) 환자를 바닥이 단단하고 **평평한 곳**에 등을 대고 눕힌다. 보기 ①
(4) 가슴압박시 가슴뼈(흉골) **아래쪽**의 절반 부위에 깍지를 낀 두 손의 손바닥 뒤꿈치를 댄다. 보기 ②
(5) 구조자는 양팔을 쭉 편 상태로 체중을 실어서 환자의 몸과 **수직**이 되도록 가슴을 압박한다. 보기 ③
(6) 구조자의 체중을 이용하여 압박한다.
(7) 인공호흡에 자신이 없으면 가슴압박만 시행한다.

구 분	설 명 보기 ④
속 도	분당 100~120회
깊 이	약 5cm(소아 4~5cm)

46 ③

③ 충압펌프가 작동되었으므로 동력제어반 기동램프 점등 보기 ㉠, 감시제어반에서 충압펌프 압력스위치 램프 점등 보기 ㉢

충압펌프 작동	주펌프 작동
① 동력제어반 기동 램프 : 점등 ② 감시제어반 충압 펌프 압력스위치 램프 : 점등	① 동력제어반 기동 램프 : 점등 ② 감시제어반 주펌프 압력스위치램프 : 점등

47 ③

 스프링클러설비의 기동점, 정지점

기동점 (기동압력)	정지점 (양정, 정지압력)
기동점 ＝RANGE−DIFF ＝자연낙차압＋0.15MPa	정지점＝RANGE

정지점(양정)＝RANGE＝70m＝0.7MPa
기동점＝자연낙차압＋0.15MPa
　　　＝0.3MPa＋0.15MPa＝0.45MPa
　　　＝RANGE−DIFF
DIFF＝RANGE−기동점
　　　＝0.7MPa−0.45MPa
　　　＝0.25MPa

중요

(1) 압력스위치

DIFF(Difference)	RANGE
펌프의 작동정지점에서 기동점과의 **압력차이**	펌프의 **작동정지점**

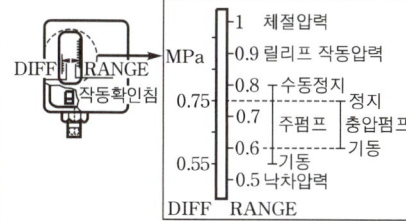

(a) 압력스위치　(b) DIFF, RANGE의 설정 예

(2) 충압펌프 기동점
　　충압펌프 기동점＝주펌프 기동점
　　　　　　　　　　＋0.05MPa

48 ①

㉠ 감지기 동작시 댐퍼확인램프 : **점등**되므로 급기댐퍼 설치상태(화재감지기 동작에 따른 개방) 적정 여부(○)

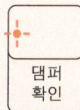
┃감지기 동작시┃

㉡ 화재감지기 동작 및 수동 조작에 따라 송풍기 확인램프 : **소등**되므로 화재감지기 동작 및 수동조작에 따라 작동하는지 여부(✕)

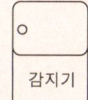 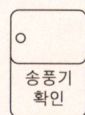
┃감지기 동작시┃댐퍼 수동기동스위치 기동시┃

• 불량내용 : **송풍기 미작동**(송풍기 확인램프가 **소등**되어 있음)

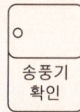

감지기 작동시 점등되는 것	급기댐퍼 수동기동장치 작동시 점등되는 것
① 감지기램프 ② 댐퍼확인램프 ③ 송풍기확인램프	① 댐퍼수동기동램프 ② 댐퍼확인램프 ③ 송풍기확인램프

49 ④

㉢ 기동 위치에 있으므로 잘못, **정지** 위치에 있어야 함
㉣ 정지 위치에 있으므로 잘못, **자동** 위치에 있어야 함

감시제어반

평상시 상태	수동기동 상태	점검시 상태
① 선택스위치 : **연동**	① 선택스위치 : **수동**	① 선택스위치 : **정지**
② 주펌프 : **정지**	② 주펌프 : **기동**	② 주펌프 : **정지**
③ 충압펌프 : **정지**	③ 충압펌프 : **기동**	③ 충압펌프 : **정지**

동력제어반

평상시 상태	수동기동시 상태	점검시 상태
① POWER : **점등**	① POWER : **점등**	① POWER : **점등**
② 선택스위치 : **자동**	② 선택스위치 : **수동**	② 선택스위치 : **정지**
③ 기동램프 : **소등**	③ 기동램프 : **점등**	③ 기동램프 : **소등**
④ 정지램프 : **점등**	④ 정지램프 : **소등**	④ 정지램프 : **점등**
⑤ 펌프기동램프 : **소등**	⑤ 펌프기동램프 : **점등**	⑤ 펌프기동램프 : **소등**

50 ②

해설

(1) 성인의 가슴압박
① 환자의 **어깨**를 두드린다.
② 쓰러진 환자의 얼굴과 가슴을 10초 이내 (10초 이상 ×)
로 관찰하여 호흡이 있는지를 확인한다.
③ 구조자의 체중을 이용하여 압박
④ 인공호흡에 자신이 없으면 가슴압박만 시행

구 분	설 명
속 도	분당 100~120회 보기 ㉠
깊 이	약 5cm(소아 4~5cm) 보기 ㉡

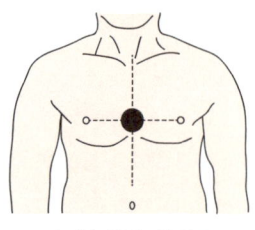

▮ 가슴압박 위치 ▮

(2) 자동심장충격기(AED) 사용방법
① 자동심장충격기를 심폐소생술에 방해가 되지 않는 위치에 놓은 뒤 전원버튼을 누른다.
② 환자의 상체를 노출시킨 다음 패드 포장을 열고 2개의 패드를 환자의 가슴에 붙인다.
③ 패드는 **왼쪽 젖꼭지 아래의 중간겨드랑선**에 설치하고 **오른쪽 빗장뼈**(쇄골) 바로 **아래**에 붙인다. 보기 ㉢, ㉣

▮ 패드의 부착위치 ▮

패드 1	패드 2
오른쪽 빗장뼈(쇄골) 바로 아래	왼쪽 젖꼭지 아래의 중간겨드랑선

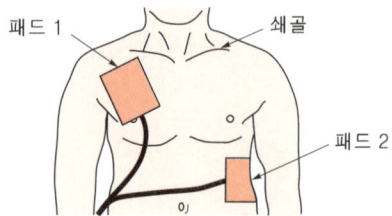

▮ 패드 위치 ▮

④ 심장충격이 필요한 환자인 경우에만 제세동버튼이 깜박이기 시작하며, 깜박일 때 심장충격버튼을 눌러 심장충격을 시행한다.
⑤ 심장충격버튼을 **누르기 전에는** 반드 (누른 후에는 ×)
시 주변사람 및 구조자가 환자에게서 떨어져 있는지 다시 한 번 확인한 후에 실시하도록 한다.
⑥ 심장충격이 필요 없거나 심장충격을 실시한 이후에는 즉시 **심폐소생술**을 다시 시작한다.
⑦ **2분**마다 심장리듬을 분석한 후 반복 시행한다.

2022년 기출문제

문제는 여기로! → 문제 p. 1-61

01	02	03	04	05	06	07	08	09	10
①	④	③	③	④	②	④	④	④	①
11	12	13	14	15	16	17	18	19	20
④	②	②	①	③	①	④	④	②	②
21	22	23	24	25	26	27	28	29	30
②	②	④	②	①	④	②	②	②	③
31	32	33	34	35	36	37	38	39	40
③	④	①	①	③	②	①	④	④	③
41	42	43	44	45	46	47	48	49	50
②	②	④	②	③	③	②	①	④	③

제 과목

문제는 여기로! → 문제 p. 1-61

01 ①

① 운항 중인 → 항구에 매어둔

소방대상물
(1) **건**축물
(2) **차**량 보기 ③
(3) **선**박(항구에 **매어둔 선박**) 보기 ①

▮운항 중인 선박▮

(4) 선박건조구조물
(5) **산**림 보기 ②
(6) **인**공구조물 보기 ④
(7) **물**건

기억법 건차선 산인물

02 ④

④ 보관하는 → 생산하는

화재예방강화지구의 지정지역
(1) **시장**지역 보기 ①
(2) **공장·창고** 등이 밀집한 지역 보기 ②
(3) **목조건물**이 밀집한 지역
(4) **노후·불량건축물**이 밀집한 지역
(5) **위험물**의 **저장** 및 **처리시설**이 **밀집**한 지역 보기 ③
(6) **석유화학제품**을 **생산**하는 공장이 있는 지역 보기 ④
(7) **소방시설·소방용수시설** 또는 **소방출동로**가 **없는** 지역
(8) 산업입지 및 개발에 관한 법률에 따른 **산업단지**
(9) 물류시설의 개발 및 운영에 대한 법률에 따른 물류단지
(10) **소방청장, 소방본부장** 또는 **소방서장**이 화재예방강화지구로 지정할 필요가 있다고 인정하는 지역

> 비교 화재로 오인할 만한 불을 피우거나 연막소독시 신고지역 교재 1권 25
> 1. **시장**지역
> 2. **공장·창고**가 밀집한 지역
> 3. **목조건물**이 밀집한 지역
> 4. **위험물**의 **저장** 및 **처리시설**이 **밀집**한 지역
> 5. **석유화학제품**을 생산하는 공장이 있는 지역
> 6. 그 밖에 **시·도**의 **조례**로 정하는 지역 또는 장소

03 ③

③ 7일 → 4일

건축허가 등의 동의기간 등

구 분	내 용
동의요구 서류보완	**4일** 이내 보기 ③
건축허가 등의 취소통보	**7일** 이내 보기 ④
건축허가 및 사용승인 동의회신 통보	**5일**(특급 소방안전관리대상물은 **10일**) 이내 보기 ②
동의시기	건축허가 등을 **하기 전**
동의요구자	건축허가 등의 권한이 있는 행정기관 보기 ①

04 ③

객석유도등 산정식
객석유도등 설치개수
$$= \frac{\text{객석통로의 직선부분의 길이(m)}}{4} - 1\text{(소수점 올림)}$$
$$\therefore \frac{24}{4} - 1 = 5 \text{개}$$

기억법 **객4**

05 ④

해설
④ 1000L → 2000L

위험물의 지정수량

위험물	지정수량
황	100kg 보기 ②
휘발유	200L 보기 ①
	기억법 **휘2**
질산	300kg
알코올류	400L 보기 ③
등유·경유	1000L
중유	2000L 보기 ④
	기억법 **중2**(간부 중위)

06 ②

해설
② 1.0m → 1.2m

무창층
지상층 중 다음에 해당하는 개구부면적의 합계가 그 층의 바닥면적의 $\frac{1}{30}$ 이하가 되는 층
(1) 크기는 지름 **50cm** 이상의 원이 통과할 수 있을 것 보기 ①
(2) 해당층의 바닥면으로부터 개구부 밑부분까지의 높이가 **1.2m** 이내일 것 보기 ②
(3) **도로** 또는 **차량**이 진입할 수 있는 **빈터**를 향할 것 보기 ③
(4) 화재시 건축물로부터 쉽게 **피난**할 수 있도록 개구부에 **창살**이나 그 밖의 장애물이 설치되지 않을 것
(5) 내부 또는 외부에서 **쉽게 부수거나 열** 수 있을 것 보기 ④

07 ④

해설
① 30만원 → 50만원
② 50만원 → 100만원
③ 100만원 → 200만원

소방시설 등의 점검결과를 보고하지 아니하거나 거짓으로 한 관계인의 과태료 부과기준

지연보고기간			
10일 미만	10일~1개월 미만	1개월 이상, 미보고	점검결과 축소·삭제 등 거짓신고
50만원 과태료 보기 ①	100만원 과태료 보기 ②	200만원 과태료 보기 ③	300만원 과태료 보기 ④

08 ④

해설

> ④ 해당 없음

소방활동구역 출입자
(1) 소방활동구역 **안**에 있는 소방대상물의 **소유자·관리자** 또는 **점유자**
(2) **전기·가스·수도·통신·교통**의 업무에 종사하는 자로서 원활한 **소방활동**을 위하여 필요한 자
(3) **의사·간호사**, 그 밖의 구조·구급업무에 종사하는 자 보기 ①
(4) **취재인력** 등 보도업무에 종사하는 자 보기 ②
(5) **수사업무**에 종사하는 자 보기 ③
(6) **소방대장**이 소방활동을 위하여 **출입**을 **허가**한 자

09 ④

해설

> ④ 행정안전부장관 → 소방청장

(1) **한국소방안전원의 설립목적**
  ① 소방기술과 안전관리기술의 향상 및 홍보 보기 ①
  ② 교육·훈련 등 행정기관이 위탁하는 업무의 수행 보기 ②
  ③ 소방 관계종사자의 기술 향상

(2) **한국소방안전원의 업무**
  ① 소방기술과 안전관리에 관한 **교육** 및 **조사·연구**
  ② 소방기술과 안전관리에 관한 각종 **간행물 발간**
  ③ 화재예방과 안전관리 의식 고취를 위한 **대국민 홍보**
  ④ 소방업무에 관하여 **행정기관**이 **위탁**하는 업무
  ⑤ 소방안전에 관한 국제협력
  ⑥ **회원**에 대한 **기술지원** 등 정관으로 정하는 사항

(3) **한국소방안전원의 회원자격** 보기 ③
  ① **소**방안전관리자
  ② **소**방기술자
  ③ **위**험물안전관리자

기억법 소위(소위 계급)

10 ①

해설

> ① 5년 이하의 징역 또는 5000만원 이하의 벌금 교재1권 32
> ② 300만원 이하의 벌금 교재1권 51
> ③ 300만원 이하의 벌금 교재1권 51
> ④ 100만원 이하의 벌금 교재1권 32

(1) **5년 이하의 징역** 또는 **5000만원 이하의 벌금**
  ① 위력을 사용하여 출동한 소방대의 화재진압·인명구조 또는 구급활동을 **방해**하는 행위
  ② 소방대가 화재진압·인명구조 또는 구급활동을 위하여 현장에 출동하거나 현장에 출입하는 것을 고의로 **방해**하는 행위
  ③ 출동한 소방대원에게 폭행 또는 협박을 행사하여 화재진압·인명구조 또는 구급활동을 **방해**하는 행위
  ④ 출동한 소방대의 소방장비를 파손하거나 그 효용을 해하여 화재진압·인명구조 또는 구급활동을 **방해**하는 행위
  ⑤ 소방자동차의 **출동**을 **방해**한 사람
  ⑥ 사람을 **구출**하는 일 또는 불을 끄거나 불이 번지지 아니하도록 하는 일을 **방해**한 사람 문제 11
  ⑦ 정당한 사유 없이 소방용수시설 또는 비상소화장치를 사용하거나 소방용수시설 또는 비상소화장치의 효용을 해하거나 그 정당한 사용을 **방해**한 사람 보기 ① 문제 11
  ⑧ 소방시설의 폐쇄·**차**단

기억법 5방5000, 5차(오차범위)

(2) **3년 이하의 징역 또는 3000만원 이하의 벌금**
① 소방대상물 및 **토지**를 일시적으로 사용하거나 그 사용의 제한 또는 소방활동에 필요한 처분 방해
② 정당한 사유 없이 **화재안전조사** 결과에 따른 **조치명령**을 위반한 자
③ **화재예방안전진단** 결과에 따른 보수·보강 등의 조치명령을 정당한 사유 없이 위반한 자
④ 소방시설이 **화재안전기준**에 따라 설치·관리되고 있지 아니할 때 관계인에게 필요한 조치명령을 정당한 사유 없이 위반한 자
⑤ **피난시설, 방화구획** 및 **방화시설**의 관리를 위하여 필요한 조치명령을 정당한 사유 없이 위반한 자
⑥ 소방시설 **자체점검** 결과에 따른 **이행계획**을 완료하지 않아 필요한 조치의 이행명령을 하였으나 명령을 정당한 사유 없이 위반한 자

(3) **1년 이하의 징역 또는 1000만원 이하의 벌금**
① 소방시설의 **자체점검** 미실시자
② 소방안전관리자 자격증 대여
③ **화재예방안전진단**을 받지 아니한 자

(4) **300만원 이하의 벌금**
① **화재안전조사**를 정당한 사유 없이 **거부·방해·기피**한 자 보기 ③
② 화재예방조치 조치명령을 정당한 사유 없이 따르지 아니하거나 방해한 자
③ **소방안전관리자, 총괄소방안전관리자, 소방안전관리보조자**를 **선임**하지 아니한 자
④ **소방시설·피난시설·방화시설** 및 **방화구획** 등이 법령에 위반된 것을 발견하였음에도 필요한 조치를 할 것을 요구하지 아니한 소방안전관리자
⑤ **소방안전관리자**에게 **불이익**한 처우를 한 관계인 보기 ② 문제 11
⑥ 자체점검결과와 소화펌프 고장 등 중대위반사항이 발견된 경우 필요한 조치를 하지 않은 관계인 또는 관계인에게 중대위반사항을 알리지 아니한 관리업자 등

(5) **100만원 이하의 벌금**
① 정당한 사유 없이 소방대가 현장에 도착할 때까지 사람을 **구**출하는 조치 또는 불을 끄거나 불이 번지지 않도록 하는 조치를 하지 아니한 소방대상물 관계인
② **피**난명령을 위반한 사람 보기 ④
③ 정당한 사유 없이 **물**의 사용이나 **수도**의 **개폐장치**의 사용 또는 **조**작을 하지 못하게 하거나 방해한 자
④ 정당한 사유 없이 **소방대**의 **생활안전활동**을 방해한 자
⑤ 긴급조치를 정당한 사유 없이 방해한 자

> 기억법 구피조1

11 ④

> ①·②·③ 5년 이하의 징역 또는 5천만원 이하의 벌금
> ④ 300만원 이하의 벌금

문제 10 참조

12 ②

> ② 연면적 40000m²로서 연면적 15000m² 이상이므로 1급 소방안전관리대상물

소방안전관리자를 선임하는 특정소방대상물

소방안전관리 대상물	특정소방대상물
특급 소방안전 관리대상물 (동식물원, 철강 등 불연성 물품 저장·취급창고, 지하구, 위험물 제조소 등 제외)	● 50층 이상(지하층 제외) 또는 지상 200m 이상 아파트 ● 30층 이상(지하층 포함) 또는 지상 120m 이상(아파트 제외) ● 연면적 10만m² 이상(아파트 제외)

1급 소방안전관리 대상물 (동식물원, 철강 등 불연성 물품 저장·취급창고, 지하구, 위험물 제조소 등 제외)	• 30층 이상(지하층 제외) 또는 지상 120m 이상 아파트 • 연면적 15000m² 이상인 것(아파트 및 연립주택 제외) 보기 ② • 11층 이상(아파트 제외) • 가연성 가스를 1000톤 이상 저장·취급하는 시설
2급 소방안전관리 대상물	• 지하구 • 가스제조설비를 갖추고 도시가스사업 허가를 받아야 하는 시설 또는 가연성 가스를 100톤 이상 1000톤 미만 저장·취급하는 시설 • 옥내소화전설비·**스프링클러설비** 설치대상물 • **물분무등소화설비**(호스릴 방식만을 설치한 경우 제외) 설치대상물 • 공동주택 • 목조건축물(국보·보물)
3급 소방안전관리 대상물	• **자동화재탐지설비** 설치대상물 • **간이스프링클러설비** 설치대상물

13 ②

 최소 선임기준

소방안전관리자	소방안전관리보조자
• 특정소방대상 물마다 1명	• **300세대 이상 아파트** : 1명 (단, 300세대 초과마다 1명 이상 **추가**) • 연면적 15000m² 이상 : 1명 (단, 15000m² 초과마다 1명 이상 **추가**) • **공동주택**(기숙사), **의료시설, 노유자시설, 수련시설 및 숙박시설**(바닥면적 합계 **1500m²** 미만이고, 관계인이 24시간 상시 근무하고 있는 숙박시설 제외) : 1명

소방안전관리보조자 = $\dfrac{40000\text{m}^2}{15000\text{m}^2}$ = 2.67

(소수점 버림) ≒ 2명

14 ①

① 선임일은 5월 15일 이내이면 되므로 4월 30일은 가능하고, 선임신고일은 5월 14일 이내이면 되므로 5월 14일은 가능하여 정답
② 선임일은 5월 15일 이내이면 되므로 5월 10일은 가능하고, 선임신고일은 5월 24일 이내이어야 하므로 5월 25일은 불가능이라서 정답 아님
③ 선임일은 5월 15일 이내이면 되므로 5월 15일은 가능하고, 선임신고일은 2021년 5월 29일 이내이어야 하므로 5월 30일은 불가능이라서 정답 아님
④ 선임일은 5월 15일 이내이어야 하므로 5월 20일은 불가능이라서 정답 아님

(1) 해임한 날이 2021년 4월 15일이고 해임한 날(다음 날)부터 30일 이내에 소방안전관리자를 선임하여야 한다. 선임신고일은 선임한 날(다음 날)부터 14일 이내에 해야 한다.

● '해임한 날부터', '선임한 날부터'라는 말은 '해임한 날 다음 날부터', '선임한 날 다음 날부터' 세는 것을 의미한다.

(2) **소방안전관리자의 선임신고**

선 임	선임신고	신고대상
30일 이내	14일 이내	관할소방서장

15 ③

③ 소방기본법 시행령 → 소방기본법

피난시설, 방화구획 및 방화시설에 대한 금지 행위
(1) 피난시설, 방화구획 및 방화시설을 **폐쇄**(잠금 포함)하거나 **훼손**하는 등의 행위

(2) 피난시설, 방화구획 및 방화시설의 주위에 **물건**을 **쌓아두거나 장애물**을 설치하는 행위
(3) 피난시설, 방화구획 및 방화시설의 용도에 장애를 주거나 「소방기본법」에 따른 **소방활동**에 지장을 주는 행위
(4) 그 밖에 피난시설, 방화구획 및 방화시설을 변경하는 행위

16 ①

해설 **방염기준**

(1) 방염성능기준 이상의 실내장식물 등을 설치하여야 할 장소
 ① 조산원, 산후조리원, 공연장, 종교집회장
 ② **11층** 이상의 층(**아파트** 제외)
 ③ **체**력단련장
 ④ 문화 및 집회시설(옥내에 있는 시설)
 ⑤ 운동시설(**수영장** 제외) 보기 ①
 ⑥ **숙**박시설 · **노**유자시설
 ⑦ 의료시설(요양병원 등), 의원, 치과의원, 한의원
 ⑧ 수련시설(**숙**박시설이 있는 것)
 ⑨ **방**송국 · 촬영소
 ⑩ 종교시설
 ⑪ 합숙소
 ⑫ 다중이용업소(단란주점영업, 유흥주점영업, 노래연습장의 영업장 등)

   기억법 방숙체노

(2) 방염대상물품 : **제조** 또는 **가공공정**에서 방염처리를 한 물품
 ① 창문에 설치하는 **커튼류**(블라인드 포함)
 ② 카펫
 ③ 두께 **2mm** 미만인 **벽지류**(종이벽지 제외)
 ④ **전시용** 합판 · 섬유판
 ⑤ **무대용** 합판 · 섬유판
 ⑥ **암막** · **무대막**(영화상영관 · **가상체험 체육시설업**의 **스크린** 포함) 보기 ①

⑦ 섬유류 또는 합성수지류 등을 원료로 하여 제작된 **소파 · 의자**(단란주점 · 유흥주점 · 노래연습장에 한함)

17 ①

해설 **소방안전관리자의 실무교육**

실시기관	실무교육주기
한국소방안전원	선임한 날부터 **6개월 이내**, 그 이후 **2년**마다 **1회**

2021년 3월 15일 선임되었으므로, 선임한 날(다음 날)부터 6개월 이내인 2021년 9월 15일이 된다.

● '선임한 날부터'라는 말은 '선임한 날 다음 날'부터 세는 것을 의미한다.

비교 실무교육

소방안전 관련업무 종사경력보조자	소방안전관리자 및 소방안전관리보조자
선임된 날로부터 **3개월** 이내, 그 이후 **2년**마다 **1회** 실무교육을 받아야 한다.	선임된 날로부터 **6개월** 이내, 그 이후 **2년**마다 **1회** 실무교육을 받아야 한다.

18 ①

해설 건축 용어

용어	설명
신축	건축물이 없는 대지(기존 건축물이 철거 또는 멸실된 대지를 포함)에 **새로이** 건축물을 축조하는 것(부속 건축물만 있는 대지에 새로이 주된 건축물을 축조하는 것을 포함하되, 개축 또는 재축에 해당하는 경우를 제외).
증축	① 기존 건축물이 있는 대지 안에서 건축물의 건축면적 · 연면적 · 층수 또는 높이를 증가시키는 것 ② 기존 건축물이 있는 대지에 건축하는 것은 기존 건축물에 붙여서 건축하거나 별동으로 건축하거나 관계없이 증축에 해당

개축 보기 ㉠	기존 건축물의 **전부** 또는 **일부**(내력벽·기둥·보·지붕틀 중 3개 이상이 포함되는 경우를 말함)를 **해체**하고 그 대지에 종전과 동일한 규모의 범위 안에서 건축물을 **다시 축조**하는 것
재축 보기 ㉡	건축물이 **천재지변**, 그 밖의 재해로 멸실된 경우에 그 대지 안에 종전과 동일한 규모의 범위 안에서 **다시 축조**하는 것
이전	건축물의 주요구조부를 해체하지 않고 동일한 대지 안의 다른 위치로 **옮기는 것**을 말한다.

19 ②

해설

  ② 300m² → 200m²

방화구획의 기준

대상 건축물	대상 규모	층 및 구획방법	구획부분의 구조
주요 구조부가 내화구조 또는 불연재료로 된 건축물	연면적 1000m² 넘는 것	10층 이하: 바닥면적 1000m² 이내마다(스프링클러×3배 = 3000m²) 보기 ①	• 내화구조로 된 바닥·벽 • 방화문 • 자동방화셔터
		매 층마다: 지하 1층에서 지상으로 직접 연결하는 경사로 부위는 제외	
		11층 이상: 바닥면적 200m² (스프링클러×3배=600m²) 이내마다(내장재가 불연재인 경우 500m² 이내마다)(스프링클러×3배 = 1500m²) 보기 ①	

- **스프링클러설비**, 기타 이와 유사한 **자동식 소화설비**를 설치한 경우 바닥면적은 위의 면적의 3배로 산정 보기 ④
- 아파트로서 4층 이상에 대피공간 설치시 다른 부분과 방화구획

20 ②

해설

 내열채움성능 → 내화채움성능

방화구획의 구조

(1) **60분＋방화문** 또는 **60분 방화문**은 언제나 **닫힌상태**를 **유지**하거나 화재로 인한 연기 또는 불꽃을 감지하여 자동적으로 닫히는 구조로 할 것 보기 ①

(2) 외벽과 바닥 사이에 틈이 생긴 때나 **급수관·배전관** 그 밖의 관이 방화구획으로 되어 있는 부분을 관통하는 경우 그로 인하여 방화구획에 틈이 생긴 때에 그 틈을 내화시간 이상 견딜 수 있는 **내화채움성능**이 인정된 구조로 메울 것 보기 ②

(3) **연기** 또는 **불꽃**을 감지하여 자동으로 닫히는 구조로 할 수 없는 경우에는 온도를 감지하여 자동적으로 닫히는 구조로 할 수 있다. 보기 ③

(4) 환기·난방 또는 냉방시설의 풍도가 방화구획을 관통하는 경우에는 그 관통부분 또는 이에 근접한 부분에 적합한 **댐퍼**를 설치할 것 보기 ④

21 ②

해설 가연성 물질의 구비조건

(1) 산소와의 친화력이 크다. 보기 ①
(2) 활성화에너지가 작다.
(3) 열전도율이 작다. 보기 ②
(4) 연소열이 크다. 보기 ③
(5) 비표면적이 크다.
(6) 건조도가 높다. 보기 ④

22 ②

 가연성 증기의 연소범위

가 스	하한계 〔vol%〕	상한계 〔vol%〕
아세틸렌 보기 ③	2.5	81
수 소 보기 ①	4.1	75
메틸알코올 보기 ②	6	36
아세톤 보기 ④	2.5	12.8
암모니아	15	28
휘발유	1.2	7.6
등 유	0.7	5
중 유	1	5

기억법
아 2581
수 475
메 636
아 25128
암 1528
휘 1276
등 075
중 15

23 ④

 ④ 자기연소 → 증발연소

연소형태의 종류

구 분	종 류
표면연소 보기 ③	• 숯 • 코크스 • 목재의 말기연소 • 금속(마그네슘 등) 기억법 표숯코목금마
분해연소 보기 ①	• 석탄 • 종이 • 목재 기억법 분종목재
증발연소	• 황 보기 ④ • 고체파라핀(양초) 보기 ② • 열가소성 수지(열에 의해 녹는 플라스틱)

| 자기연소 | • 자기반응성 물질(제5류 위험물)
• 폭발성 물질 |

 연소형태의 정의

구 분	설 명
표면연소	화염 없이 연소하는 형태
분해연소	가연성 고체가 열분해하면서 가연성 증기가 발생하여 연소하는 현상
증발연소	고체가 열에 의해 융해되면서 액체가 되고 이 액체의 증발에 의해 가연성 증기가 발생하는 경우의 연소
자기연소	분자 내에 산소를 함유하고 있어서 열분해에 의해 가연성 증기와 산소를 동시에 발생시키는 물질의 연소

24 ④

④ 분말보다는 괴상으로 → 괴상보다는 분말상으로

화재의 종류

종 류	적응물질	소화약제
일반화재 (A급)	• 보통가연물(폴리에틸렌 등) • 종이 • 목재, 면화류, 석탄 보기 ① • 재를 남김	① 물 ② 수용액
유류화재 (B급)	• 유류 • 알코올 • 재를 남기지 않음	① 포(폼) 보기 ②
전기화재 (C급)	• 변압기 • 배전반	① 이산화탄소 ② 분말소화약제 ③ 주수소화 금지 보기 ③

금속화재 (D급)	• 가연성 금속류(나트륨 등) • **마그네슘**(분말상 존재시 가연성 증가) 보기 ④	① 금속화재용 분말소화약제 ② 마른 모래(건조사)
주방화재 (K급)	• 식용유 • 동·식물성 유지	① 강화액

25 ①

 많다. → 적다.

목조건축물화재 vs 내화조건축물화재

구 분	목조건축물 화재	내화조건축물 화재
화재 지속 시간	30분	2~3시간
온 도	1100~ 1350℃ 보기 ②	800~1050℃
발연량	적다.	많다. 보기 ①
특징	―	• 연소해서 붕괴되지 않기 때문에 **공기**의 **유통**조건이 거의 **일정**한 상태 유지 보기 ③ • 실내의 **가연물량**, 창 등의 **개구부 크기** 및 열적 성질에 의해 최성기 최고온도가 정해짐 보기 ④

26 ④

 ④ 소방서장의 → 이해관계자의 검토를 거쳐

소방계획의 수립절차

수립절차	내 용
사전기획 보기 ①	소방계획 수립을 위한 **임시조직**을 구성하거나 위원회 등을 개최하여 법적 요구사항은 물론 **이해관계자**의 의견을 수렴하고 세부 작성계획 수립
위험환경분석 보기 ②	대상물 내 물리적 및 인적 위험요인 등에 대한 **위험요인**을 식별하고, 이에 대한 분석 및 평가를 정성적·정량적으로 실시한 후 이에 대한 대책 수립
설계 및 개발 보기 ③	대상물의 **환경** 등을 바탕으로 소방계획 수립의 목표와 전략을 수립하고 세부 실행계획 수립
시행 및 유지·관리 보기 ④	**구체적인** 소방계획을 수립하고 **이해관계자**의 **검토**를 거쳐 최종 승인을 받은 후 소방계획을 이행하고 지속적인 개선 실시

27 ③

 ⓒ 댐퍼수동 확인램프 : 수동조작함에서 기동스위치를 눌렀을 때 점등

〈그림 1〉은 감지기가 작동되어 동작확인 등이 점등된 것으로 감지기가 작동되면 감시제어반에는 ㉠ 감지기램프, ㉢ 댐퍼확인램프, ㉣ 송풍기확인램프가 점등된다.

감지기 작동시 점등되는 것	급기댐퍼 수동기동장치 작동시 점등되는 것
① 감지기램프 ② 댐퍼확인램프 ③ 송풍기확인램프	① 댐퍼수동기동램프 ② 댐퍼확인램프 ③ 송풍기확인램프

28 ②

② 불가능하다. → 가능하다.
감지기 시험장비를 사용하여 **감지기 작동시험**을 하는 사진으로 **감지기 작동확인**은 **수신기**에서 반드시 **가능**해야 한다.

29 ②

② 30단위 → 20단위

소화기

(1) 소화능력 단위기준 및 보행거리

소화기 분류		능력단위	보행거리
소형소화기		**1단위** 이상	20m 이내
대형소화기 보기 ②③	A급	**10단위** 이상	30m 이내
	B급	**20단위** 이상	
	C급	적응성이 있는 것	–

> **기억법** 보3대, 대2B(데이빗!)

(2) 분말소화기

주성분	적응화재	소화효과 보기 ④
탄산수소나트륨 (NaHCO₃)	BC급	• 질식효과 • 부촉매(억제)효과
탄산수소칼륨 (KHCO₃)	BC급	
제1인산암모늄 (NH₄H₂PO₄) 보기 ①	ABC급	
탄산수소칼륨(KHCO₃) +요소((NH₂)₂CO)	BC급	

(3) 이산화탄소소화기

주성분	적응화재
이산화탄소 (순도 99.5% 이상)	BC급

30 ③

① 감시제어반 선택스위치가 **자동**에 있으므로 옥내소화전 사용시(옥내소화전 앵글밸브를 열면) **주펌프**는 당연히 **기동**한다.

② 동력제어반 **충압펌프 선택스위치**가 **수동**으로 되어 있으므로 옥내소화전 사용시(옥내소화전 앵글밸브를 열면) **기동**하지 **않는다.** 옥내소화전 사용시 동력제어반 충압펌프 선택스위치가 자동으로 되어 있을 때만 옥내소화전 사용시 충압펌프가 기동한다.

동력제어반 · 충압펌프 선택스위치	
수 동	자 동
옥내소화전 사용시 충압펌프 미기동	옥내소화전 사용시 충압펌프 기동

③ 기동 중 → 정지상태
단서에 따라 동력제어반 주펌프 · 충압펌프 정지표시등만 점등되어 있으므로 현재 **충압펌프**는 **정지**상태이다.

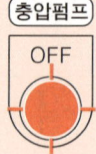

④ 단서에 따라 동력제어반 주펌프 · 충압펌프 정지표시등만 점등되어 있으므로 현재 **주펌프**는 **정지**상태이다.

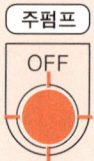

31 ③

① 알람밸브는 습식에 사용되므로 해당 없음

ⓒ 가스방출스위치는 이산화탄소소화설비, 할론소화설비에 작동되므로 해당 없음

ⓓ, ⓔ **감지기** A, B에 의해 **자동**으로 준비작동식을 작동시키는 것이므로 수동조작함을 누르는 **수동**작동방식과는 **무관함**

준비작동식 수동조작함 스위치를 누른 경우
(1) 펌프 작동
(2) 감시제어반 밸브개방표시등 점등
(3) 음향장치(사이렌) 작동
(4) 화재표시등 점등

32 ④

해설 가스계 소화설비의 점검 전 안전조치
(1) 안전핀 체결
(2) 솔레노이드 분리
(3) 안전핀 제거

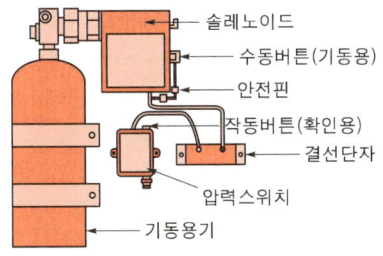

33 ①

해설
① 24V → 4~8V

회로도통시험 적부판정

구 분	전압계가 있는 경우	도통시험확인등이 있는 경우
정 상	4~8V 보기 ①	정상확인등 점등(녹색) 보기 ③
단 선	0V 보기 ②	단선확인등 점등(적색) 보기 ④

용어 경계구역
수신기에서 감지기 사이 회로의 **단선 유무**와 기기 등의 접속상황을 확인하기 위한 시험

34 ①

해설
① 느리고 → 빠르고

출혈의 증상
(1) 호흡과 맥박이 **빠르고 약하고 불규칙**하다. 보기 ①
(2) 반사작용이 둔해진다.
(3) 체온이 떨어지고 **호흡곤란**도 나타난다. 보기 ②
(4) 혈압이 점차 저하되며, 피부가 **창백**해진다.
(5) **구토**가 발생한다. 보기 ④
(6) **탈수현상**이 나타나며 갈증을 호소한다. 보기 ③

35 ③

해설
① 없다. → 있다.
　그림 A는 호스파손, 그림 B는 호스탈락이므로 외관상 문제가 있다.
② 불량이다. → 양호하다.
　안전핀은 손잡이에 잘 끼워져 있는 것으로 보이므로 안전핀 체결상태는 양호하다.
④ 부족하다. → 높다.

(1) 소화기 호스·혼·노즐

▮호스 파손

▮호스 탈락

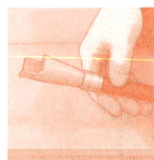
▮노즐 파손

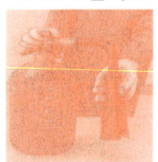
▮혼 파손

(2) 지시압력계
　① 노란색(황색) : 압력부족
　② 녹색 : 정상압력
　③ 적색 : 정상압력 초과

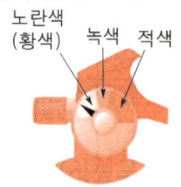
▮소화기 지시압력계

▮지시압력계의 색표시에 따른 상태▮

노란색(황색)	녹 색	적 색
압력이 부족한 상태	정상압력 상태	정상압력보다 높은 상태

• 용기 내 압력을 확인할 수 있도록 지시 압력계가 부착되어 사용 가능한 범위가 녹색(0.7~0.98MPa)로 으로 되어 있음

36 ②

 점등램프

선택스위치 : 수동, 주펌프 : 기동	선택스위치 : 수동, 충압펌프 : 기동
① POWER램프 ② 주펌프기동램프 ③ 주펌프 펌프기동 램프	① POWER램프 ② 충압펌프기동램프 ③ 충압펌프 펌프기 동램프

37 ①

① 감지기는 자동으로 화재를 감지하는 기기이므로 수동으로 수동조작함을 작동시키는 방식과는 무관함

준비작동식 스프링클러설비

수동기동	자동기동
수동조작함 조작	감지기 A, B 작동

수동조작함 작동시 확인해야 할 사항
(1) 펌프 작동 　보기 ④
(2) 감시제어반 밸브개방표시등 점등 　보기 ②
(3) 음향장치(사이렌) 작동 　보기 ③
(4) 화재표시등 점등

38 ④

④ 예비전원 시험버튼은 있지만 **예비전원 고장**이란 글씨는 없으므로 틀린 답

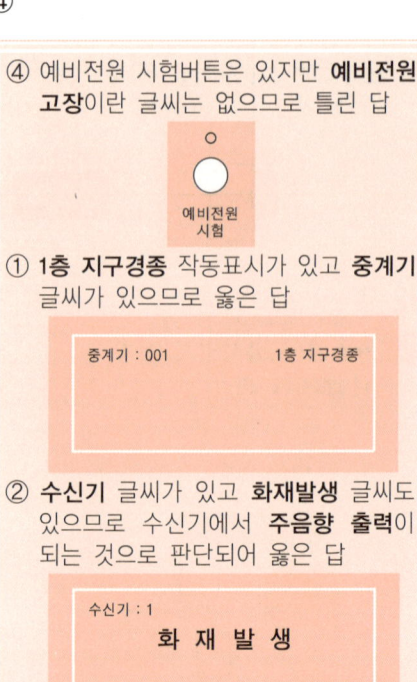

① **1층 지구경종** 작동표시가 있고 **중계기** 글씨가 있으므로 옳은 답

② **수신기** 글씨가 있고 **화재발생** 글씨도 있으므로 수신기에서 **주음향 출력**이 되는 것으로 판단되어 옳은 답

③ **시험기 1F 자탐 감지기** 글씨가 있고, **화재발생** 글씨도 있으므로 옳은 답

39 ④

④ 기동용기와 솔레노이드밸브를 분리 했으므로 방출표시등은 점등되지 않는다.

감지기를 작동시킨 경우 확인사항
(1) 제어반 화재표시
(2) 솔레노이드밸브 파괴침 작동
(3) 사이렌 또는 경종 작동

40 ③

③ 왼쪽 → 오른쪽, 오른쪽 → 왼쪽

자동심장충격기(AED) 사용방법
(1) 자동심장충격기를 심폐소생술에 방해가 되지 않는 위치에 놓은 뒤 **전원버튼**을 누른다. 보기 ①
(2) 패드는 **왼쪽 젖꼭지 아래의 중간겨드랑선**에 설치하고 **오른쪽 빗장뼈**(쇄골) 바로 **아래**에 붙인다. 보기 ③

패드의 부착위치	
패드 1	패드 2
오른쪽 빗장뼈(쇄골) 바로 아래	왼쪽 젖꼭지 아래의 중간겨드랑선

(3) 심장충격이 필요한 환자인 경우에만 **제세동버튼**이 **깜박**이기 시작하며, 깜박일 때 심장충격버튼을 눌러 심장충격을 시행한다. 보기 ④
(4) 심장충격이 필요 없거나 심장충격을 실시한 이후에는 즉시 **심폐소생술**을 다시 시작한다.
(5) **2분**마다 심장리듬을 분석한 후 반복 시행한다.
(6) 환자의 상체를 노출시킨 다음 패드 포장을 열고 **2개**의 **패드**를 환자의 가슴 피부에 붙인다. 보기 ②

41 ②

① 기록하지 않는다. → 기록해야 한다.
② 노즐이 파손되었으므로 즉시 교체한 것은 옳다.

▮노즐 파손▮

③ 초과되어 → 초과되지 않아서, 교체 하였다. → 교체하지 않아도 된다.
제조연월이 2017.11이고 내용연수는 10년이므로 2027.11까지가 유효기간으로 내용연수가 초과되지 않았다.

제조연월	2017.11

④ 파손되어 소화기를 즉시 교체하였다. → 파손되지 않았다.

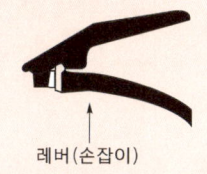

레버(손잡이)

중요 내용연수 교재2권 15

소화기의 내용연수를 **10년**으로 하고 내용연수가 지난 제품은 교체 또는 성능 확인을 받을 것

내용연수 경과 후 10년 미만	내용연수 경과 후 10년 이상
3년	1년

42 ②

㉠ '정지' 위치 → '연동' 위치
㉡ '기동' 위치 → '정지' 위치

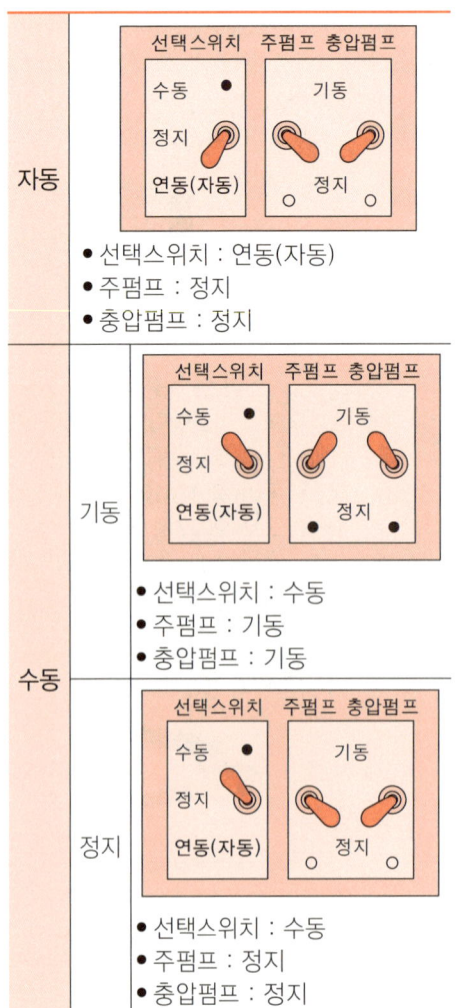

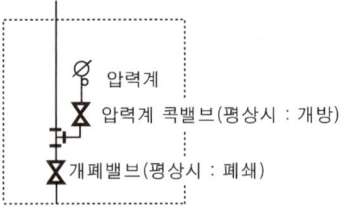

┃시험밸브함┃

44 ②

해설

① 기계실 → 전기실

② · ④ 전기실방출램프가 소등되어 있으므로 전기실에 소화약제가 방출되지 않았다. 그러므로 출입문의 약제 방출표시등도 점등되지 않는다.

③ 사이렌과 지구경종의 정지스위치가 눌려 있으므로 주경종과 비상방송은 정상작동 되지만 사이렌과 지구경종은 정상작동하지 않는다.

43 ④

해설

④ 방출표시등은 이산화탄소소화설비, 할론소화설비에 해당하는 것으로서 스프링클러설비와는 관련 없음

시험밸브 개방시 작동 또는 점등되어야 할 것
(1) 펌프 작동
(2) 감시제어반 밸브개방표시등(습식 : 알람밸브표시등) 점등
(3) 음향장치(사이렌) 작동
(4) 화재표시등 점등

45 ③

해설

㉠ 전원을 켤 때 → 심장충격 시행시
㉡ 패드 1개만 부착하여도 된다. → 이물질로 오염시 제거하여 패드 2개를 반드시 부착하여야 한다.

46 ③

해설

① 2층 지구표시등이 점등되었으므로 2층에서 화재가 발생한 것이 맞음

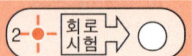

② **화재표시등**이 점등되었고 주경종·지구경종이 눌러져 있지 않으므로 경종이 울리는 것이 맞음

③·④ 발신기램프가 점등되어 있지 않으므로 화재신호기기는 발신기가 아니다. 그러므로 화재신호기기는 감지기로 추정할 수 있다.

스프링클러설비의 기동점, 정지점

기동점 (기동압력)	정지점 (양정, 정지압력)
기동점 =RANGE−DIFF =자연낙차압+0.15MPa	정지점=RANGE

정지점(양정)=RANGE=70m=0.7MPa
기동점=자연낙차압+0.15MPa
　　　=0.3MPa+0.15MPa=0.45MPa
　　　=RANGE−DIFF
DIFF=RANGE−기동점
　　　=0.7MPa−0.45MPa
　　　=0.25MPa

중요

(1) 압력스위치

DIFF(Difference)	RANGE
펌프의 작동정지점에서 기동점과의 압력차이	펌프의 작동정지점

(2) 충압펌프 기동점
　충압펌프 기동점=주펌프 기동점
　　　　　　　　＋0.05MPa

47 ④

해설 옥내소화전 방수압력측정

(1) 측정장치 : 방수압력측정계(피토게이지)

(2)

방수량	방수압력
130L/min	0.17~0.7MPa 이하

(3) 방수압력 측정방법 : 방수구에 호스를 결속한 상태로 노즐의 선단에 방수압력측정계(피토게이지)를 근접 $\left(\dfrac{D}{2}\right)$ 시켜서 측정하고 방수압력측정계의 압력계상의 눈금을 확인한다. 보기 ㉣

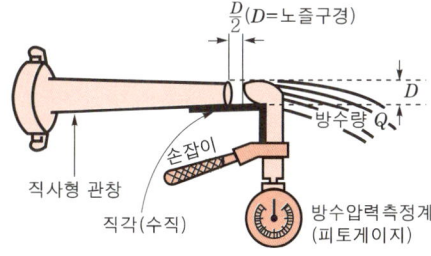

┃방수압력 측정┃

49 ④

해설 자동심장충격기(AED) 사용방법

(1) 자동심장충격기를 심폐소생술에 방해가 되지 않는 위치에 놓은 뒤 전원버튼을 누른다.
(2) 환자의 상체를 노출시킨 다음 패드 포장을 열고 2개의 패드를 환자의 가슴에 붙인다.
(3) 패드는 **왼쪽 젖꼭지 아래의 중간겨드랑선**에 설치하고 **오른쪽 빗장뼈**(쇄골) 바로 **아래**에 붙인다.

┃패드의 부착위치┃

패드 1	패드 2
오른쪽 빗장뼈(쇄골) 바로 아래	왼쪽 젖꼭지 아래의 중간겨드랑선

48

해설
①·③ 정지점=RANGE=0.6MPa
②·④ 기동점=RANGE−DIFF
　　　　　　=0.6MPa−0.1MPa
　　　　　　=0.5MPa

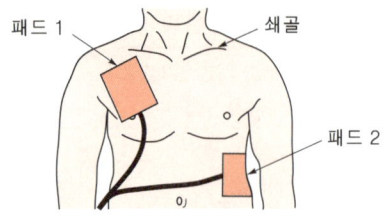

┃패드 위치┃

(4) 심장충격이 필요한 환자인 경우에만 제세동버튼이 깜빡이기 시작하며, 깜박일 때 심장충격버튼을 눌러 심장충격을 시행한다.
(5) 심장충격버튼을 누르기 전에는 반드시
    누른 후에는 ✗
    주변사람 및 구조자가 환자에게서 떨어져 있는지 다시 한 번 확인한 후에 실시하도록 한다.
(6) 심장충격이 필요 없거나 심장충격을 실시한 이후에는 즉시 **심폐소생술**을 다시 시작한다.
(7) **2분**마다 심장리듬을 분석한 후 반복 시행한다.

50 ③

 옥내소화전설비

(양호○, 불량✗, 해당 없음/)

구 분	점검 번호	점검항목	점검 결과
가압 송수 장치	2-C -002	옥내소화전 방수압력 적정여부	○
제어반	2-H -011	펌프 작동 여부 확인 표시등 및 음향경보장치 정상작동 여부 부저	○
	2-H -012	펌프 별 자동·수동 전환 스위치 정상작동 여부 평상시 전환스위치 상태확인	○

> **중요**

부 저	경 종	사이렌
제어반	자동화재 탐지설비	이산화탄소 소화설비

2021년 기출문제

문제는 여기로! → 문제 p.1-79

01	02	03	04	05	06	07	08	09	10
②	③	③	③	①	②	④	③	②	①
11	12	13	14	15	16	17	18	19	20
①	④	②	④	②	④	③	②	①	①
21	22	23	24	25	26	27	28	29	30
①	①	④	②	②	④	②	③	③	④
31	32	33	34	35	36	37	38	39	40
④	④	②	②	①	②	②	②	④	②
41	42	43	44	45	46	47	48	49	50
③	④	③	③	③	②	②	②	①	①

제 1 과목

문제는 여기로! → 문제 p.1-79

01 ②

해설
① 특급 소방안전관리자에 해당하므로 1급 소방안전관리자에도 선임될 수 있음
② 2급 소방안전관리자 선임대상

(1) 특급 소방안전관리대상물의 소방안전관리자 선임조건 교재1권 11

자 격	경 력	비 고
• 소방기술사 • 소방시설관리사	경력 필요 없음	특급 소방안전 관리자 자격증을 받은 사람
• 1급 소방안전관리자(소방설비기사)	5년	
• 1급 소방안전관리자(소방설비산업기사)	7년	
• 소방공무원	20년	
• 소방청장이 실시하는 특급 소방안전관리대상물의 소방안전관리에 관한 시험에 합격한 사람	경력 필요 없음	

(2) 1급 소방안전관리대상물의 소방안전관리자 선임조건 교재1권 12

자 격	경 력	비 고
• 소방설비기사·소방설비산업기사	경력 필요 없음	1급 소방안전 관리자 자격증을 받은 사람
• 소방공무원	7년	
• 소방청장이 실시하는 1급 소방안전관리대상물의 소방안전관리에 관한 시험에 합격한 사람	경력 필요 없음	
• 특급 소방안전관리대상물의 소방안전관리자 자격이 인정되는 사람		

중요 1급 소방안전관리대상물의 특정소방대상물

소방안전관리대상물	특정소방대상물
1급 소방안전관리대상물 (동식물원, 철강 등 불연성 물품 저장·취급창고, 지하구, 위험물제조소 등 제외)	• 30층 이상(지하층 제외) 또는 지상 120m 이상 **아파트** • 연면적 15000m² 이상인 것(아파트 및 연립주택 제외) • 11층 이상(아파트 제외) • 가연성 가스를 1000**톤** 이상 저장·취급하는 시설

02 ③

해설 최소 선임기준

소방안전관리자	소방안전관리보조자
• 특정소방대상물마다 1명	• 300세대 이상 아파트 : 1명(단, 300세대 초과마다 1명 이상 추가) • 연면적 15000m² 이상 : 1명(단, 15000m² 초과마다 1명 이상 추가) 보기 ③

• 특정소방대상물마다 1명	• **공동주택**(기숙사), **의료시설, 노유자시설, 수련시설** 및 **숙박시설**(바닥면적 합계 **1500m²** 미만이고, 관계인이 24시간 상시 근무하고 있는 숙박시설 제외) : 1명

소방안전관리보조자 : $\dfrac{45000\text{m}^2}{15000\text{m}^2} = 3$명

03 ③

③ 바닥면적 → 건축면적

건축관계법령의 용어

용어	설명
건축면적	건축물의 **외벽**의 중심선으로 둘러싸인 부분의 수평투영면적
바닥면적	건축물의 **각 층** 또는 그 일부로서 벽, 기둥, 기타 이와 유사한 구획의 중심선으로 둘러싸인 부분의 수평투영면적 보기 ①
연면적	하나의 건축물의 각 층의 **바닥면적**의 합계 보기 ②
건폐율	대지면적에 대한 **건축면적**의 비율 보기 ③
용적률	대지면적에 대한 **연면적**의 비율 보기 ④

04 ③

③ 해당 없음

화재예방강화지구의 지정
지정권자 : 시 · 도지사

화재예방강화지구 지정지역	화재로 오인할 만한 불을 피우거나 연막소독시 신고지역
• **시장**지역 보기 ① • **공장 · 창고** 등이 밀집한 지역 보기 ② • **목조건물**이 밀집한 지역 보기 ④ • **노후 · 불량건축물**이 밀집한 지역 • **위험물**의 **저장** 및 **처리시설**이 **밀집**한 지역 • **석유화학제품**을 생산하는 공장이 있는 지역 • **소방시설 · 소방용수시설** 또는 **소방출동로**가 **없는** 지역 • 물류시설의 개발 및 운영에 관한 법률에 따른 물류단지 • 산업입지 및 개발에 관한 법률에 따른 **산업단지** • **소방청장, 소방본부장** 또는 **소방서장**이 화재예방강화지구로 지정할 필요가 있다고 인정하는 지역	• **시장**지역 • **공장 · 창고** 밀집한 지역 • **목조건물**이 밀집한 지역 • **위험물**의 **저장** 및 **처리시설**이 밀집한 지역 • **석유화학제품**을 생산하는 공장이 있는 지역 • 그 밖에 **시 · 도**의 **조례**로 정하는 지역 또는 장소

05 ①

① 5년 이하의 징역 또는 5000만원 이하의 벌금
② 100만원 이하의 벌금
③ 3년 이하의 징역 또는 3000만원 이하의 벌금
④ 200만원 이하의 과태료

(1) **5년 이하의 징역 또는 5000만원 이하의 벌금**
   ① 위력을 사용하여 출동한 소방대의 화재진압·인명구조 또는 구급활동을 **방해**하는 행위
   ② 소방대가 화재진압·인명구조 또는 구급활동을 위하여 현장에 출동하거나 현장에 출입하는 것을 고의로 **방해**하는 행위
   ③ 출동한 소방대원에게 폭행 또는 협박을 행사하여 화재진압·인명구조 또는 구급활동을 **방해**하는 행위
   ④ 출동한 소방대의 소방장비를 파손하거나 그 효용을 해하여 화재진압·인명구조 또는 구급활동을 **방해**하는 행위
   ⑤ 소방자동차의 **출동**을 **방해**한 사람
   ⑥ 사람을 **구출**하는 일 또는 불을 **끄**거나 불이 번지지 아니하도록 하는 일을 **방해**한 사람
   ⑦ 정당한 사유 없이 소방용수시설 또는 비상소화장치를 사용하거나 소방용수시설 또는 비상소화장치의 효용을 해하거나 그 정당한 사용을 **방해**한 사람 보기①
   ⑧ 소방시설의 폐쇄·**차**단

   기억법 5방5000, 5차(오차범위)

(2) **3년 이하의 징역 또는 3000만원 이하의 벌금**
   ① 소방대상물 및 **토지**를 일시적으로 사용하거나 그 사용의 제한 또는 소방활동에 필요한 처분 방해 보기③
   ② 정당한 사유 없이 **화재안전조사** 결과에 따른 **조치명령**을 위반한 자
   ③ 화재예방안전진단 결과에 따른 보수·보강 등의 조치명령을 정당한 사유 없이 위반한 자
   ④ 소방시설이 **화재안전기준**에 따라 설치·관리되고 있지 아니할 때 관계인에게 필요한 조치명령을 정당한 사유 없이 위반한 자
   ⑤ 피난시설, 방화구획 및 **방화시설**의 관리를 위하여 필요한 조치명령을 정당한 사유 없이 위반한 자
   ⑥ 소방시설자체점검 결과에 따른 이행계획을 완료하지 않아 필요한 조치의 이행명령을 하였으나 명령을 정당한 사유 없이 위반한 자

(3) **1년 이하의 징역 또는 1000만원 이하의 벌금**
   ① 소방시설의 **자체점검** 미실시자
   ② 소방안전관리자 **자격증 대여**
   ③ 화재예방안전진단을 받지 아니한 자

(4) **300만원 이하의 벌금**
   ① **화재안전조사**를 정당한 사유 없이 **거부·방해·기피**한 자
   ② 화재예방조치 조치명령을 정당한 사유 없이 따르지 아니하거나 방해한 자
   ③ **소방안전관리자, 총괄소방안전관리자, 소방안전관리보조자**를 **선임**하지 아니한 자
   ④ **소방시설·피난시설·방화시설** 및 **방화구획** 등이 법령에 위반된 것을 발견하였음에도 필요한 조치를 할 것을 요구하지 아니한 소방안전관리자
   ⑤ **소방안전관리자**에게 **불이익**한 처우를 한 관계인
   ⑥ 자체점검결과 소화펌프 고장 등 중대위반사항이 발견된 경우 필요한 조치를 하지 않은 관계인 또는 관계인에게 중대위반사항을 알리지 아니한 관리업자 등

(5) **100만원 이하의 벌금**
   ① 정당한 사유 없이 소방대가 현장에 도착할 때까지 사람을 **구**출하는 조치 또는 불을 **끄**거나 불이 번지지 않도록 하는 조치를 하지 아니한 소방대상물 관계인
   ② 피난명령을 위반한 사람 보기②
   ③ 정당한 사유 없이 **물**의 사용이나 **수도**의 **개폐장치**의 사용 또는 **조**작을 하지 못하게 하거나 방해한 자

④ 정당한 사유 없이 **소방대**의 **생활안전 활동**을 방해한 자
⑤ 긴급조치를 정당한 사유 없이 방해한 자

(6) 200만원 이하의 과태료
    소방자동차의 출동에 지장을 준 자 보기 ④

기억법 구피조1

06 ②

해설

② 500m → 1000m 이상

자동화재탐지설비의 설치대상

설치대상	조 건
① 정신의료기관·의료재활시설	• 창살설치 : 바닥면적 300m² 미만 • 기타 : 바닥면적 300m² 이상
② 노유자시설	• 연면적 400m² 이상
③ **근**린생활시설·**위**락시설	• 연면적 600m² 이상
④ **의**료시설(정신의료기관 또는 요양병원 제외)	
⑤ **복**합건축물·장례시설	
⑥ 목욕장·문화 및 집회시설, 운동시설	• 연면적 1000m² 이상
⑦ 종교시설	
⑧ 방송통신시설·관광휴게시설	
⑨ 업무시설·판매시설	
⑩ 항공기 및 자동차관련시설·공장·창고시설	
⑪ 지하가(터널 제외)·운수시설·발전시설·위험물 저장 및 처리시설	
⑫ 교정 및 군사시설 중 국방·군사시설	
⑬ **교**육연구시설·**동**식물관련시설 보기 ④	• 연면적 2000m² 이상
⑭ **자**원순환관련시설·**교**정 및 군사시설(국방·군사시설 제외)	
⑮ **수**련시설(숙박시설이 있는 것 제외)	
⑯ 묘지관련시설	
⑰ 지하가 중 터널 보기 ②	• 길이 1000m 이상
⑱ 지하구	• 전부
⑲ 노유자생활시설 보기 ①	
⑳ 공동주택	
㉑ 숙박시설 보기 ③	
㉒ 6층 이상인 건축물	
㉓ 조산원 및 산후조리원	
㉔ 전통시장	
㉕ 요양병원(정신병원과 의료재활시설 제외)	
㉖ 특수가연물 저장·취급	• 지정수량 500배 이상
㉗ 수련시설(숙박시설이 있는 것)	• 수용인원 100명 이상
㉘ 발전시설	• 전기저장시설

기억법 근위의복6, 교동자교수2

07 ④

해설

④ 휴대용 비상조명등의 설치대상

비상조명등의 설치대상

설치대상	조 건
5층 이상(지하층 포함) 보기 ①	연면적 3000m² 이상
지하층·무창층 보기 ②	바닥면적 450m² 이상
터 널 보기 ③	길이 500m 이상

비교 휴대용 비상조명등의 설치대상	
설치대상	조건
숙박시설 보기 ④	전부
수용인원 100명 이상의 영화상영관, 대규모 점포, 지하역사, 지하상가	전부

08 ③

③ 지상 1·2층 바닥면적 합계가 9000m² 이상이 되지 않으므로 옥외소화전설비 설치제외대상

(1) **옥외소화전설비**의 설치대상 [교재 2권 363]

설치대상	조건
① 목조건축물	**국보·보물** 전부
② 지상 1·2층 보기 ③	바닥면적 합계 9000m² 이상
③ 특수가연물 저장·취급	지정수량 750배 이상

(2) **자동화재탐지설비**의 설치대상 [교재 2권 364]

설치대상	조건
① 정신의료기관·의료재활시설	• 창살설치 : 바닥면적 300m² 미만 • 기타 : 바닥면적 300m² 이상
② 노유자시설	• 연면적 400m² 이상
③ **근**린생활시설·**위**락시설	• 연면적 600m² 이상
④ **의**료시설(정신의료기관 또는 요양병원 제외)	
⑤ **복**합건축물·장례시설	
⑥ 목욕장·문화 및 집회시설, 운동시설	• 연면적 1000m² 이상
⑦ 종교시설	
⑧ 방송통신시설·관광휴게시설	
⑨ 업무시설·판매시설 보기 ①	• 연면적 1000m² 이상
⑩ 항공기 및 자동차 관련시설·공장·창고시설	
⑪ 지하가(터널 제외)·운수시설·발전시설·위험물 저장 및 처리시설	
⑫ 교정 및 군사시설 중 국방·군사시설	
⑬ **교**육연구시설·**동**식물관련시설	• 연면적 2000m² 이상
⑭ **자**원순환관련시설·**교**정 및 군사시설(국방·군사시설 제외)	
⑮ **수**련시설(숙박시설이 있는 것 제외)	
⑯ 묘지관련시설	
⑰ 지하가 중 터널	• 길이 1000m 이상
⑱ 지하구	• 전부
⑲ 노유자생활시설	
⑳ 공동주택	
㉑ 숙박시설	
㉒ 6층 이상인 건축물	
㉓ 조산원 및 산후조리원	
㉔ 전통시장	
㉕ 요양병원(정신병원과 의료재활시설 제외)	
㉖ 특수가연물 저장·취급	• 지정수량 500배 이상
㉗ 수련시설(숙박시설이 있는 것)	• 수용인원 100명 이상
㉘ 발전시설	• 전기저장시설

기억법 근위의복6, 교동자교수2

(3) **옥내소화전설비**의 설치대상 [교재 2권 361]

설치대상	조 건
① 차고·주차장	• 200m² 이상
② 근린생활시설 ③ 판매시설 [보기 ②] ④ 업무시설(금융업소·사무소) ⑤ 숙박시설(여관·호텔)	• 연면적 1500m² 이상
⑥ 문화 및 집회시설 ⑦ 운동시설 ⑧ 종교시설	• 연면적 3000m² 이상
⑨ 특수가연물 저장·취급	• 지정수량 750배 이상
⑩ 지하가 중 터널	• 1000m 이상
⑭ 지하층·무창층(축사 제외) ⑮ 4층 이상	• 바닥면적 1000m² 이상
⑯ 10m 넘는 랙크식 창고	• 바닥면적 합계 1500m² 이상
⑰ 창고시설(물류터미널 제외)	• 바닥면적 합계 5000m² 이상
⑱ 기숙사 ⑲ 복합건축물	• 연면적 5000m² 이상
⑳ 6층 이상	모든 층

(4) **스프링클러설비**의 설치대상 [교재 2권 361-362]

설치대상	조 건
① 문화 및 집회시설(동·식물원 제외) ② 종교시설(주요구조부가 목조인 것 제외) ③ 운동시설[물놀이형 시설, 바닥(불연재료), 관람석 없는 운동시설 제외]	• 수용인원-100명 이상 • 영화상영관 - 지하층·무창층 500m²(기타 1000m²) • 무대부 - 지하층·무창층·4층 이상 300m² 이상 - 1~3층 500m² 이상
④ 판매시설 [보기 ④] ⑤ 운수시설 ⑥ 물류터미널	• 수용인원 500명 이상 • 바닥면적 합계 5000m² 이상
⑦ 조산원, 산후조리원 ⑧ 정신의료기관 ⑨ 종합병원, 병원, 치과병원, 한방병원 및 요양병원 ⑩ 노유자시설 ⑪ 수련시설(숙박 가능한 곳) ⑫ 숙박시설	• 바닥면적 합계 600m² 이상
⑬ 지하가(터널 제외)	• 연면적 1000m² 이상
㉑ 공장 또는 창고시설	• 특수가연물 저장·취급 - 지정수량 1000배 이상 • 중·저준위 방사성 폐기물의 저장시설 중 소화수를 수집·처리하는 설비가 있는 저장시설
㉒ 지붕 또는 외벽이 불연재료가 아니거나 내화구조가 아닌 공장 또는 창고시설	• 물류터미널 - 바닥면적 합계 2500~5000m² 미만 - 수용인원 250~500명 미만 • 창고시설(물류터미널 제외)-바닥면적 합계 2500m² 이상 • 지하층·무창층·4층 이상-바닥면적 500~1000m² 미만 • 랙크식 창고-바닥면적 합계 750~15000m² 미만 • 특수가연물 저장·취급-지정수량 500~1000배 미만
㉓ 교정 및 군사시설	• 보호감호소, 교도소, 구치소 및 그 지소, 보호관찰소, 갱생보호시설, 치료감호시설, 소년원 및 소년분류심사원의 수용거실

㉓ 교정 및 군사시설	• 보호시설(외국인보호소는 보호대상자의 생활공간으로 한정) • 유치장
㉔ 발전시설	• 전기저장시설

중요 6층 이상
① 건축허가 동의 [교재 1권 56]
② 자동화재탐지설비 [교재 2권 364]
③ 스프링클러설비 [교재 2권 361]

자동화재탐지설비 음향장치의 경보

발화층	경보층	
	11층(공동주택 16층) 미만	11층(공동주택 16층) 이상
2층 이상 발화	전층 일제경보	• 발화층 • 직상 4개층
1층 발화		• 발화층 • 직상 4개층 • 지하층
지하층 발화		• 발화층 • 직상층 • 기타의 지하층

09 ②

② 지하 1층 또는 지하 2층 → 2층 또는 지하 1층

종합방재실의 위치
(1) **1층** 또는 **피난층** 보기 ①
(2) 초고층 건축물 등에 특별피난계단이 설치되어 있고, 특별피난계단 출입구로부터 **5m** 이내에 종합방재실을 설치하려는 경우에는 **2층** 또는 **지하 1층**에 설치할 수 있다. 보기 ②
(3) 공동주택의 경우에는 **관리사무소 내**에 설치할 수 있다. 보기 ④
(4) **비상용 승강장**, **피난 전용 승강장** 및 **특별피난계단**으로 이동하기 쉬운 곳
(5) 재난정보 수집 및 제공, 방재활동의 거점 역할을 할 수 있는 곳
(6) **소방대**가 쉽게 도달할 수 있는 곳
(7) **화재** 및 **침수** 등으로 인하여 피해를 입을 우려가 적은 곳 보기 ③

10 ①

자동화재탐지설비 발화층 및 직상 4개층 경보 적용대상물
11층(공동주택 16층) 이상의 특정소방대상물의 경보

11 ①

② 기체표면 → 고체표면
③ 장시간 → 단시간
④ 공급받는 → 공급받지 않는

점화에너지

종류	설명
화염	최저온도가 있고 그 온도는 탄화수소 등에서는 약 **1200℃ 정도**이다. 보기 ①
열면	가연물이 고온의 **고체표면**에 접촉하면 소건에 따라서 발화된다. 보기 ②
전기불꽃	**단시간**에 집중적으로 에너지를 대상물에 부여하므로 에너지밀도가 높은 발화원이다. 보기 ③
자연발화	물질이 외부로부터 에너지를 **공급받지 않는** 가운데 자체적으로 온도가 상승하여 발화하는 현상이다. 보기 ④
단열압축	단열된 상태에서 **기체**를 압축하면 열이 발생·축적된다.

12 ④

④ 2명 → 3명

종합방재실의 설치기준
(1) 다른 부분과 방화구획으로 설치할 것 보기 ①

(2) 인력의 대기 및 휴식 등을 위해 종합방재실과 방화구획된 부속실을 설치할 것 보기 ②
(3) 면적은 **20㎡** 이상으로 할 것 보기 ③
(4) 출입문에는 출입제한 및 통제장치를 갖출 것
(5) 재난 및 안전관리, 방범 및 보안, 테러 예방을 위하여 필요한 시설·장비의 설치와 근무인력의 재난 및 안전관리활동, 재난 발생시 소방대원의 지휘활동에 지장이 없도록 설치할 것
(6) 초고층 건축물 등의 관리주체의 인력을 **3명** 이상 상주하도록 할 것 보기 ④

13 ④

> ④ 해당 없음

전기화재의 주요 화재원인
(1) 전선의 **합선(단락)**에 의한 발화 보기 ①
　　　　단선 ✗
(2) **누전**에 의한 발화 보기 ②
(3) **과전류(과부하)**에 의한 발화 보기 ③
(4) **정전기불꽃**

14 ②

제4류 위험물의 일반적인 특성
(1) 인화가 용이하다. 보기 ①
(2) 대부분 물보다 가볍다. 보기 ③
(3) 대부분의 증기는 **공기보다 무겁다.** 보기 ②
(4) 주수소화가 불가능한 것이 대부분이다. 보기 ④

15 ④

피난계단의 종류 및 피난시 이동경로

피난계단의 종류	피난시 이동경로
피난계단	옥내 → 계단실 → 피난층
특별피난계단	옥내 → 노대 또는 부속실 → 계단실 → 피난층 보기 ④

계단은 서측과 동측 두 곳에 있으므로 **피난계단의 수는 2개**이고, 피난시 이동경로가 **옥내 → 노대 또는 부속실 → 계단실 → 피난층**이므로 **특별피난계단**을 선정

16 ①

> ① 화학적 작용에 의한 소화

물리적 작용에 의한 소화
(1) **연소에너지 한계**에 의한 소화 보기 ②
(2) **농도한계**에 의한 소화 보기 ③
(3) **화염의 불안정화**에 의한 소화 보기 ④

17 ①

방염처리된 제품의 사용을 권장할 수 있는 경우
(1) **다**중이용업소·**의**료시설·**노**유자시설·**숙**박시설·**장**례시설에 사용하는 **침구류, 소파, 의자** 보기 ①

> 기억법 다의 노숙장 침소의

(2) 건축물 내부의 천장 또는 벽에 부착하거나 설치하는 가구류

방염대상물품(제조 또는 가공공정에서 방염처리를 한 물품) 교재 1권 59	방염처리된 제품의 사용을 권장할 수 있는 경우
① 창문에 설치하는 **커튼류**(블라인드 포함) ② 카펫 ③ 벽지류(두께 2mm 미만인 종이벽지 제외) ④ 전시용 합판·섬유판 ⑤ 무대용 합판·섬유판 ⑥ 암막·무대막(영화상영관·가상체험 체육시설업의 스크린 포함) ⑦ 섬유류 또는 합성수지류 등을 원료로 하여 제작된 **소파·의자** (단란주점·유흥주점·노래연습장에 한함)	① 다중이용업소·의료시설·노유자시설·숙박시설·장례시설에 사용하는 침구류, 소파, 의자 ② 건축물 내부의 천장 또는 벽에 부착하거나 설치하는 가구류

18 ②

자동방화셔터의 설치
(1) 피난이 가능한 **60분+방화문** 또는 **60분 방화문**으로부터 **3m** 이내에 별도로 설치할 것
(2) 전동방식이나 수동방식으로 개폐할 수 있을 것
(3) 불꽃감지기 또는 연기감지기 중 하나와 열감지기를 설치할 것
(4) 불꽃이나 **연기**를 감지한 경우 **일부 폐쇄**되는 구조일 것
(5) 열을 감지한 경우 **완전 폐쇄**되는 구조일 것

> **용어** 자동방화셔터 [교재1권 163]
> 내화구조로 된 벽을 설치하지 못하는 경우 화재시 연기 및 열을 감지하여 자동 폐쇄되는 셔터를 말한다.

19 ①

공기 중의 연소범위

기체 또는 증기	연소범위(vol%)	
	연소하한계	연소상한계
아세틸렌	2.5	81
수소	4.1	75
메틸알코올	6	36
암모니아	15	28
아세톤	2.5	12.8
휘발유	1.2	7.6
등유	0.7	5
중유 보기① →	1	5

> **비교** LPG(액화석유가스)의 폭발범위 [교재1권 206]
>
> | 부탄 | 프로판 |
> | --- | --- |
> | 1.8~8.4% | 2.1~9.5% |

20 ①

① C_4H_{10} → CH_4

LPG vs LNG

종류 구분	액화석유가스 (LPG)	액화천연가스 (LNG)
주성분	• 프로판(C_3H_8) • 부탄(C_4H_{10}) **기억법** P프부	• 메탄(CH_4) 보기① **기억법** N메
비중	• 1.5~2(누출시 낮은 곳 체류) 보기②	• 0.6(누출시 천장쪽 체류)
폭발범위 (연소범위)	• 프로판 : 2.1~9.5% 보기④ • 부탄 : 1.8~8.4%	• 5~15%
용도	• 가정용 • 공업용 • 자동차연료용	• 도시가스
증기비중	• 1보다 큰 가스	• 1보다 작은 가스
탐지기의 위치	• 탐지기의 **상단**은 **바닥면**의 **상방 30cm** 이내에 설치 • 가스연소기 또는 관통부로부터 수평거리 **4m** 이내에 설치 보기③	• 탐지기의 **하단**은 **천장면**의 **하방 30cm** 이내에 설치 • 가스연소기로부터 수평거리 **8m** 이내에 설치
공기와 무게 비교	• 공기보다 무겁다.	• 공기보다 가볍다.

21 ①

② 항시 소방시설관리사 → 관계인, 소방안전관리자, 소방시설관리업자
③ 점검하지 않아도 된다. → 점검한다.
④ 특급, 1급은 연 1회만 → 특급은 반기별 1회 이상, 1급은 연 1회 이상

> **중요** 종합점검대상
> ① 스프링클러설비·제연설비(터널)
> ② 공공기관 연면적 1000m² 이상
> ③ 다중이용업 연면적 2000m² 이상
> ④ 물분무등소화설비(호스릴 제외) 연면적 5000m² 이상

소방시설 등 자체점검의 점검대상, 점검자의 자격, 점검횟수 및 시기

점검구분	정 의	점검대상	점검자의 자격(주된 인력)	점검횟수 및 점검시기
작동점검	소방시설 등을 인위적으로 조작하여 정상적으로 작동하는지를 점검하는 것	① 간이스프링클러설비·자동화재탐지설비가 설치된 특정소방대상물	• 관계인 • 소방안전관리자로 선임된 소방시설관리사 또는 소방기술사 • 소방시설관리업에 등록된 기술인력 중 소방시설관리사 또는「소방시설공사업법 시행규칙」에 따른 특급 점검자	• 작동점검은 **연 1회** 이상 실시하며, 종합점검대상은 종합점검(최초점검 제외)을 받은 달부터 **6개월**이 되는 달에 실시 • 종합점검대상 외의 특정소방대상물은 사용승인일이 **속하는 달**의 **말일**까지 실시
		② ①에 해당하지 아니하는 특정소방대상물	• 소방시설관리업에 등록된 기술인력 중 소방시설관리사 • 소방안전관리자로 선임된 소방시설관리사 또는 소방기술사	
		③ 작동점검 제외대상 • 특정소방대상물 중 소방안전관리자를 선임하지 않는 대상 • 위험물제조소 등 • 특급 소방안전관리대상물		
종합점검	소방시설 등의 작동점검을 포함하여 소방시설 등의 설비별 주요 구성 부품의 구조기준이 화재안전기준과 「건축법」 등 관련 법령에서 정하는 기준에 적합한지 여부를 점검하는 것 (1) 최초점검 : 해당 특정소방대상물의 소방시설 등이 신설된 경우 (2) 그 밖의 종합점검 : 최초점검을 제외한 종합점검	④ 소방시설 등이 신설된 경우에 해당하는 특정소방대상물 ⑤ **스프링클러설비**가 설치된 특정소방대상물 ⑥ **물분무등소화설비**(호스릴방식의 물분무등소화설비만을 설치한 경우는 제외)가 설치된 연면적 **5000m²** 이상인 특정소방대상물 (위험물제조소 등 제외) ⑦ 다중이용업의 영업장이 설치된 특정소방대상물로서 연면적이 **2000m²** 이상인 것 ⑧ **제연설비**가 설치된 터널 ⑨ **공공기관** 중 연면적(터널·지하구의 경우 그 길이와 평균폭을 곱하여 계산된 값)이 **1000m²** 이상인 것으로서 옥내소화전설비 또는 자동화재탐지설비가 설치된 것(단, 소방대가 근무하는 공공기관 제외) **중요** 종합점검 ① 공공기관 : 1000m² ② 다중이용업 : 2000m² ③ 물분무등(호스릴 X) : 5000m²	• 소방시설관리업에 등록된 기술인력 중 **소방시설관리사** • 소방안전관리자로 선임된 **소방시설관리사** 또는 **소방기술사**	〈점검횟수〉 ㉠ 연 1회 이상(특급 소방안전관리대상물은 반기에 1회 이상) 실시 ㉡ ㉠에도 불구하고 소방본부장 또는 소방서장은 소방청장이 소방안전관리가 우수하다고 인정한 특정소방대상물에 대해서는 3년의 범위에서 소방청장이 고시하거나 정한 기간 동안 종합점검을 면제할 수 있다(단, 면제기간 중 화재가 발생한 경우는 제외). 〈점검시기〉 ㉠ ④에 해당하는 특정소방대상물은 건축물을 사용할 수 있게 된 날부터 **60일** 이내 실시 ㉡ ㉠을 제외한 특정소방대상물은 건축물의 사용승인일이 속하는 달에 실시(단, 학교의 경우 해당 건축물의 사용승인일이 1월에서 6월 사이에 있는 경우에는 6월 30일까지 실시할 수 있다.) ㉢ 건축물 사용승인일 이후 ㉦에 따라 종합점검대상에 해당하게 된 경우에는 그 다음 해부터 실시 ㉣ 하나의 대지경계선 안에 2개 이상의 자체점검대상 건축물 등이 있는 경우 그 건축물 중 사용승인일이 가장 빠른 연도의 건축물의 사용승인일을 기준으로 점검할 수 있다.

22

해설 방염기준

(1) 방염성능기준 이상의 실내장식물 등을 설치하여야 할 장소
   ① 조산원, 산후조리원, 공연장, 종교집회장
   ② **11층** 이상의 층(**아파트** 제외)
   ③ **체**력단련장
   ④ 문화 및 집회시설(옥내에 있는 시설)
   ⑤ 운동시설(**수영장** 제외)
   ⑥ **숙**박시설 · **노**유자시설
   ⑦ 의료시설(요양병원 등), 의원, 치과의원, 한의원
   ⑧ 수련시설(**숙**박시설이 있는 것)
   ⑨ **방**송국 · 촬영소
   ⑩ 종교시설 보기 ㉠
   ⑪ 합숙소
   ⑫ 다중이용업소(단란주점영업, 유흥주점영업, 노래연습장의 영업장 등)

> **기억법** 방숙체노

(2) 방염대상물품 : **제조** 또는 **가공공정**에서 방염처리를 한 물품
   ① 창문에 설치하는 **커튼류**(블라인드 포함)
   ② 카펫
   ③ 두께 2mm 미만인 벽지류(종이벽지 제외)
   ④ **전시용 합판 · 섬유판**
   ⑤ **무대용 합판 · 섬유판**
   ⑥ **암막 · 무대막**(영화상영관 · 가상체험 체육시설업의 **스크린** 포함) 보기 ㉡
   ⑦ 섬유류 또는 합성수지류 등을 원료로 하여 제작된 **소파 · 의자**(단란주점 · 유흥주점 · 노래연습장에 한함)

(3) **방염처리된 제품의 사용을 권장할 수 있는 경우**
   ① **다**중이용업소 · **의**료시설 · **노**유자시설 · **숙**박시설 · **장**례시설에 사용하는 **침**구류, 소파, 의자 보기 ㉢
   ② 건축물 내부의 천장 또는 벽에 부착하거나 설치하는 가구류

> **기억법** 다의 노숙장 침소의

23 ④

해설
④ 스프링클러설비를 설치했으므로 1000m² ×3배=3000m² 이내마다

방화구획의 기준

대상 건축물	대상 규모	층 및 구획방법	구획부분의 구조
주요 구조부가 내화구조 또는 불연재료로 된 건축물	연면적 1000m² 넘는 것	10층 이하: • 바닥면적 1000m² 이내마다(스프링클러×3배 = 3000m²)	• 내화구조로 된 바닥·벽 • 방화문 • 자동방화셔터
		매 층 마다: • 지하 1층에서 지상으로 직접 연결하는 경사로 부위는 제외	
		11층 이상: • 바닥면적 200m²(스프링클러×3배 = 600m²) 이내마다(내장재가 불연재인 경우 500m² 이내마다)(스프링클러×3배 = 1500m²)	

- 스프링클러설비, 기타 이와 유사한 **자동식 소화설비**를 설치한 경우 바닥면적은 위의 면적의 3배로 산정 보기 ④
- 아파트로서 **4층** 이상에 **대피공간** 설치시 다른 부분과 방화구획

24 ②

해설
① 내부 → 외부
③ 최고온도 → 최저온도
④ 100℃ → 35℃

발화점
(1) 외부로부터의 직접적인 에너지 공급 없이 물질 자체의 열축적에 의하여 착화되는 최저온도 보기 ①
(2) 가연성 물질을 공기 중에서 가열함으로써 발화되는 최저온도 보기 ③
(3) 발화점=착화점=착화온도
(4) 파라핀계 탄화수소의 분자식을 만족하는 포화탄화수소는 탄소수가 많아서 탄소 체인의 길이가 길수록 낮아짐 보기 ②
(5) 황린은 발화점이 35℃로서 발화점이 낮은 대표적인 물질 보기 ④

25 ②

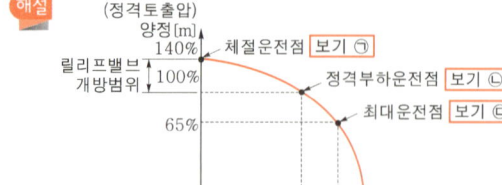

제 2 과목
문제는 여기로! → 문제 p. 1-86

26 ④

④ 평상시 POWER : **점등**, 선택스위치 : **자동**, OFF : **점등**이므로 ④번 정답

동작제어반 상태

	평상시	화재시	펌프 과부하시	수동제어시
① POWER :	점등	점등	점등	점등
② 선택스위치 :	자동	자동	수동 또는 자동	수동
③ OVERLOAD :	소등	소등	점등	소등
④ ON :	소등	점등	점등	소등
⑤ OFF :	점등	점등	점등	점등

27 ④

화재의 종류

종류	적응물질	소화약제
일반화재 (A급)	• 보통가연물(폴리에틸렌 등) • 종이 • 목재, 면화류, 석탄 • **재를 남김**	① 물 ② 수용액
유류화재 (B급)	• 유류 • 알코올 • **재를 남기지 않음**	① 포(폼)
전기화재 (C급)	• 변압기 • 배전반	① 이산화탄소 ② 분말소화약제 ③ 주수소화 금지
금속화재 (D급)	• 가연성 금속류 (나트륨 등)	① 금속화재용 분말소화약제 ② 마른 모래(건조사)
주방화재 (K급)	• 식용유 • 동·식물성 유지 보기 ④	① 강화액

28 ③

동력제어반 선택스위치가 자동이고, 기동 램프가 점등되어 있으므로 동력제어반 상태는 자동기동, 점검결과 불량내용이 이상 없으므로 ○, 불량내용 이상 없음.

29 ③

㉠ 기동점=자연낙차압+0.15MPa
       =0.3MPa+0.15MPa
       =0.45MPa

ⓒ 정지점(양정)=RANGE
　　　　　=80m=0.8MPa
ⓒ, ⓔ 기동점이 0.45MPa, 정지점이 0.8MPa
이다. 스프링클러설비의 방수압은 기동
압력 0.1~1.2MPa 이하이므로 결과는
'○', 불량내용 '없음'

구 분	스프링클러설비
방수압	0.1~1.2MPa 이하
방수량	80L/min 이상

기동점(기동압력)	정지점(양정, 정지압력)
기동점=RANGE−DIFF 　　　=자연낙차압 　　　+0.15MPa	정지점=RANGE

용어 **자연낙차압**

가장 높이 설치된 헤드로부터 펌프 중심
점까지의 낙차를 압력으로 환산한 값

중요 **충압펌프 기동점**

충압펌프 기동점=주펌프 기동점+0.05MPa

30 ④

해설 **가스계 소화설비 점검 후 복구방법**
(1) 제어반 복구 → 제어반의 솔레노이드밸브
　　연동 정지
(2) 솔레노이드밸브 복구
(3) 솔레노이드밸브에 안전핀을 체결한 후
　　기동용기에 결합
(4) 제어반 스위치의 연동상태 확인 후 솔
　　레노이드밸브에서 안전핀 분리
(5) 점검 전 분리했던 조작동관을 결합

31 ④

해설
④ 여러 사람이 함께 사용 → 한 사람이
　　사용

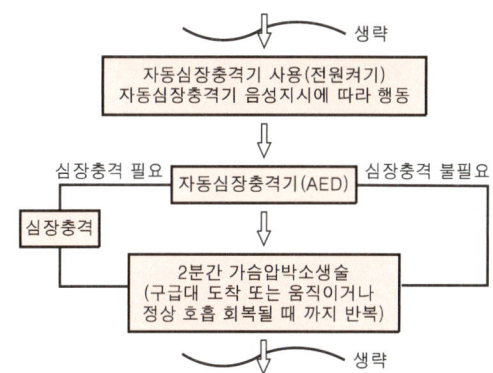

┃일반인 구조자의 기본소생술 흐름도┃

자동심장충격기(AED) 사용방법
(1) 자동심장충격기를 심폐소생술에 방해
　　가 되지 않는 위치에 놓은 뒤 전원버
　　튼을 누른다.
(2) 환자의 상체를 노출시킨 다음 패드 포
　　장을 열고 2개의 패드를 환자의 가슴
　　에 붙인다.
(3) 패드는 **왼쪽 젖꼭지 아래의 중간겨드
　　랑선**에 설치하고 **오른쪽 빗장뼈**(쇄골)
　　바로 **아래**에 붙인다.

┃패드의 부착위치┃

패드 1	패드 2
오른쪽 빗장뼈(쇄골) 바로 아래	왼쪽 젖꼭지 아래의 중간겨드랑선

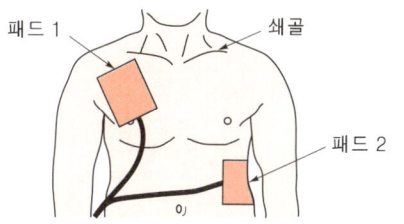

┃패드 위치┃

(4) 심장충격이 필요한 환자인 경우에만
　　제세동(심장충격)버튼이 깜박이기 시
　　작하며, 깜박일 때 심장충격버튼을 눌
　　러 심장충격을 시행한다. 보기 ③
(5) 심장충격버튼을 <u>누르기 전</u>에는 반드시
　　　　　　　　　　누른 후에는 ✕
　　주변사람 및 구조자가 환자에게서 떨어
　　져있는지 다시 한 번 확인한 후에 실시
　　하도록 한다.

(6) 심장충격이 필요 없거나 심장충격을 실시한 이후에는 즉시 **심폐소생술**을 다시 시작한다.
(7) **2분**마다 심장리듬을 분석한 후 반복 시행한다. 보기 ②
(8) 반드시 한 사람이 사용해야 한다. 보기 ④

32 ④

해설

④ 해당 없음

소방안전관리자 현황표 기입사항
(1) 소방안전관리자 현황표의 **대상명** 보기 ①
(2) 소방안전관리자의 **이름**
(3) 소방안전관리자의 **연락처**
(4) 소방안전관리자의 **선임일자** 보기 ②
(5) 소방안전관리대상물의 **등급** 보기 ③

33 ②

해설

① 정상 → 비정상
스위치주의등이 점멸하고 있으므로 수신기 스위치 상태는 비정상이다. 스위치주의등이 점멸하고 있는 이유는 **지구경종정지스위치**가 눌러져 있기 때문이다.

② 예비전원 감시램프가 점등되어 있으므로 예비전원을 확인하여 교체한다.

③ 교류전원램프가 점등되어있고 전압지시 정상램프가 점등되어 있으므로 수신기 교류전원에 문제가 없다.

④ 예비전원 감시램프가 점등되어 있으므로 예비전원이 정상상태가 아니다.

34 ②

해설 **특정소방대상물별 소화기구의 능력단위 기준**

특정소방대상물	소화기구의 능력단위	건축물의 주요 구조부가 내화구조이고, 벽 및 반자의 실내에 면하는 부분이 불연재료·준불연재료 또는 난연재료로 된 특정소방대상물의 능력단위
• **위**락시설 기억법 위3(위상)	바닥면적 **30m²**마다 1단위 이상	바닥면적 **60m²**마다 1단위 이상
• **공**연장 • **집**회장 • **관람**장 • **문**화재 • **장**례식장 및 **의**료시설 기억법 5공연장 문의 집관람(손오공 연장 문의 집관람)	바닥면적 **50m²**마다 1단위 이상	바닥면적 **100m²**마다 1단위 이상
• **근**린생활시설 • **판**매시설 • **운**수시설 • **숙**박시설 • **노**유자시설 • **전**시장 • 공동**주**택(아파트 등) • **업**무시설(사무실 등) • **방**송통신시설 • **공장**·**창**고시설 • 항공기 및 자동**차**관련시설 및 **관광**휴게시설 기억법 근판숙노전 주업 방차창 1항 관광 (근판숙노전 주업 방차창 일본항 관광)	바닥면적 **100m²**마다 1단위 이상	바닥면적 **200m²**마다 1단위 이상

| • 그 밖의 것 | 바닥면적 200m²마다 1단위 이상 | 바닥면적 400m²마다 1단위 이상 |

근린생활시설로서 **내화구조**이며, **불연재료**이므로 바닥면적 200m²마다 1단위 이상이다.

$$\frac{2000\text{m}^2}{200\text{m}^2} = 10단위$$

$$\frac{10단위}{3단위} = 3.3 ≒ 4개(소수점 올림)$$

비교

소화기구의 능력단위	소방안전관리보조자
교재 2권 18	교재 1권 14
소수점 발생시 소수점을 올린다(**소수점 올림**).	소수점 발생시 소수점을 버린다(**소수점 내림**).

35 ①

주펌프 기동상태 보기 ㉠	충압펌프 정지상태 보기 ㉡
① 기동표시등 : 점등 ② 정지표시등 : 소등 ③ 펌프기동표시등 : 점등	① 기동표시등 : 소등 ② 정지표시등 : 점등 ③ 펌프기동표시등 : 소등

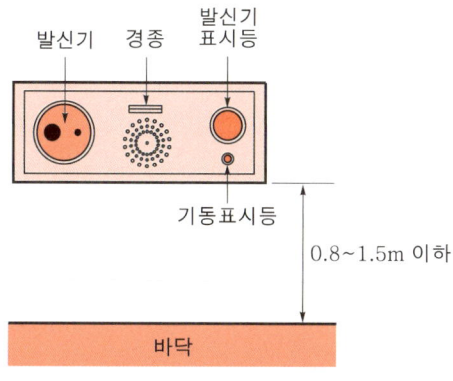

▎옥내소화전함 발신기세트 ▎

36 ②

① 정지점=RANGE이므로 0.5MPa는 옳은 답
② 35m → 25m
  자연낙차압=기동점−0.15MPa
       =0.4MPa−0.15MPa
       =0.25MPa
       =25m(1MPa=100m)
③ 기동점=RANGE−DIFF
     =0.5MPa−0.1MPa
     =0.4MPa
④ 충압펌프 기동점=주펌프 기동점+0.05MPa이므로 주펌프의 기동점은 충압펌프의 기동점보다 0.05MPa 낮게 설정해야 한다.

기동점 (기동압력)	정지점 (양정, 정지압력)
기동점=RANGE−DIFF =자연낙차압 +0.15MPa	정지점=RANGE

용어 자연낙차압

가장 높이 설치된 헤드로부터 펌프 중심점끼지의 낙차를 압력으로 환산한

37 ②

자동심장충격기(AED) 사용방법
(1) 자동심장충격기를 심폐소생술에 방해가 되지 않는 위치에 놓은 뒤 전원버튼을 누른다.
(2) 환자의 상체를 노출시킨 다음 패드 포장을 열고 2개의 패드를 환자의 가슴에 붙인다.
(3) 패드는 **왼쪽 젖꼭지 아래의 중간겨드랑선**에 설치하고 **오른쪽 빗장뼈**(쇄골) 바로 **아래**에 붙인다.

▎패드의 부착위치 ▎

패드 1	패드 2
오른쪽 빗장뼈(쇄골) 바로 아래	왼쪽 젖꼭지 아래의 중간겨드랑선

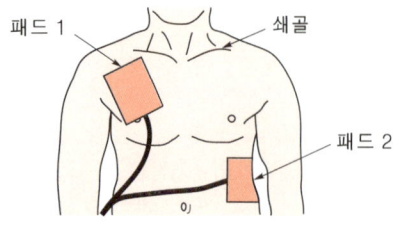

┃**패드 위치**┃

(4) 심장충격이 필요한 환자인 경우에만 제세동 버튼이 깜박이기 시작하며, 깜박일 때 심장충격버튼을 눌러 심장충격을 시행한다.
(5) 심장충격버튼을 <u>누르기 전</u>에는 반드시
   누른 후에는 ✕
   주변사람 및 구조자가 환자에게서 떨어져있는지 다시 한 번 확인한 후에 실시하도록 한다.
(6) 심장충격이 필요 없거나 심장충격을 실시한 이후에는 즉시 **심폐소생술**을 다시 시작한다.
(7) **2분**마다 심장리듬을 분석한 후 반복 시행한다.

38 ②

[해설]

| ② 교육자 중심 → 학습자 중심 |

소방교육 및 훈련의 원칙

원칙	설명
현실의 원칙 [보기 ③]	•학습자의 능력을 고려하지 않은 훈련은 비현실적이고 불완전하다.
학습자 중심의 원칙 [보기 ②]	•**한** 번에 한 가지씩 습득 가능한 분량을 교육 및 훈련시킨다. •**쉬운 것**에서 **어려운 것**으로 교육을 실시하되 기능적 이해에 비중을 둔다. •학습자에게 감동이 있는 교육이 되어야 한다.

[기억법] 학한

동기부여의 원칙	•**교육**의 **중요성**을 **전달**해야 한다. •학습을 위해 적절한 스케줄을 적절히 배정해야 한다. •교육은 시기적절하게 이루어져야 한다. •핵심사항에 교육의 포커스를 맞추어야 한다. •학습에 대한 보상을 제공해야 한다. •교육에 재미를 부여해야 한다. •교육에 있어 다양성을 활용해야 한다. •사회적 상호작용을 제공해야 한다. •전문성을 공유해야 한다. •초기성공에 대해 격려해야 한다.
목적의 원칙 [보기 ①]	•어떠한 기술을 어느 정도까지 익혀야 하는가를 명확하게 제시한다. •습득하여야 할 기술이 활동 전체에서 어느 위치에 있는가를 인식하도록 한다.
실습의 원칙	•**실습**을 통해 지식을 습득한다. •목적을 생각하고, 적절한 방법으로 정확하게 하도록 한다.
경험의 원칙	•경험했던 사례를 들어 현실감 있게 하도록 한다.
관련성의 원칙 [보기 ④]	•모든 교육 및 훈련 내용은 **실무적**인 **접목**과 **현장성**이 있어야 한다.

[기억법] 현학동 목실경관교

39 ④

[해설]

| ④ 이라 한다. → 이 아니다.
•(a)방식 : 송배선식(○), (b)방식 : 송배선식(✕)
① 송배선식이므로 도통시험으로 정상인지 단선인지 알 수 있다. (○)
② 송배선식이므로 감지기 사이의 단선여부를 확인할 수 있다. (○)
③ 송배선식이 아니므로 감지기 단선 여부를 확인할 수 없다. (○) |

> **[용어] 송배선식** 〔교재 2권 102〕
> 도통시험(선로의 정상연결 유무확인)을 원활히 하기 위한 배선방식

40 ②

[해설]

① 주성분 : $NH_4H_2PO_4$(제1인산암모늄)이므로 축압식 분말소화기이다.

소화약제 및 적응화재

적응화재	소화약제의 주성분	소화효과
BC급	탄산수소나트륨 ($NaHCO_3$)	• 질식효과 • 부촉매(억제)효과
	탄산수소칼륨 ($KHCO_3$)	
ABC급	제1인산암모늄 ($NH_4H_2PO_4$)	
BC급	탄산수소칼륨($KHCO_3$) + 요소($(NH_2)_2CO$)	

② 있다. → 없다.
능력단위 : A 3 B 5 C 이므로 금속화재는 적응성이 없다.
(A-일반화재, B-유류화재, C-전기화재)

> **[참고] 소화능력단위**
> A3, B5, C급 적응
> - 일반화재 3단위
> - 유류화재 5단위
> - 전기화재 사용가능

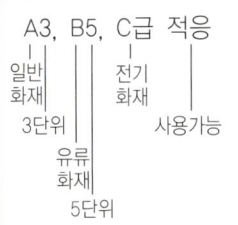

③ 충전압력 : 0.9MPa이므로 0.7~0.98MPa 압력을 유지하고 있다.
• 용기 내 압력을 확인할 수 있도록 지시압력계가 부착되어 사용가능한 범위가 녹색(0.7~0.98MPa)으로 되어 있음

지시압력계
① 노란색(황색) : 압력부족
② 녹색 : 정상압력
③ 적색 : 정상압력 초과

‖소화기 지시압력계‖
‖지시압력계의 색표시에 따른 상태‖

노란색(황색)	녹 색	적 색
압력이 부족한 상태	정상압력 상태	정상압력보다 높은 상태

④ 제조연월 : 2005.11이고 내용연수는 10년이므로 2015년 11월까지가 유효기간이다. 내용연수 초과로 소화기를 교체하여야 한다.

분말소화기 vs 이산화탄소소화기

분말소화기	이산화탄소소화기
10년	내용연수 없음

41 ③

[해설]

① 감시제어반 선택스위치 : 자동, 주펌프 : 정지, 충압펌프 : 정지상태이므로 감시제어반은 정상상태이므로 옳다.
② 주펌프 선택스위치가 자동이므로 ON 버튼을 눌러도 주펌프는 기동하지 않으므로 옳다.
③ 기동한다. → 기동하지 않는다.
감시제어반에서 주펌프 스위치만 기동으로 올리면 주펌프는 기동하지 않는다. 감시제어반 선택스위치를 수동으로 올리고 주펌프 스위치를 기동으로 올려야 주펌프는 기동한다.

④ 동력제어반에서 충압펌프 스위치를 자동위치로 돌리면 모든 제어반은 정상상태가 되므로 옳다.

정상상태	
동력제어반	감시제어반
주펌프 선택스위치 : **자동** • 주펌프 ON 램프 : **소등** • 주펌프 OFF 램프 : **점등** 충압펌프 선택스위치 : **자동** • 충압펌프 ON 램프 : **소등** • 충압펌프 OFF 램프 : **점등**	선택스위치 : **자동** 주펌프 : **정지** 충압펌프 : **정지**

42 ④

 급기댐퍼가 개방되는 경우

자 동	수 동
• 감지기 동작확인등 점등	• 발신기 작동스위치 누름 • 감시제어반 급기댐퍼 수동기동 • 댐퍼 수동기동장치 누름

43 ③

① 앞꿈치 → 뒤꿈치
② 수평 → 수직
④ 갈비뼈가 압박되어 부러질 정도로 강하게 실시하면 안된다.

심폐소생술의 진행		
구 분	설 명 보기 ③	
속 도	분당 100~120회	
깊 이	약 5cm(소아 4~5cm)	

44 ③

③ 해당 없음

소방안전관리대상물의 소방계획의 주요 내용

(1) 소방안전관리대상물의 위치·구조·연면적·용도 및 수용인원 등 일반 현황
(2) 소방안전관리대상물에 설치한 소방시설·방화시설·전기시설·가스시설 및 위험물시설의 현황
(3) 화재예방을 위한 **자체점검계획** 및 **대응대책** 보기 ①
(4) **소방시설**·피난시설 및 방화시설의 **점검·정비계획**
(5) 피난층 및 피난시설의 위치와 피난경로의 설정, 화재안전취약자의 피난계획 등을 포함한 피난계획
(6) **방화구획**, 제연구획, 건축물의 내부 마감재료 및 방염대상물품의 사용현황과 그 밖의 방화구조 및 설비의 유지·관리계획
(7) **소방훈련** 및 **교육**에 관한 계획 보기 ②
(8) 소방안전관리대상물의 근무자 및 거주자의 **자위소방대** 조직과 대원의 임무(화재안전취약자의 피난보조임무를 포함)에 관한 사항
(9) **화기취급작업**에 대한 사전 안전조치 및 감독 등 공사 중 소방안전관리에 관한 사항
(10) **소화**와 **연소 방지**에 관한 사항
(11) **위험물**의 저장·취급에 관한 사항 보기 ④
(12) 소방안전관리에 대한 업무수행에 관한 기록 및 유지에 관한 사항
(13) 화재발생시 화재경보 **초기소화** 및 **피난유도** 등 초기대응에 관한 사항
(14) 그 밖에 소방안전관리를 위하여 **소방본부장** 또는 **소방서장**이 소방안전관리대상물의 위치·구조·설비 또는 관리상황 등을 고려하여 소방안전관리에 필요하여 요청하는 사항

45 ③

해설
① 연기감지기 시험기이므로 열감지기시험기로 작동시킬 수 없다. (○)
② (a)에서 2F(2층)이라고 했으므로 옳다. (○)
③ 점등되어야 한다. → 점등되지 않아야 한다.
 (a)가 연기감지기 시험기이므로 감지기가 작동되기 때문에 발신기램프는 점등되지 않아야 한다.
④ (a)에서 2F(2층) 연기감지기 시험이므로 (b)에서 2층 램프가 점등되었으므로 정상이다. (○)

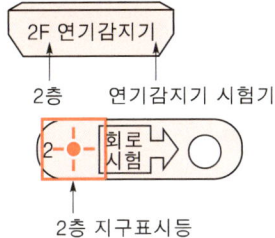

46 ①

해설
① 이산화탄소소화설비·할론소화설비 소화기이므로 축압식 소화기와는 관련이 없다.
② 축압식 분말소화기 호스 탈락
③ 축압식 분말소화기 호스 파손
④ 축압식 분말소화기 압력이 높은 상태

(1) 호스·혼·노즐

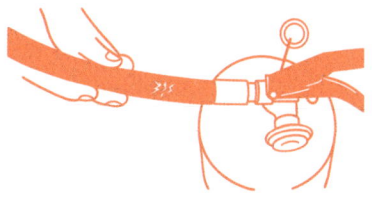

┃호스 파손┃

┃호스 탈락┃

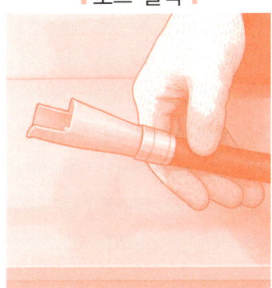

┃노즐 파손┃

┃혼 파손┃

(2) 지시압력계
① 노란색(황색) : 압력부족
② 녹색 : 정상압력
③ 적색 : 정상압력 초과

┃소화기 지시압력계┃

• 용기 내 압력을 확인할 수 있도록 지시압력계가 부착되어 사용 가능한 범위가 녹색(0.7~0.98MPa)으로 되어 있음

| 지시압력계의 색표시에 따른 상태 |

노란색(황색)	녹 색	적 색
압력이 부족한 상태	정상압력 상태	정상압력보다 높은 상태

47 ②

해설 옥내소화전 방수압력 측정
(1) 측정장치 : 방수압력측정계(피토게이지)
(2)

방수량	방수압력
130L/min	0.17~0.7MPa 이하 보기 ②

(3) 방수압력 측정방법 : 방수구에 호스를 결속한 상태로 노즐의 선단에 방수압력 측정계(피토게이지)를 근접 $\left(\dfrac{D}{2}\right)$시켜서 측정하고 방수압력측정계의 압력계상의 눈금을 확인한다.

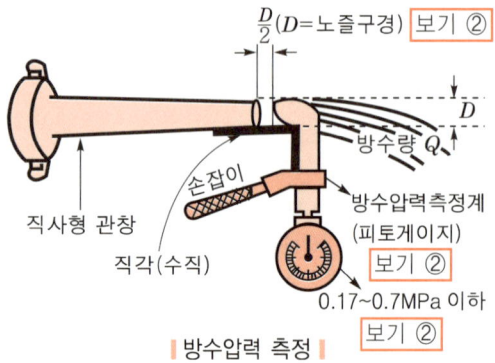

∥ 방수압력 측정 ∥

48 ②

해설 습식 스프링클러설비의 작동순서
(1) **화**재발생 보기 ㉠
(2) **헤**드 개방 및 방수 보기 ㉢
(3) **2**차측 배관압력 저하 보기 ㉡
(4) **1**차측 압력에 의해 습식 유수검지장치의 클래퍼 개방 보기 ㉣

(5) **습**식 유수검지장치의 압력스위치 작동 → 사이렌 경보, 감시제어반의 화재표시등, 밸브개방표시등 점등 보기 ㉤
(6) **배**관 내 압력저하로 기동용 수압개폐장치의 압력스위치 작동 → 펌프기동 보기 ㉥

> 기억법 화헤 21습배

49 ①

해설

㉠ 전원켜기   ㉡ 2개의 패드 부착

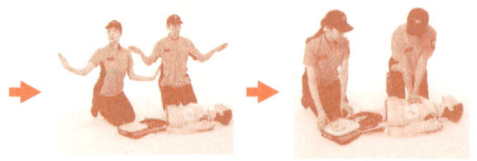

㉢ 심장리듬 분석 및 심장충격 실시   ㉣ 즉시 심폐소생술 다시 시행

50 ①

해설 스프링클러설비 : 시험밸브함은 스프링클러설비(습식·건식)에 사용

구 분	스프링클러설비
방수압	0.1~1.2MPa 이하 보기 ①
방수량	80L/min 이상

2020년 기출문제

문제는 여기로! → 문제 p.1-99

01	02	03	04	05	06	07	08	09	10
①	①	④	④	④	④	②	③	①	④
11	12	13	14	15	16	17	18	19	20
④	①	①	④	①	①	①	②	②	②
21	22	23	24	25	26	27	28	29	30
③	③	④	③	②	③	③	①	③	③
31	32	33	34	35	36	37	38	39	40
③	②	②	①	③	②	②	④	③	①
41	42	43	44	45	46	47	48	49	50
④	①	③	①	②	②	④	③	②	①

02 ①

해설 송배선식
도통시험(선로의 정상연결 여부 확인)을 원활히 하기 위한 배선방식

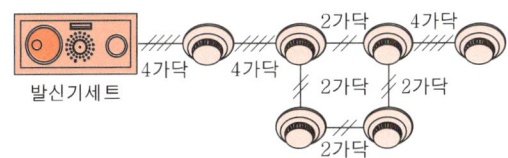

↑ 송배선식 ↑

03 ④

해설

| ④ 차동식 → 정온식 |

비화재보의 원인과 대책

주요 원인	대 책
주방에 '**비적응성 감지기**'가 설치된 경우 보기 ④	적응성 감지기(정온식 감지기 등)로 교체
'**천장형 온풍기**'에 밀접하게 설치된 경우 보기 ①	기류흐름 방향 외 이격설치
담배연기로 인한 연기감지기 동작 보기 ②	흡연구역에 환풍기 등 설치
청소불량(먼지·분진)에 의한 감지기 오동작 보기 ③	내부 먼지 제거 후 복구스위치 누름 또는 감지기 교체

04 ④

해설

| ④ 2m 이상 2.5m 이하 → 0.8m 이상 1.5m 이하 |

비상방송설비의 설치기준
(1) 스피커의 음성입력은 실외 또는 일반적인 장소에서 **3W**(**실내 1W**) 이상일 것 보기 ①

제 ① 과목

문제는 여기로! → 문제 p.1-99

01 ①

해설 자동화재탐지설비의 부착높이 및 감지기 1개의 바닥면적

(단위 : m²)

부착높이 및 소방대상물의 구분		감지기의 종류				
		차동식·보상식 스포트형		정온식 스포트형		
		1종	2종	특종	1종	2종
4m 미만	내화구조	90	70	70	60	20
	기타구조	50	40	40	30	15
4m 이상 8m 미만	내화구조	45	35	35	30	—
	기타구조	30	25	25	15	—

기억법
차	보	정
97	97	762
54	54	43①
④3	④3	③3
3②	3②	②①

※ 동그라미(○) 친 부분은 뒤에 5가 붙음

(2) 스피커는 **각 층**마다 설치하되, 각 부분으로부터의 수평거리는 **25m** 이하일 것 보기 ②
(3) 조작부는 바닥으로부터 **0.8~1.5m** 이하의 높이에 설치할 것 보기 ④
(4) 비상방송 **개**시시간은 **10초** 이하일 것 보기 ③

기억법 방3실1, 개10방

05 ④

 피난기구의 적응성

층별 설치 장소별 구분	3층	4층 이상 10층 이하

노유자
시설
	• 미끄럼대
	  보기 ①
	• 구조대
	  보기 ②
	• 피난교
	  보기 ③
	• 다수인 피난장비
	• 승강식 피난기
		• 구조대[1]
		• 피난교
		• 다수인 피난장비
		• 승강식 피난기

의료시설 • 입원실이 있는 의원 • 접골원 • 조산원	• 미끄럼대 • 구조대 • 피난교 • 피난용 트랩 • 다수인 피난장비 • 승강식 피난기	• 구조대 • 피난교 • 피난용 트랩 • 다수인 피난장비 • 승강식 피난기
영업장의 위치가 4층 이하인 다중 이용업소	• 미끄럼대 • 피난사다리 • 구조대 • 완강기 • 다수인 피난장비 • 승강식 피난기	• 미끄럼대 • 피난사다리 • 구조대 • 완강기 • 다수인 피난장비 • 승강식 피난기
그 밖의 것	• 미끄럼대 • 피난사다리 • 구조대 • 완강기 • 피난교 • 피난용 트랩 • 간이완강기[2] • 공기안전매트 • 다수인 피난장비 • 승강식 피난기	• 피난사다리 • 구조대 • 완강기 • 피난교 • 간이완강기[2] • 공기안전매트 • 다수인 피난장비 • 승강식 피난기

1) **구조대**의 적응성은 장애인관련시설로서 주된 사용자 중 스스로 피난이 불가한 자가 있는 경우 추가로 설치하는 경우에 한한다.
2) 간이완강기의 적응성은 **숙박시설**의 **3층 이상**에 있는 객실에 추가로 설치하는 경우에 한한다.

06 ④

 객석유도등 산정식
객석유도등 설치개수
$$= \frac{객석통로의\ 직선부분의\ 길이(m)}{4}$$
$$\therefore \frac{70}{4} - 1 = 16.5 ≒ 17개(소수점 올림)$$

기억법 객4

07 ②

 채수구

소요 수량	20~40m³ 미만	40~100m³ 미만	100m³ 이상
채수구 의 수	1개	2개 보기 ②	3개

용어 **채수구**
소방차의 소방호스와 연결되는 흡입구로 저장되어 있는 물을 소방차에 주입하기 위한 구멍

08 ③

해설 방연풍속

제연구역	방연풍속
계단실 및 그 부속실을 동시에 제연하는 것 또는 계단실만 단독으로 제연하는 것	0.5m/s 이상 보기 ①②

부속실만 단독으로 제연하는 것	부속실이 면하는 옥내가 거실인 경우	0.7m/s 이상 보기 ③
	부속실이 면하는 옥내가 복도로서 그 구조가 방화구조(내화시간이 30분 이상인 구조 포함)인 것	0.5m/s 이상 보기 ④

09

응급처치의 중요성
(1) 긴급한 환자의 **생명 유지** 보기 ④
(2) 환자의 **고통**을 **경감** 보기 ②
(3) 위급한 부상부위의 응급처치로 **치료기간 단축** 보기 ③
(4) 현장처치의 원활화로 의료비 절감

10 ④

④ **화재예방강화지구의 지정지역**

화재로 오인할 만한 불을 피우거나 연막소독시 신고지역
(1) **시장**지역 보기 ①
(2) **공장·창고**가 밀집한 지역
(3) **목조건물**이 밀집한 지역
(4) **위험물**의 **저장** 및 **처리시설**이 밀집한 지역 보기 ③
(5) **석유화학제품**을 생산하는 공장이 있는 지역 보기 ②
(6) 그 밖에 **시·도**의 **조례**로 정하는 지역 또는 장소

비교 **화재예방강화지구의 지정지역**
교재1권 38

1. 시장지역
2. 공장·창고 등이 밀집한 지역
3. 목조건물이 밀집한 지역
4. 노후·불량건축물이 밀집한 지역

6. **석유화학제품**을 생산하는 공장이 있는 지역
7. **소방시설·소방용수시설** 또는 **소방출동로**가 **없는** 지역 보기 ④
8. 산업입지 및 개발에 관한 법률에 따른 **산업단지**
9. 물류시설의 개발 및 운영에 관한 법률에 따른 물류단지
10. **소방청장, 소방본부장** 또는 **소방서장**이 화재예방강화지구로 지정할 필요가 있다고 인정하는 지역

11 ④

④ 옥외계단 → 주계단·피난계단 또는 특별피난계단

대수선의 범위
(1) **내력벽**을 증설 또는 해체하거나 그 벽면적을 **30m²** 이상 수선 또는 변경하는 것
(2) **기둥**을 증설 또는 해체하거나 **3개** 이상 수선 또는 변경하는 것
(3) **보**를 증설 또는 해체하거나 **3개** 이상 수선 또는 변경하는 것 보기 ③
(4) **지붕틀**(한옥의 경우에는 지붕틀의 범위에서 서까래 제외)을 증설 또는 해체하거나 **3개** 이상 수선 또는 변경하는 것
(5) 방화벽 또는 방화구획을 위한 바닥 또는 벽을 증설 또는 해체하거나 수선 또는 변경하는 것
(6) **주계단·피난계단** 또는 **특별피난계단**을 증설 또는 해체하거나 수선 또는 변경하는 것 보기 ④
(7) 다가구주택의 가구 간 경계벽 또는 다세대주택의 세대 간 경계벽을 증설 또는 해체하거나 수선 또는 변경하는 것 보기 ①
(8) 건축물의 외벽에 사용하는 **마감재료**를 증설 또는 해체하거나 벽면적 **30m²** 이상 수선 또는 변경하는 것 보기 ②

> **용어 대수선**
>
> 건축물의 기둥, 보, 내력벽, 주계단 등의 구조나 외부형태를 수선·변경하거나 증설하는 것으로서 대통령령으로 정하는 것

12

해설

> ① 50cm 이하 → 50cm 이상

무창층

지상층 중 다음에 해당하는 개구부면적의 합계가 그 층의 바닥면적의 $\frac{1}{30}$ 이하가 되는 층을 말한다.

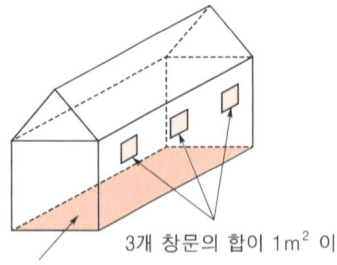

┃**무창층**┃

(1) 크기는 지름 **50cm** 이상의 원이 통과할 수 있을 것 보기 ①
(2) 해당층의 바닥면으로부터 개구부 밑부분까지의 높이가 **1.2m** 이내일 것 보기 ②

> 화재발생시 사람이 통과할 수 있는 어깨너비, 키 등의 최소기준을 생각해 봐요.

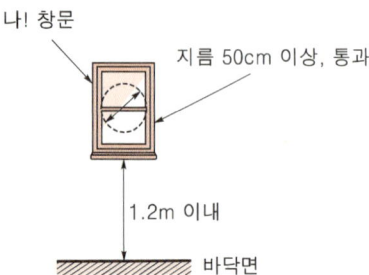

(3) **도로** 또는 **차량**이 진입할 수 있는 **빈터**를 향할 것 보기 ③
(4) 화재시 건축물로부터 쉽게 **피난**할 수 있도록 개구부에 **창살**이나 그 밖의 장애물이 설치되지 않을 것
(5) 내부 또는 외부에서 **쉽게 부수거나 열** 수 있을 것 보기 ④

13

해설

> ① 지하층 포함 → 지하층 제외

● 17층으로서 11층 이상(아파트 제외)이므로 1급 소방안전관리대상물

소방안전관리자 및 소방안전관리보조자를 선임하는 특정소방대상물

소방안전관리대상물	특정소방대상물
특급 소방안전관리대상물 (동식물원, 철강 등 불연성 물품 저장·취급창고, 지하구, 위험물제조소 등 제외)	● **50층** 이상(지하층 제외) 또는 지상 **200m** 이상 **아파트** ● **30층** 이상(지하층 포함) 또는 지상 **120m** 이상(아파트 제외) ● 연면적 **10만m²** 이상 (아파트 제외)
1급 소방안전관리대상물 (동식물원, 철강 등 불연성 물품 저장·취급창고, 지하구, 위험물제조소 등 제외)	● **30층** 이상(지하층 제외) 또는 지상 **120m** 이상 **아파트** 보기 ①② ● 연면적 **15000m²** 이상인 것(아파트 제외) 보기 ③ ● **11층** 이상(아파트 제외) ● 가연성 가스를 **1000톤** 이상 저장·취급하는 시설 보기 ④

소방안전관리대상물	
2급 소방안전관리대상물	• 지하구 • 가스제조설비를 갖추고 도시가스사업 허가를 받아야 하는 시설 또는 가연성 가스를 **100톤 이상 1000톤** 미만 저장·취급하는 시설 • 옥내소화전설비·**스프링클러설비** 설치대상물 • **물분무등소화설비** (호스릴방식만을 설치한 경우 제외) 설치대상물 • 공동주택 • 목조건축물(국보·보물)
3급 소방안전관리대상물	• **자동화재탐지설비** 설치대상물 • **간이스프링클러설비** 설치대상물

14 ④

④ 2급 → 1급

1급 소방안전관리대상물
(1) 소방안전관리자 및 소방안전관리보조자를 선임하는 특정소방대상물

소방안전관리대상물	특정소방대상물
1급 소방안전관리대상물 (동식물원, 철강 등 불연성 물품 저장·취급창고, 지하구, 위험물제조소 등 제외)	• **30층** 이상(지하층 제외) 또는 지상 **120m** 이상 **아파트** • 연면적 **15000m² 이상**인 것(아파트 및 연립주택 제외) • **11층** 이상(아파트 제외) • 가연성 가스를 **1000톤** 이상 저장·취급하는 시설

(2) 1급 소방안전관리대상물의 소방안전관리자 선임조건

자격	경력	비고
• 소방설비기사·소방설비산업기사	경력 필요 없음	1급 소방안전관리자 자격증을 받은 사람
• 소방공무원	7년	
• 소방청장이 실시하는 1급 소방안전관리대상물의 소방안전관리에 관한 시험에 합격한 사람	경력 필요 없음	
• 특급 소방안전관리대상물의 소방안전관리자 자격이 인정되는 사람		

15 ①

① 11층 미만 → 11층 이상

소방안전관리의 업무대행

대통령령으로 정하는 소방안전관리대상물	대통령령으로 정하는 업무
① 1급 소방안전관리대상물 중 연면적 **15000m² 미만**인 특정소방대상물로서 층수가 **11층 이상**인 특정소방대상물(아파트 제외) 보기 ① ② 2·3급 소방안전관리대상물	① **피난시설, 방화구획** 및 방화시설의 관리 ② **소방시설**이나 그 밖의 소방관련시설의 관리

용어	
소방안전관리대상물	특정소방대상물
소방안전관리자를 선임하여야 하는 특정소방대상물	다수인이 출입하는 곳으로서 소방시설 설치장소

16 ①

소방안전관리자의 선임신고

선 임	선임신고	신고대상
30일 이내	14일 이내	관할소방서장

해임한 날이 2019년 7월 1일이고 해임한 날(다음 날)부터 **30일** 이내에 소방안전관리자를 선임하여야 하므로 선임일은 7월 14일, 7월 20일은 맞고, 8월 1일은 31일이 되므로 틀리다(7월달은 31일까지 있기 때문이다). 하지만 **선임신고일**은 선임한 날(다음 날)부터 **14일** 이내이므로 2019년 7월 25일만 해당이 되고, 나머지 ②, ④는 선임한 날부터 14일이 넘고 ③은 14일이 넘지는 않지만 선임일이 30일이 넘으므로 답은 ①번이 된다.

- '해임한 날부터', '선임한 날부터'라는 말은 '해임한 날 다음 날부터', '선임한 날 다음 날부터' 세는 것을 의미한다.

17 ①

자체점검의 실시

종합점검	작동점검
사용승인 달에 실시	종합점검+6개월 ↓

(1) **종합점검** : 건축물 사용승인일이 5월 1일이며 **5월**에 **실시**해야 하므로 5월 15일에 받으면 된다.
(2) **작동점검** : 종합점검(최초점검 제외)을 받은 달부터 6개월이 되는 달(지난 달)에 실시하므로 5월에 종합점검을 받았으므로 **6개월**이 지난 **11월**달에 작동점검을 받으면 된다.

18 ②

② 7일 이내 → 4일 이내

건축허가 등의 동의기간 등

구 분	내 용
동의요구 서류보완	**4일** 이내 보기 ②
건축허가 등의 취소통보	7일 이내 보기 ③
건축허가 및 사용승인 동의회신 통보	**5일**(특급 소방안전관리대상물은 10일) 이내 보기 ①
동의시기	건축허가 등을 **하기 전**
동의요구자	건축허가 등의 권한이 있는 행정기관
동의회신 후	건축허가 등의 동의대장에 기재 후 관리 보기 ④

19 ②

② 3층 이상 → 2층 이상

옥상광장 출입문 개방 안전관리
(1) 옥상광장 또는 **2층** 이상의 층에 노대 등의 주위에는 높이 **1.2m** 이상의 난간을 설치하여야 한다. 보기 ①②
(2) **5층 이상**의 층으로 옥상광장 설치대상
  ① 근린생활시설 중 **공연장·종교집회장·인터넷컴퓨터게임 시설제공업소**(바닥면적 합계가 각각 **300㎡ 이상**) 보기 ③④
  ② 문화 및 집회시설(전시장 및 동식물원 제외)
  ③ 종교시설, 판매시설, 주점영업, 장례시설

20 ②

① · ③ · ④ 100만원 이하의 벌금
② 5년 이하의 징역 또는 5천만원 이하의 벌금

(1) **5년 이하의 징역 또는 5000만원 이하의 벌금**
  ① **위력**을 사용하여 출동한 소방대의 화재진압·인명구조 또는 구급활동을 **방해**하는 행위
  ② 소방대가 화재진압·인명구조 또는 구급활동을 위하여 **현장**에 **출동**하거나 현장에 출입하는 것을 고의로 **방해**하는 행위
  ③ 출동한 소방대원에게 폭행 또는 협박을 행사하여 화재진압·인명구조 또는 구급활동을 **방해**하는 행위
  ④ 출동한 소방대의 소방장비를 파손하거나 그 효용을 해하여 화재진압·인명구조 또는 구급활동을 **방해**하는 행위
  ⑤ 소방자동차의 **출동**을 **방해**한 사람
  ⑥ 사람을 **구출**하는 일 또는 불을 끄거나 불이 번지지 아니하도록 하는 일을 **방해**한 사람 보기 ②
  ⑦ 정당한 사유 없이 소방용수시설 또는 비상소화장치를 사용하거나 소방용수시설 또는 비상소화장치의 효용을 해하거나 그 정당한 사용을 **방해**한 사람

  기억법 5방5000

(2) **100만원 이하의 벌금**
  ① 정당한 사유 없이 소방대가 현장에 도착할 때까지 사람을 **구**출하는 조치 또는 불을 끄거나 불이 번지지 않도록 하는 조치를 하지 아니한 소방대상물 관계인 보기 ①
  ② **피**난명령을 위반한 사람 보기 ③
  ③ 정당한 사유 없이 물의 사용이나 **수도**의 개폐장치의 사용 또는 **조**작을 하지 못하게 하거나 방해한 자
  ④ 정당한 사유 없이 소방대의 **생활안전활동**을 방해한 자 보기 ④
  ⑤ 긴급조치를 정당한 사유 없이 방해한 자

  기억법 구피조1

21 ③

해설 **관계인 및 소방안전관리자의 업무**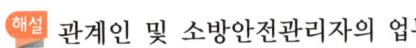

특정소방대상물 (관계인)	소방안전관리대상물 (소방안전관리자)
① 피난시설·방화구획 및 방화시설의 관리 보기 ④	① 피난시설·방화구획 및 방화시설의 관리
② 소방시설, 그 밖의 소방관련시설의 관리 보기 ②	② 소방시설, 그 밖의 소방관련시설의 관리
③ **화기취급**의 감독 보기 ①	③ **화기취급**의 감독
④ 소방안전관리에 필요한 업무	④ 소방안전관리에 필요한 업무
⑤ 화재발생시 초기대응	⑤ **소방계획서**의 작성 및 시행(대통령령으로 정하는 사항 포함)
	⑥ **자위소방대 및 초기대응체계**의 구성·운영·교육 보기 ③
	⑦ 소방훈련 및 교육
	⑧ 소방안전관리에 관한 업무수행에 관한 기록·유지
	⑨ 화재발생시 초기대응

22 ③

해설 ③ 100m² 이상 → 150m² 이상

건축허가 등의 동의대상물
(1) 연면적 **400m²**(학교시설: **100m²**, **수련시설·노유자시설**: **200m²**, 정신의료기관·장애인 의료재활시설: **300m²**) 이상 보기 ①④
(2) **6층** 이상인 건축물 보기 ②
(3) 차고·주차장으로서 바닥면적 **200m²** 이상(자동차 **20대** 이상)

⑷ **항공기격납고, 관망탑, 항공관제탑, 방송용 송수신탑**
⑸ **지하층** 또는 **무창층**의 바닥면적 **150m²** 이상(공연장은 **100m²** 이상) 보기 ③
⑹ **위험물저장 및 처리시설, 지하구**
⑺ 전기저장시설, 풍력발전소
⑻ 조산원, 산후조리원, 의원(입원실 또는 인공신장실이 있는 것)
⑼ 결핵환자나 한센인이 24시간 생활하는 노유자시설
⑽ 요양병원(의료재활시설 제외)
⑾ 노인주거복지시설·노인의료복지시설 및 재가노인복지시설, 학대피해노인 전용쉼터, 아동복지시설, 장애인거주시설
⑿ 정신질환자 관련시설(종합시설 중 24시간 주거를 제공하지 아니하는 시설 제외)
⒀ 노숙인자활시설, 노숙인재활시설 및 노숙인요양시설
⒁ 공장 또는 창고시설로서 지정수량의 **750배 이상**의 특수가연물을 저장·취급하는 것
⒂ 가스시설로서 지상에 노출된 탱크의 저장용량의 합계가 **100톤** 이상인 것

23 ①

건축승인을 받은 후(다음 날) 30일 이내에 소방안전관리자를 선임하여야 한다. 3월 15일 건축승인을 받았으므로 30일 이내는 **4월 14일 이내**가 답이 된다. 그러므로 ① 정답

24 ③

- 옥내소화전설비가 설치되어 있으므로 2급 소방안전관리대상물
- 연면적 6000m²로서 15000m² 이상이 안되므로 소방안전관리보조자 선임대상 아님

⑴ **2급 소방안전관리대상물**
① **지하구**
② 가스제조설비를 갖추고 도시가스사업 허가를 받아야 하는 시설 또는 가연성 가스를 **100톤 이상 1000톤** 미만 저장·취급하는 시설
③ **스프링클러설비** 또는 **물분무등소화설비**(호스릴방식 제외) 설치대상물
④ **옥내소화전설비** 설치대상물 보기 ③
⑤ 공동주택(옥내소화전설비 또는 스프링클러설비가 설치된 공동주택에 한함)
⑥ 목조건축물(국보·보물)

⑵ **최소 선임기준**

소방안전관리자	소방안전관리보조자
● 특정소방대상물마다 1명	● **300세대** 이상 아파트 : 1명(단, 300세대 초과마다 1명 이상 추가) ● 연면적 15000m² 이상 : **1명**(단, 15000m² 초과마다 1명 이상 추가) 보기 ③ ● **공동주택**(기숙사), **의료시설, 노유자시설, 수련시설** 및 **숙박시설**(바닥면적 합계 **1500m²** 미만이고, 관계인이 24시간 상시 근무하고 있는 숙박시설 제외) : 1명

25 ③

- 사용승인일이 2023년 3월 15일이고, 사용승인일에 선임되었으므로 강습수료일로부터 1년 이내에 취업한 경우에 해당되어 강습수료일로부터 2년마다 실무교육을 받아야 한다. 그러므로 2025년 3월 4일 이내가 답이 되므로 ③ 정답

소방안전관리자의 실무교육

실시기관	실무교육주기
한국소방안전원	선임된 날부터 6개월 이내, 그 이후 2년마다 1회

선임된 날부터 6개월 이내, 그 이후 2년마다(최초 실무교육을 받은 날을 기준일로 하여 매 2년이 되는 해의 기준일과 같은 날 전까지) 1회 실무교육을 받아야 한다.

(1) 소방안전관리 강습 또는 실무교육을 받은 후 1년 이내에 소방안전관리자로 선임된 경우 해당 강습교육을 수료하거나 실무교육을 이수한 날에 당해 실무교육을 이수한 것으로 본다.

▎실무교육주기▕

강습수료일로부터 1년 이내 취업한 경우	강습수료일로부터 1년 넘어서 취업한 경우
강습수료일로부터 2년 마다 1회	선임된 날부터 6개월 이내, 그 이후 2년 마다 1회

(2) 소방안전관리보조자의 경우, 소방안전관리자 강습교육 또는 실무교육이나 소방안전관리보조자 실무교육을 받은 후 1년 이내에 선임된 경우 해당 강습교육을 수료하거나 실무교육을 이수한 날에 실무교육을 이수한 것으로 본다.

[비교] 실무교육

소방안전 관련업무 경력보조자	소방안전관리자 및 소방안전관리보조자
선임된 날로부터 3개월 이내, 그 이후 2년 마다 1회 실무교육을 받아야 한다.	선임된 날로부터 6개월 이내, 그 이후 2년 마다 1회 실무교육을 받아야 한다.

제 ② 과목

문제는 여기로! → 문제 p.1-105

26 ②

① 발신기스위치를 눌러서 화재신호가 들어온 경우 발신기스위치를 복구시킨 후 수신기 복구버튼을 눌러야 수신기가 정상상태로 되므로 틀린 답임 (×)
② 발신기응답표시등은 발신기를 눌렀을 때 점등되고, 발신기 누름스위치를 복구시켰을 때 소등되므로 옳은 답임 (○)
③ 발신기스위치를 복구시킨 후 수신기 복구버튼을 눌러야 주경종, 지구경종 음향이 멈추므로 틀린 답임 (×)
④ 스위치주의등은 주경종, 지구경종, 자동복구스위치등이 복구되어야 소등되므로 틀린 답임 (×)

27 ③

제연설비	감시제어반 표시
㉢ 급기댐퍼 수동기동 장치 작동 ➡	댐퍼 수동기동 램프 점등
㉡ 급기댐퍼 개방 ➡	댐퍼 확인램프 점등
㉣ 급기송풍기 작동 ➡	송풍기 확인램프 점등

28 ③

① 감시제어반 선택스위치 : 자동, 주펌프 : 정지, 충압펌프 : 정지 상태이므로 감시제어반은 정상상태로 유지·관리되고 있다.
② 동력제어반에서 주펌프 선택스위치가 자동이므로 ON버튼을 눌러도 주펌프는 기동하지 않으므로 옳다.
③ 감시제어반에서 주펌프 스위치만 기동으로 올리면 주펌프는 기동하지 않는다. 감시제어반 선택스위치 수동으로 올리고 주펌프 스위치를 기동으로 올려야 주펌프는 기동한다.
④ 동력제어반에서 충압펌프 스위치를 자동위치로 돌리면 모든 제어반은 정상상태가 되므로 옳다.

정상상태	
동력제어반	감시제어반
주펌프 선택스위치 : **자동** • 주펌프 ON 램프 : **소등** • 주펌프 OFF 램프 : **점등** 충압펌프 선택스위치 : **자동** • 충압펌프 ON 램프 : **소등** • 충압펌프 OFF 램프 : **점등**	선택스위치 : **자동** • 주펌프 : **정지** • 충압펌프 : **정지**

29 ①

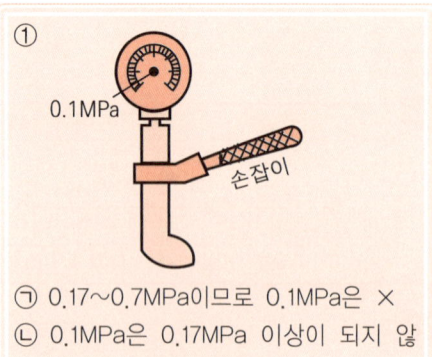

㉠ 0.17~0.7MPa이므로 0.1MPa은 ✗
㉡ 0.1MPa은 0.17MPa 이상이 되지 않으므로 방수압력 미달

옥내소화전 방수압력측정
(1) 측정장치 : 방수압력측정계(피토게이지)
(2)

방수량	방수압력
130L/min	0.17~0.7MPa 이하

(3) 방수압력 측정방법 : 방수구에 호스를 결속한 상태로 노즐의 선단에 방수압력측정계(피토게이지)를 근접$\left(\dfrac{D}{2}\right)$시켜서 측정하고 방수압력측정계의 압력계상의 눈금을 확인한다.

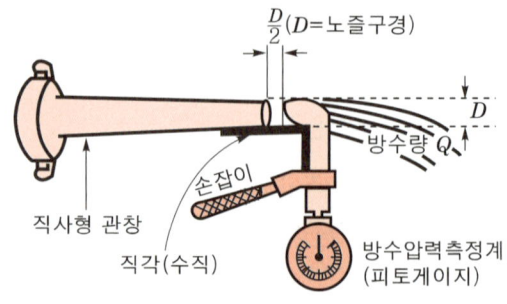

▌방수압력 측정▐

30 ③

밸브개방확인=스프링클러설비 밸브의 작동시간이므로 ③ 정답, 스프링클러설비 **개방**과 동시에 **밸브개방확인표시등**이 **점등**된다.

31 ③

③ 솔레노이드밸브를 분리하면 수동조작함을 조작하여도 약제가 방출되지 않으므로 방출표시등은 점등되지 않는다.

32 ②

② 주변사람에게 심장충격 버튼을 누르고 있도록 도움을 요청한다. → 다른 사람이 환자에게서 떨어져 있는지 확인한다.

자동심장충격기(AED) 사용방법
(1) 자동심장충격기를 심폐소생술에 방해가 되지 않는 위치에 놓은 뒤 전원버튼을 누른다.
(2) 환자의 상체를 노출시킨 다음 패드 포장을 열고 2개의 패드를 환자의 가슴에 붙인다.
(3) 패드는 **왼쪽 젖꼭지 아래의 중간겨드랑선**에 설치하고 **오른쪽 빗장뼈**(쇄골) 바로 **아래**에 붙인다.

패드의 부착위치	
패드 1	패드 2
오른쪽 빗장뼈(쇄골) 바로 아래	왼쪽 젖꼭지 아래의 중간겨드랑선

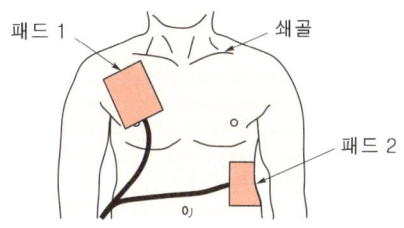

▮ 패드 위치 ▮

(4) 심장충격이 필요한 환자인 경우에만 제세동버튼이 깜박이기 시작하며, 깜박일 때 심장충격버튼을 눌러 심장충격을 시행한다.
(5) 심장충격버튼을 **누르기 전**에는 반드시
    ~~누른 후에는~~ ✕
    주변사람 및 구조자가 환자에게서 떨어져 있는지 다시 한 번 확인한 후에 실시하도록 한다. 보기 ③
(6) 심장충격이 필요 없거나 심장충격을 실시한 이후에는 즉시 **심폐소생술**을 다시 시작한다.
(7) **2분**마다 심장리듬을 분석한 후 반복 시행한다.
(8) 심장리듬 분석 중 심장충격이 필요한 경우 심장충격이 필요하다는 음성지시 후 스스로 설정된 에너지로 충전을 시작한다. 보기 ①
(9) 심장충격을 실시한 뒤에는 즉시 가슴압박과 인공호흡을 30 : 2로 다시 시작한다. 보기 ④

33 ②

① **예비전원**시험스위치가 눌러져 있지만 전압지시 **낮음**램프가 점등되어 있으므로 예비전원은 비정상이다.

② **예비전원**시험스위치가 **눌러져 있고** 전압지시 **정상**램프가 점등되어 있으므로 예비전원은 정상이다.(○)

③ **교류전원** 램프가 **점등**되어 있고 전압지시 **정상**램프가 점등되어 있으므로 **교류전원**이 **정상**이다. 예비전원이 눌러져 있지 않으므로 예비전원 정상유무는 알 수 없다.

④ **교류전원** 램프가 점등되어 있고 전압지시 **정상**램프가 점등되어 있으므로 교류전원이 **정상**이다. 예비전원 정상유무는 알 수 없다. 발신기램프도 점등되어 있지만 이는 발신기를 눌렀다는 의미로 예비전원 상태는 알 수 없다.

34 ①

① 고무공장은 일반화재(A급)이므로 제1인산암모늄을 주성분으로 하는 분말소화기를 비치하는 것은 옳은 답

▮ 소화약제 및 적응화재 ▮

적응화재	소화약제의 주성분	소화효과
BC급	탄산수소나트륨 ($NaHCO_3$)	• 질식효과 • 부촉매(억제)효과
BC급	탄산수소칼륨 ($KHCO_3$)	
ABC급	제1인산암모늄 ($NH_4H_2PO_4$)	
BC급	탄산수소칼륨($KHCO_3$) +요소(($NH_2)_2CO$)	

② 함부로 사용하지 못하도록 → 사용하기 쉽도록, 1.5m 이상 → 1.5m 이하

소화기의 설치기준
(1) 설치높이 : 바닥에서 **1.5m 이하**
(2) 설치면적 : 구획된 실 바닥면적 **33m²** 이상에 1개 설치

③ 0.6~0.98MPa → 0.7~0.98MPa

• 용기 내 압력을 확인할 수 있도록 지시압력계가 부착되어 사용가능한 범위가 0.7~0.98MPa로 녹색으로 되어 있음

지시압력계
(1) 노란색(황색) : 압력부족
(2) 녹색 : 정상압력
(3) 적색 : 정상압력 초과

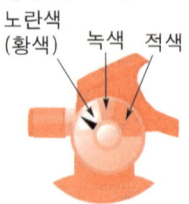

|소화기 지시압력계|

|지시압력계의 색표시에 따른 상태|

노란색(황색)	녹 색	적 색
압력이 부족한 상태	정상압력 상태	정상압력보다 높은 상태

④ 소화기 → 간이소화용구

간이소화용구는 전체 능력단위의 $\frac{1}{2}$을 넘어서는 안된다. (단, 노유자시설인 경우 제외)

35

① 주펌프의 기동램프가 점등되지 않았으므로 주펌프가 기동하지 않는다.

② ㉠ 감시제어반 선택스위치 : **연동**, 주펌프 : **정지**, 충압펌프 : **정지**로 되어 있어서 수동으로는 작동하지 않으므로 배관 내 압력저하가 발생하여 자동으로 작동된 것으로 추측할 수 있다.

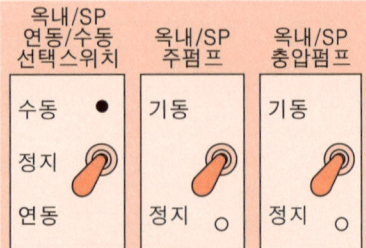

㉡ 충압펌프 기동램프가 **점등**되어 있으므로 **충압펌프**가 **기동**한다.

③ 동력제어반 충압펌프 선택스위치가 **자동**으로 되어 있으므로 충압펌프는 수동으로 기동되지 않는다.

④ 감시제어반 선택스위치가 **연동**으로 되어 있으므로 충압펌프는 수동으로 기동되지 않는다.

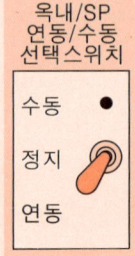

36 ④

① 개방되었다. → 개방 여부는 알 수 없다. 충압펌프를 수동기동했지만 스프링클러헤드 개방 여부는 알 수 없다.

② 자동 → 수동
감시제어반 선택스위치 : **수동**, 충압펌프 : **기동**이므로 충압펌프는 **수동**으로 **작동** 중이다.

③ 개방되었다. → 개방되지 않았다.
프리액션밸브 개방램프가 **소등**되어 있으므로 개방되지 않았다.

④ 감시제어반 주펌프 : **정지**이므로 주펌프는 **기동**하지 **않는다**.

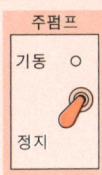

37 ③

ⓔ 도통시험버튼과 솔레노이드밸브 격발과는 무관함

ⓜ, ⓗ 솔레노이드밸브 스위치가 수동으로 되어 있으며 감지기 A, B는 무관하므로 감지기 A, B램프는 소등되는게 맞음

ⓞ 압력스위치를 작동시켰고 수동조작스위치는 누르지 않았으므로 수동조작램프는 소등되는게 맞음

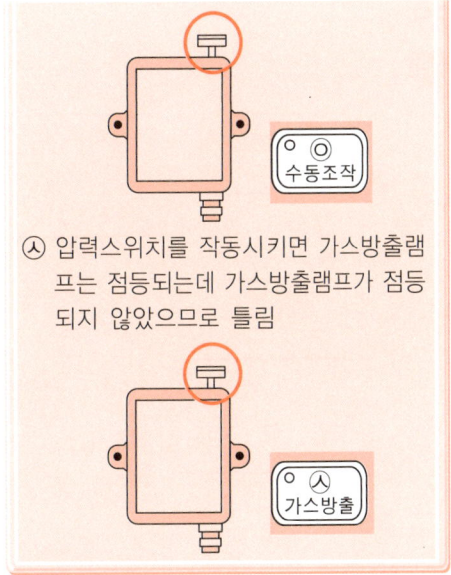

ⓐ 압력스위치를 작동시키면 가스방출램프는 점등되는데 가스방출램프가 점등되지 않았으므로 틀림

38 ②

성인의 가슴압박

(1) 환자의 얼굴과 가슴을 **10초** 이내로 관찰
(2) 구조자의 체중을 이용하여 압박
(3) 인공호흡에 자신이 없으면 가슴압박만 시행
  ① 위치 : 환자의 가슴뼈(흉골)의 아래쪽 절반 부위 보기 ㉠
  ② 자세 : 양팔을 쭉 편 상태로 체중을 실어서 환자의 몸과 수직이 되도록 가슴을 압박하고, 압박된 가슴은 완전히 이완되도록 한다.

구 분	설 명
속 도	분당 100~120회 보기 ㉡
깊 이	약 5cm(소아 4~5cm) 보기 ㉢

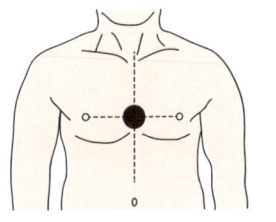

가슴압박 위치

39 ③

① 발신기 오작동 → 감지기 오작동

회선설명	메시지
2F 감지기	화재발생
	수신기복구

② 4층 → 2층

회선설명
2F 감지기

2F(2층) 감지기가 작동되었으므로 2층에서 빈번한 화재감지기 작동

④ 멈추지 않았다. → 멈추었다.

메시지
주음향 정지
지구음향 정지

주음향정지, 지구음향 정지 메시지가 나타났으므로 주경종 및 지구경종 음향은 멈추는게 맞다.

40 ①

① 초과하여 → 초과되지 않아, 교체하여야 한다. → 교체할 필요 없다.
제조년월 : 2015.11.이고 내용연수가 10년이므로 2025.11.까지가 유효기간이므로 내용연수가 초과되지 않았다.

내용연수
소화기의 내용연수를 **10년**으로 하고 내용연수가 지난 제품은 교체 또는 성능확인을 받을 것

내용연수 경과 후 10년 미만	내용연수 경과 후 10년 이상
3년	1년

② 가압식 소화기는 폭발우려가 있으므로 폐기하여야 하며, 압력계가 정상 범위에 있으므로 축압식 소화기는 정상이다.
③ 소화기 압력미달로 교체해야 한다.

축압식 소화기 : 압력계 ○

- 용기 중에 소화약제와 함께 소화약제의 방출원이 되는 질소 등의 압축가스를 봉입한 방식
- 용기 내 압력을 확인할 수 있도록 지시압력계가 부착되어 사용 가능한 범위가 0.7~0.98MPa로 녹색으로 되어 있음

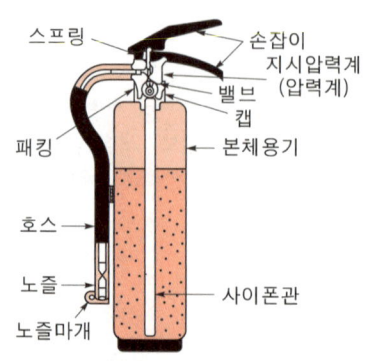

| 축압식 소화기 |

지시압력계
(1) 노란색(황색) : 압력부족
(2) 녹색 : 정상압력
(3) 적색 : 정상압력 초과

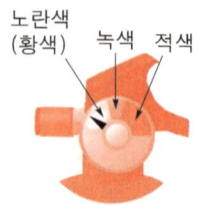

| 소화기 지시압력계 |

| 지시압력계의 색표시에 따른 상태 |

노란색(황색) 보기 ③	녹 색	적 색
압력이 부족한 상태	정상압력 상태	정상압력보다 높은 상태

④ 33m² 이상에 설치하지만 33m² 미만에 비치해도 아무관계가 없으므로 옳다.

소화기의 설치기준
(1) 설치높이 : 바닥에서 **1.5m** 이하
(2) 설치면적 : 구획된 실 바닥면적 **33m²** 이상에 1개 설치

41 ④

해설

㉠ 정지 → 연동
㉡ 기동 → 정지
㉢ 수동 → 자동

평상시 상태

감시제어반	동력제어반
선택스위치 : **연동** 보기 ㉠ 주펌프 : **정지** 보기 ㉡ 충압펌프 : **정지** 보기 ㉢	주펌프 선택스위치 : 자동 보기 ㉣ • 주펌프 기동램프 : 소등 • 주펌프 정지램프 : 점등 • 주펌프 펌프기동램프 : 소등 충압펌프 선택스위치 : 자동 보기 ㉤ • 충압펌프 기동램프 : 소등 • 충압펌프 정지램프 : 점등 • 충압펌프 펌프기동램프 : 소등

42 ①

해설

① 습식 스프링클러설비는 **감지기**를 사용하지 **않으므로** 화재감지기 점등과는 무관

감지기 사용유무

습식 · 건식 스프링클러설비	준비작동식 · 일제살수식 스프링클러설비
감지기 ×	감지기 ○

압력스위치 작동시의 상황
(1) 펌프작동
(2) 감시제어반 밸브개방표시등(습식 : 알람밸브표시등) 점등

(3) 음향장치(사이렌) 작동
(4) 화재표시등 점등

43 ③

해설 성인의 가슴압박
(1) 환자의 **어깨**를 두드린다. 보기 ㉠
(2) 환자의 얼굴과 가슴을 **10초 이내**로 관찰 보기 ㉡
(3) 구조자의 체중을 이용하여 압박한다.
(4) 인공호흡에 자신이 없으면 가슴압박만 시행한다.

구 분	설 명
속 도	분당 100~120회
깊 이	약 5cm(소아 4~5cm)

∥가슴압박 위치∥

44 ①

해설 평상시 점등상태를 유지하여야 하는 표시등 보기 ①
(1) 교류전원
(2) 전압지시(정상)

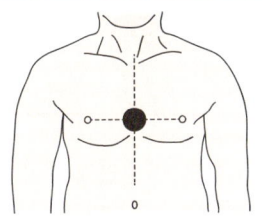

∥P형 수신기∥

45 ②

측정위치	점검장비
A : 전실 내	ⓒ 차압계(압력차 측정기)
B : ① 계단실 ② 부속실	㉠ 풍속풍압계

46 ④

㉠ 단서에 따라 방수압력측정계 압력이 0.3MPa이므로 0.17~0.7MPa 이하이기 때문에 ○
ⓒ 단서에 따라 주펌프가 기동하였지만 기동표시등이 점등되지 않았으므로 ×

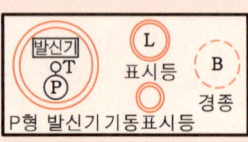

옥내소화전 방수압력 측정
(1) 측정장치 : 방수압력측정계(피토게이지)
(2)

방수량	방수압력
130L/min	0.17~0.7MPa 이하 보기 ㉠

(3) 방수압력 측정방법 : 방수구에 호스를 결속한 상태로 노즐의 선단에 방수압력측정계(피토게이지)를 근접 $\left(\dfrac{D}{2}\right)$ 시켜서 측정하고 방수압력측정계의 압력계상의 눈금을 확인한다.

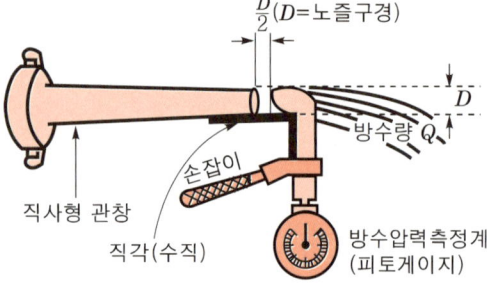

▎방수압력 측정▕

47 ④

① 0.6MPa → 0.8MPa, 0.4MPa → 0.6MPa, 0 → 0.2
펌프의 정지압력(정지점, 양정)
=RANGE이므로
RANGE=80m=0.8MPa(100m=1MPa) 보기 ③
기동점=자연낙차압+0.15MPa
     =0.45MPa+0.15MPa
     =0.6MPa 보기 ②
DIFF=RANGE-기동점
    =0.8MPa+0.6MPa=0.2MPa
② 0.2MPa → 0.6MPa
③ 0.6MPa → 0.8MPa
④ 기동압력=0.6MPa, 정지압력=0.8MPa로 스프링클러설비의 방수압이 0.1~1.2MPa에 해당하여 **정상**이다.
[조건 1]에서 '**헤드**'라는 말이 있으므로 스프링클러설비임을 알 수 있다.

기동점 (기동압력)	정지점 (양정, 정지압력)
기동점 =RANGE-DIFF =자연낙차압+0.15MPa	정지점=RANGE

구 분	스프링클러설비
방수압	0.1~1.2MPa 이하
방수량	80L/min 이상

중요 충압펌프 기동점

충압펌프 기동점= 주펌프 기동점+0.05MPa

용어 자연낙차압

가장 높이 설치된 헤드로부터 펌프 중심점까지의 낙차를 압력으로 환산한 값

48 ③

> ③ 5회 → 2회

(1) 성인의 가슴압박
① 환자의 **어깨**를 두드린다.
② 쓰러진 환자의 얼굴과 가슴을 **10초 이내**로 관찰
　　10초 이상 ✕
③ 구조자의 체중을 이용하여 압박한다.
④ 인공호흡에 자신이 없으면 가슴압박만 시행한다.
⑤ 인공호흡 : 1회에 거쳐서 숨을 불어넣는다.

구 분	설 명 [보기 ①]
속 도	분당 100~120회
깊 이	약 5cm(소아 4~5cm)

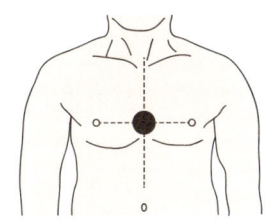

▌가슴압박 위치▐

(2) 심폐소생술

심폐소생술 실시	심폐소생술 기본순서 [보기 ②]
호흡과 심장이 멎고 **4~6분**이 경과하면 산소 부족으로 뇌가 손상되어 원상 회복되지 않으므로 호흡이 없으면 즉시 심폐소생술을 실시해야 한다.	가슴압박 → 기도 유지 → 인공호흡 [기억법] 가기인

(3) 심폐소생술의 진행

구 분	시행횟수 [보기 ③]
가슴압박	30회
인공호흡	2회

(4) 자동심장충격기(AED) 사용방법
① 자동심장충격기를 심폐소생술에 방해가 되지 않는 위치에 놓은 뒤 전원버튼을 누른다.
② 환자의 상체를 노출시킨 다음 패드 포장을 열고 2개의 패드를 환자의 가슴에 붙인다.
③ 패드는 **왼쪽 젖꼭지 아래의 중간겨드랑선**에 설치하고 **오른쪽 빗장뼈**(쇄골) 바로 **아래**에 붙인다. [보기 ④]

▌패드의 부착위치▐

패드 1	패드 2
오른쪽 빗장뼈(쇄골) 바로 아래	왼쪽 젖꼭지 아래의 중간겨드랑선

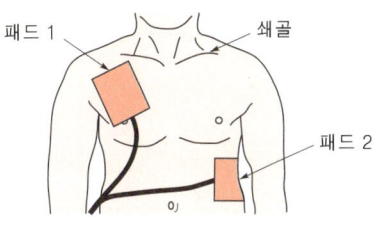

▌패드 위치▐

④ 심장충격이 필요한 환자인 경우에만 제세동버튼이 깜박이기 시작하며, 깜박일 때 심장충격버튼을 눌러 심장충격을 시행한다.
⑤ 심장충격버튼을 누르기 전에는 반드시
　　누른 후에는 ✕
주변사람 및 구조자가 환자에게서 떨어져 있는지 다시 한 번 확인한 후에 실시하도록 한다.
⑥ 심장충격이 필요 없거나 심장충격을 실시한 이후에는 즉시 **심폐소생술**을 다시 시작한다.
⑦ **2분**마다 심장리듬을 분석한 후 반복 시행한다.

49 ②

② 스위치주의등이 점멸하고 있을 때는 **지구경종, 주경종, 자동복구스위치** 등이 눌러져 있을 때이므로 눌러져 있는 스위치(정상위치에 있지 않은 스위치)를 정상위치 시킨다.
현재는 자동복구스위치가 눌러져 있으므로 자동복구스위치를 자동복구시키면 된다.

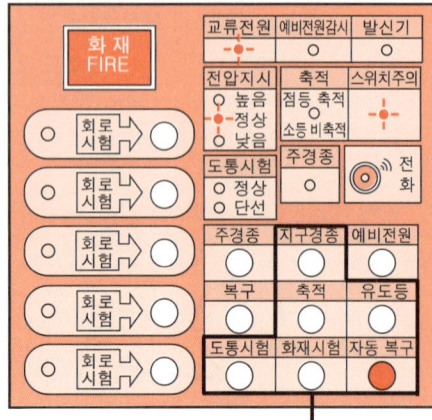

이 스위치가 하나라도 눌러져 있는 경우 스위치주의등이 점멸함

50 ①

알람밸브 2차측 압력이 저하되어 **클래퍼가 개방**되면 클래퍼 개방에 따른 **압력수 유입**으로 **압력스위치가 동작**된다. 보기 ①

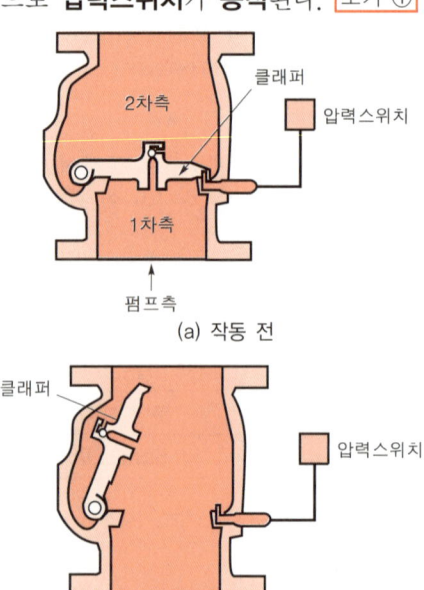

알람밸브

2019년 기출문제

문제는 여기로! → 문제 p.1-119

01	02	03	04	05	06	07	08	09	10
①	④	④	④	④	④	①	④	②	①
11	12	13	14	15	16	17	18	19	20
④	①	③	②	①	②	③	④	②	②
21	22	23	24	25	26	27	28	29	30
③	④	①	①	①	②	③	③	④	③
31	32	33	34	35	36	37	38	39	40
①	①	②	③	③	③	③	③	③	①
41	42	43	44	45	46	47	48	49	50
④	③	②	④	②	④	③	②	④	②

제 ① 과목

문제는 여기로! → 문제 p.1-119

01 ①

해설

 대류에 대한 설명

열전달

종류	설명
전도 (conduction)	• 하나의 물체가 다른 물체와 **직접 접촉**하여 전달되는 것
대류 (convection)	• **유체의 흐름**에 의하여 열이 전달되는 것 보기 ①
복사 (radiation)	• 화재시 열의 이동에 **가장 크게 작용**하는 열이동방식 보기 ② • **화염의 접촉 없이** 연소가 확산되는 현상 • 화재현장에서 **인접건물**을 연소시키는 주된 원인 • **열에너지**를 파장의 형태로 계속 **방사** 보기 ③ • **열복사**라고 하며 양지바른 곳에서 **햇볕**을 쬐면 따뜻함 보기 ④

02 ④

해설

④ 가열, 충격, 마찰 등에 의해 분해되고 산소를 방출한다. → 강산으로 산소를 발생하는 조연성 액체로 일부는 물과 접촉하면 발열된다.

위험물

유별	성질	설명
제1류	**산**화성 **고**체 보기 ① 기억법 1산고(일산고)	• 강산화제 • 가열, 충격, 마찰 등에 의해 분해되고 **산소** 방출
제2류	**가**연성 **고**체 보기 ② 기억법 2가고(이가 고장)	• 저온착화 • 연소시 유독가스 발생
제3류	자연**발**화성 물질 및 금수성 물질 기억법 3발(세발낙지)	물과 반응
제4류	인화성 액체 보기 ③	• 물보다 가볍고 증기는 공기보다 무거움 • **주수소화 불가능**
제5류	자기반응성 물질 기억법 5산(오산지역)	**산**소 함유
제6류	**산**화성 **액**체 보기 ④ 기억법 산액	• 조연성 액체 • **강산**으로 **산소** 발생

03 ④

> ④ 해당 없음

전기화재의 주요 화재원인
(1) 전선의 합선(단락)에 의한 발화 보기 ①
(2) 누전에 의한 발화 보기 ②
(3) 과전류(과부하)에 의한 발화 보기 ③
(4) 정전기불꽃

04 ④

> ④ 6~19% → 5~15%

LPG vs LNG

종류 구분	액화석유가스 (LPG)	액화천연가스 (LNG)
주성분	• 프로판(C_3H_8) • 부탄(C_4H_{10}) 기억법 P프부	• 메탄(CH_4) 기억법 N메
비중	1.5~2(누출시 낮은 곳 체류) 보기 ①	0.6(누출시 천 장 쪽에 체류)
폭발 범위 (연소 범위)	• 프로판 : 2.1~ 9.5% 보기 ② • 부탄 : 1.8~ 8.4% 보기 ③	5~15% 보기 ④
용도	• 가정용 • 공업용 • 자동차연료용	• 도시가스
증기비중	1보다 큰 가스	1보다 작은 가스
탐지기의 위치	• 탐지기의 **상단** 은 **바닥면**의 **상** **방 30cm** 이내 에 설치	• 탐지기의 **하단** 은 **천장면**의 **하** **방 30cm** 이내 에 설치

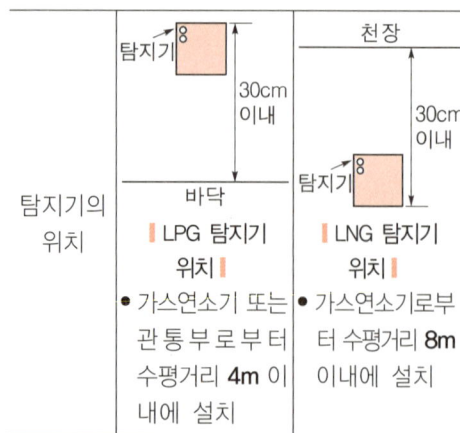

탐지기의 위치	LPG 탐지기 위치	LNG 탐지기 위치
	• 가스연소기 또는 관통부로부터 수평거리 **4m** 이 내에 설치	• 가스연소기로부 터 수평거리 **8m** 이내에 설치

05 ④

> ① 없다. → 있다.
> ② 반드시 1층 → 1층 또는 피난층
> ③ 30m² → 20m²

(1) 종합방재실의 위치
① **1층** 또는 **피난층** 보기 ②
② 초고층 건축물 등에 특별피난계단이 설치되어 있고, 특별피난계단 출입구로부터 **5m** 이내에 종합방재실을 설치하려는 경우에는 **2층** 또는 **지하 1층**에 설치할 수 있다.
③ 공동주택의 경우에는 **관리사무소 내**에 설치할 수 있다. 보기 ①
④ **비상용 승강장, 피난 전용 승강장** 및 **특별피난계단**으로 이동하기 쉬운 곳
⑤ 재난정보 수집 및 제공, 방재활동의 거점 역할을 할 수 있는 곳 보기 ④
⑥ **소방대**가 쉽게 도달할 수 있는 곳
⑦ **화재** 및 **침수** 등으로 인하여 피해를 입을 우려가 적은 곳

(2) **종합방재실의 구조 및 면적**
① 다른 부분과 방화구획으로 설치할 것 (단, 다른 제어실 등의 감시를 위하여 두께 **7mm** 이상의 망입유리(두께 **16.3mm** 이상의 접합유리 또는 두께 **28mm** 이상의 복층유리 포함)로 된 **4m²** 미만의 붙박이창 설치 가능)
② 인력의 대기 및 휴식 등을 위하여 종합방재실과 방화구획된 부속실을 설치할 것
③ 면적은 **20m²** 이상으로 할 것 보기 ③
④ 재난 및 안전관리, 방범 및 보안, 테러 예방을 위하여 필요한 시설·장비의 설치와 근무인력의 재난 및 안전관리 활동, 재난 발생시 소방대원의 지휘활동에 지장이 없도록 설치할 것
⑤ 출입문에는 출입 제한 및 통제장치를 갖출 것

06 ④

해설

④ 차동식 → 정온식

비화재보의 원인과 대책

주요 원인	대 책
주방에 '**비적응성 감지기**'가 설치된 경우 보기 ④	적응성 감지기(정온식 감지기 등)로 교체
'**천장형 온풍기**'에 밀접하게 설치된 경우 보기	기류흐름 방향 외 이격설치
담배연기로 인한 연기감지기 동작 보기 ②	흡연구역에 환풍기 등 설치
청소불량(먼지·분진)에 의한 감지기 오동작 보기 ③	내부 먼지 제거 후 복구스위치 누름 또는 감지기 교체

07 ①

해설

(1) **옥내소화전설비 수원의 저수량**

$$Q = 2.6N \text{(30층 미만, } N : \text{최대 2개)} \boxed{\text{보기 ①}}$$
$$Q = 5.2N \text{(30~49층 이하, } N : \text{최대 5개)}$$
$$Q = 7.8N \text{(50층 이상, } N : \text{최대 5개)}$$

여기서, Q : 수원의 저수량(m³)
N : 가장 많은 층의 소화전개수

수원의 저수량 Q는
$Q = 2.6N = 2.6 \times 2 = 5.2\text{m}^3$

(2) **옥외소화전설비 수원의 저수량**

$$Q = 7N \boxed{\text{보기 ①}}$$

여기서, Q : 수원의 저수량(m³)
N : 옥외소화전 설치개수
(**최대 2개**)

수원의 저수량 Q는
$Q = 7N = 7 \times 2 = 14\text{m}^3$

∴ $5.2\text{m}^3 + 14\text{m}^3 = 19.2\text{m}^3$

08 ④

해설

④ 5년 이하의 징역 또는 5000만원 이하의 벌금

100만원 이하의 벌금
(1) 정당한 사유 없이 소방대가 현장에 도착할 때까지 사람을 **구**출하는 조치 또는 불을 끄거나 불이 번지지 않도록 하는 조치를 하지 아니한 소방대상물 관계인 보기 ③
(2) **피**난명령을 위반한 사람 보기 ①
(3) 정당한 사유 없이 물의 사용이나 **수도**의 **개폐장치**의 사용 또는 **조**작을 하지 못하게 하거나 방해한 자 보기 ②
(4) 정당한 사유 없이 소방대의 **생활안전활동**을 방해한 자

(5) 긴급조치를 정당한 사유 없이 방해한 자

기억법 구피조1

09 ②

해설

② 지하 1층 또는 지하 2층 → 2층 또는 지하 1층

종합방재실의 위치
(1) **1층** 또는 **피난층** 보기 ①
(2) 초고층 건축물 등에 특별피난계단이 설치되어 있고, 특별피난계단 출입구로부터 **5m** 이내에 종합방재실을 설치하려는 경우에는 **2층** 또는 **지하 1층**에 설치할 수 있다. 보기 ②
(3) 공동주택의 경우에는 **관리사무소 내**에 설치할 수 있다. 보기 ④
(4) **비상용 승강장**, **피난 전용 승강장** 및 **특별피난계단**으로 이동하기 쉬운 곳
(5) 재난정보 수집 및 제공, 방재활동의 거점 역할을 할 수 있는 곳
(6) **소방대**가 쉽게 도달할 수 있는 곳
(7) **화재** 및 **침수** 등으로 인하여 피해를 입을 우려가 적은 곳 보기 ③

10 ①

해설

스프링클러설비의 종류

구 분		장 점	단 점
폐쇄형 헤드 사용	습식	• 구조가 간단하고 공사비 저렴 • **소화**가 **신속**하다. 보기 ① • 타방식에 비해 유지·관리 용이	• 동결 우려 장소 사용제한 • 헤드 오작동시 수손피해 및 배관 부식 촉진
	건식	• **동결 우려 장소** 및 옥외사용 **가능** 보기 ②	• 살수개시시간 지연 및 복잡한 구조 • 화재 초기 압축공기에 의한 화재 촉진 우려 • 일반헤드인 경우 상향형으로 시공하여야 함
	준비작동식	• **동결 우려 장소** 사용 가능 보기 ③ • 헤드 오작동(개방)시 **수손피해** 우려 **없다**. • 헤드개방 전 경보로 조기 대처 용이	• 감지장치로 감지기별도 시공 필요 • 구조 복잡, 시공비 고가 • 2차측 배관 부실시공 우려
개방형 헤드 사용	일제살수식	• **초기화재**에 신속 대처 용이 • 층고가 높은 장소에서도 소화 가능	• 대량살수로 **수손피해** 우려 보기 ④ • 화재감지장치 별도 필요

11 ④

해설

④ 70m → 50m

경계구역의 설정기준
(1) 1경계구역이 2개 이상의 **건축물**에 미치지 않을 것 보기 ①

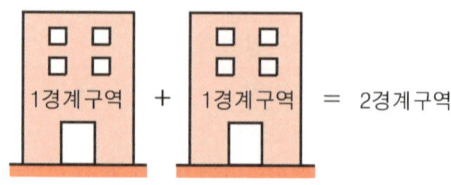

▌하나의 경계구역으로 설정불가 ▌

(2) 1경계구역이 2개 이상의 **층**에 미치지 않을 것(단, **500m²** 이하는 2개층을 1경계구역으로 할 것) 보기 ②
(3) 1경계구역의 면적은 **600m²** 이하로 하고, 1변의 길이는 **50m** 이하로 할 것(단, 내부 전체가 보이면 **1000m²** 이하로 할 것) 보기 ③④

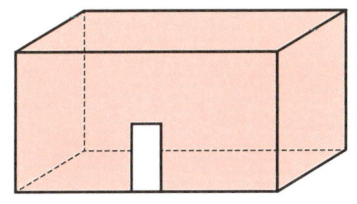

▍내부 전체가 보이면 1경계구역 면적 1000m² 이하, 1변의 길이 50m 이하 ▍

> **용어** 경계구역
> 자동화재탐지설비의 1회선(회로)이 화재의 발생을 유효하고 효율적으로 감지할 수 있도록 적당한 범위를 정한 구역

12 ①

> ②·③·④ 정온식 스포트형 감지기에 대한 설명

감지기의 구조

정온식 스포트형 감지기	차동식 스포트형 감지기
① **바**이메탈, 감열판, **접**점 등으로 구성 보기 ②	① **감**열실, 다이어프램, 리크구멍, 접점 등으로 구성 보기 ①
기억법 바정(봐줘)	**기억법** 차감
② 보일러실, 주방 설치 보기 ④	② 거실, 사무실 설치
③ 주위온도가 일정온도 이상이 되었을 때 작동 보기 ③	③ 주위온도가 일정상승률 이상이 되는 경우에 작동

▍정온식 스포트형 감지기 ▍ ▍차동식 스포트형 감지기 ▍

13 ③

> ① 도통시험순서 → 동작시험순서, 도통시험스위치 → 동작시험스위치
> ② 19~29V → 4~8V
> ④ 교차회로방식 → 송배선식

(1) P형 수신기의 동작시험 보기 ① | 교재 2권 110 |

구 분	순 서
동작시험순서	① 동작시험스위치 누름 ② 자동복구스위치 누름 ③ 회로시험스위치 돌림

▍P형 수신기 동작시험 순서 ▍

동작시험복구순서	① 회로시험스위치 돌림 ② 동작시험스위치 누름 ③ 자동복구스위치 누름
회로도통시험순서	① 도통시험스위치를 누름 ② 각 경계구역 동작버튼을 차례로 누름(회로시험스위치를 각 경계구역별로 차례로 회전)
예비전원시험순서	① 예비전원시험스위치 누름 ② 예비전원 결과 확인

(2) 회로도통시험 적부 판정 보기 ② | 교재 2권 112 |

구 분	전압계가 있는 경우	도통시험확인등이 있는 경우
정 상	4~8V	정상확인등 점등(녹색)
단 선	0V	단선확인등 점등(적색)

(3) 예비전원시험 적부 판정 [보기 ③] [교재 2권 114]

전압계인 경우 정상	램프방식인 경우 정상
19~29V	녹색

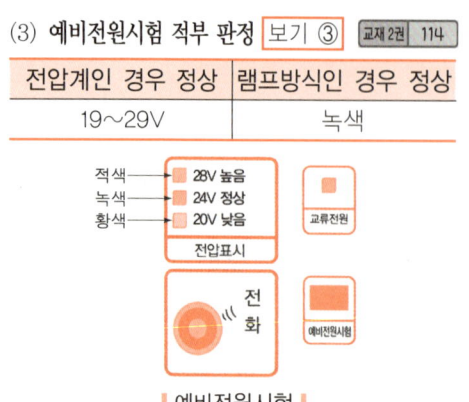

| 예비전원시험 |

(4) 자동화재탐지설비 [보기 ④] [교재 2권 102-103]
감지기 사이의 회로배선 : **송배선식**

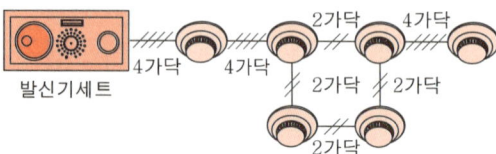

| 송배선식 |

용어	송배선식
	도통시험(선로의 정상연결 여부 확인)을 원활히 하기 위한 배선방식

14 ②

해설 피난기구의 적응성

설치 장소별 구분	층 별 1층	4층 이상 10층 이하
노유자시설	• 미끄럼대 [문제 25] • 구조대 [문제 25] • 피난교 • 다수인 피난 장비 • 승강식 피난기 [문제 25]	• 구조대[1)] • 피난교 [보기 ②] • 다수인 피난 장비 • 승강식 피난기
의료시설·입원실이 있는 의원·접골원·조산원	—	• 구조대 • 피난교 • 피난용 트랩 • 다수인 피난 장비 • 승강식 피난기
영업장의 위치가 4층 이하인 다중이용업소	—	• 미끄럼대 • 피난사다리 • 구조대 • 완강기 • 다수인 피난 장비 • 승강식 피난기
그 밖의 것	—	• 피난사다리 • 구조대 • 완강기 • 피난교 • 간이완강기[2)] • 공기안전매트 • 다수인 피난 장비 • 승강식 피난기

1) **구조대**의 적응성은 장애인관련시설로서 주된 사용자 중 스스로 피난이 불가한 자가 있는 경우 추가로 설치하는 경우에 한한다.
2) 간이완강기의 적응성은 **숙박시설**의 **3층 이상**에 있는 객실에 추가로 설치하는 경우에 한한다.

15 ①

해설
① 예비전원(배터리)점검 : 점검스위치 또는 점검버튼을 눌러서 점등상태 확인
④ 상용전원점검 : 교류전원(전원등)램프의 점등 여부로 확인

(1) **예비전원**(배터리)**점검** : 외부에 있는 **점검스위치**(배터리상태 점검스위치)를 **당겨보는 방법** 또는 **점검버튼**을 눌러서 점등상태 확인 [보기 ①] [교재 2권 149]

|예비전원 점검스위치|

|예비전원 점검버튼|

(2) **2선식** 유도등점검 : 유도등이 **평상시 점등**되어 있는지 확인 교재 2권 148

|평상시 점등이면 정상|

|평상시 소등이면 비정상|

(3) **3선식** 유도등점검 교재 2권 147
  ① 수동전환 : 수신기에서 수동으로 점등스위치를 ON하고 건물 내의 점등이 안 되는 유도등을 확인

|유도등 절환스위치 수동전환| |유도등 점등 확인|

  ② 연동(자동)전환 : 감지기・발신기・중계기・스프링클러설비 등을 현장에서 작동(동작)과 동시에 유도등이 점등되는지를 확인

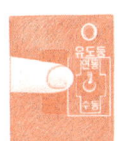

|유도등 절환스위치 연동(자동)전환|

|감지기, 발신기 동작| |유도등 점등 확인|

16 ②

> ①・③・④ 0.5m/s 이상
> ② 0.7m/s 이상

방연풍속

제연구역		방연풍속
계단실 및 그 부속실을 동시에 제연하는 것 또는 계단실만 단독으로 제연하는 것 보기 ①④		0.5m/s 이상
부속실만 단독으로 제연하는 것	부속실이 면하는 옥내가 거실인 경우 보기 ②	0.7m/s 이상
	부속실이 면하는 옥내가 복도로서 그 구조가 방화구조(내화시간이 30분 이상인 구조 포함)인 것 보기 ③	0.5m/s 이상

17 ③

> ③ 폐쇄 → 개방

거실제연설비의 점검방법
(1) 감지기(또는 수동기동장치의 스위치) 작동
(2) 작동상태의 확인할 내용
  ① 화재경보가 발생하는지 확인 보기 ①
  ② 제연커튼이 설치된 장소에는 제연커튼이 작동(내려오는지)되는지 확인 보기 ②

③ 배기·급기댐퍼가 작동하여 **개방**되는지 확인 보기 ③
④ 배풍기(배기팬)·송풍기(급기팬)이 작동하여 송풍 및 배풍이 정상적으로 되는지 확인 보기 ④

18 ④

해설

④ 개축의 정의

재축
건축물이 **천재지변**이나 기타 재해에 의하여 멸실된 경우에 그 대지 안에 다음의 요건을 갖추어 **다시 축조**하는 것
(1) **연면적** 합계는 종전 **규모 이하**로 할 것 보기 ①
(2) 동수, 층수 및 높이는 다음 어느 하나에 해당할 것
  ① 동수, 층수 및 높이가 모두 종전 **규모 이하**일 것 보기 ②
  ② 동수, 층수 또는 높이의 어느 하나가 종전 규모를 초과하는 경우에는 해당 동수, 층수 및 높이가 **건축법령**에 모두 적합할 것 보기 ③

비교 개축 보기 ④
기존 건축물의 **전부** 또는 **일부**(내력벽·기둥·보·지붕틀 중 **3개** 이상이 포함되는 경우)를 해체하고 그 대지에 종전과 동일한 규모의 범위 안에서 건축물을 **다시 축조**하는 것

19 ②

해설

② 제조 또는 가공공정에서 방염처리를 한 물품이 아니고 건축물 내부의 천장이나 벽에 설치하는 물품이다.

방염대상물품
(1) **제조** 또는 **가공공정**에서 방염처리를 한 물품
  ① 창문에 설치하는 **커튼류**(블라인드 포함) 보기 ①

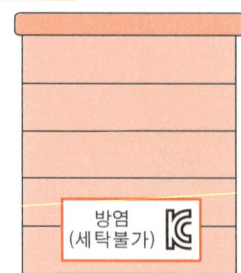
┃방염커튼

  ② 카펫
  ③ **벽지류**(두께 **2mm 미만**인 **종이벽지** 제외)
  ④ **전시용 합판·목재·섬유판**
  ⑤ **무대용 합판·목재·섬유판**
  ⑥ **암막·무대막**(영화상영관·가상체험 체육시설업의 **스크린** 포함) 보기 ③
  ⑦ 섬유류 또는 합성수지류 등을 원료로 하여 제작된 **소파·의자**(단란주점·유흥주점·노래연습장에 한함) 보기 ④
(2) 건축물 내부의 **천장·벽**에 **부착·설치**하는 것
  ① 종이류(두께 **2mm 이상**), **합성수지류** 또는 **섬유류**를 주원료로 한 물품 보기 ②
  ② **합판**이나 **목재**
  ③ 공간을 구획하기 위하여 설치하는 **간이칸막이**
  ④ 흡음·방음을 위하여 설치하는 **흡음재**(흡음용 커튼 포함) 또는 **방음재**(방음용 커튼 포함)

20 ②

해설

② 청각장애인에 대한 설명

장애유형별 피난보조 예시

장애유형	피난보조 예시
지체장애인	불가피한 경우를 제외하고는 **2인** 이상이 **1조**가 되어 피난을 보조하고 장애 정도에 따라 보조기구를 적극 활용하며 계단 및 경사로에서의 균형에 주의를 요한다. 보기 ①
청각장애인	시각적인 전달을 위해 **표정**이나 **제스처**를 사용하고 **조명**(손전등 및 전등)을 적극 활용하며 메모를 이용한 대화도 효과적이다.
시각장애인	평상시와 같이 **지팡이**를 이용하여 피난하도록 한다. 보기 ②
지적장애인	공황상태에 빠질 수 있으므로 **차분**하고 **느린 어조**로 도움을 주러 왔음을 밝히고 피난을 보조한다. 보기 ③
노약자	① **장애인**에 준하여 피난보조를 실시한다. ② 노인은 지병이 있는 경우가 많으므로 구조대가 알기 쉽게 지병을 표시한다. 보기 ④

21 ③

해설 **소방교육 및 훈련의 원칙**

원칙	설명
현실의 원칙	• 학습자의 능력을 고려하지 않은 훈련은 비현실적이고 불완전하다.
학습자 중심의 원칙	• **한** 번에 **한 가지씩** 습득 가능한 분량을 교육 및 훈련시킨다. • **쉬운 것**에서 **어려운 것**으로 교육을 실시하되 기능적 이해에 비중을 둔다. • 학습자에게 감동이 있는 교육이 되어야 한다.
기억법 **학한**	
동기부여의 원칙	• **교육**의 **중요성**을 **전달**해야 한다. • 학습을 위해 적절한 스케줄을 적절히 배정해야 한다. • 교육은 시기적절하게 이루어져야 한다. • 핵심사항에 교육의 포커스를 맞추어야 한다. • 학습에 대한 보상을 제공해야 한다. • 교육에 재미를 부여해야 한다. • 교육에 있어 다양성을 활용해야 한다. • 사회적 상호작용을 제공해야 한다. • 전문성을 공유해야 한다. • 초기성공에 대해 격려해야 한다.
목적의 원칙 보기 ③	• 어떠한 기술을 어느 정도까지 익혀야 하는가를 명확하게 제시한다. • 습득하여야 할 기술이 활동 전체에서 어느 위치에 있는가를 인식하도록 한다.
실습의 원칙	• **실습**을 통해 지식을 습득한다. • 목적을 생각하고, 적절한 방법으로 정확하게 하도록 한다.
경험의 원칙	• 경험했던 사례를 들어 현실감 있게 하도록 한다.
관련성의 원칙	• 모든 교육 및 훈련 내용은 **실무적인 접목**과 **현장성**이 있어야 한다.

 기억법 **현학동 목실경관교**

22 ④

해설 (1) **자동화재탐지설비**가 설치되어 있으므로 **3급 소방안전관리대상물**에 해당되므로 **3급 소방안전관리자 1명**이 필요하다.
(2) 연면적이 **5000m²**로 **15000m²**를 초과하지 않으므로 소방안전관리보조자는 선임할 필요가 없다.

소방안전관리자 및 소방안전관리보조자를 선임하는 특정소방대상물

소방안전관리대상물	특정소방대상물
특급 소방안전관리대상물 (동식물원, 철강 등 불연성 물품 저장·취급창고, 지하구, 위험물제조소 등 제외)	• 50층 이상(지하층 제외) 또는 지상 200m 이상 아파트 • 30층 이상(지하층 포함) 또는 지상 120m 이상(아파트 제외) • 연면적 100000㎡ 이상(아파트 제외)
1급 소방안전관리대상물 (동식물원, 철강 등 불연성 물품 저장·취급창고, 지하구, 위험물제조소 등 제외)	• 30층 이상(지하층 제외) 또는 지상 120m 이상 아파트 • 연면적 15000㎡ 이상인 것(아파트 제외) • 11층 이상(아파트 제외) • 가연성 가스를 1000톤 이상 저장·취급하는 시설
2급 소방안전관리대상물	• 지하구 • 가스제조설비를 갖추고 도시가스사업 허가를 받아야 하는 시설 또는 가연성 가스를 100톤 이상 1000톤 미만 저장·취급하는 시설 • **옥내소화전설비, 스프링클러설비** 설치대상물 • **물분무등소화설비**(호스릴방식 제외) 설치대상물 • 공동주택 • 목조 건축물(국보·보물)
3급 소방안전관리대상물	• **자동화재탐지설비** 설치대상물 보기 ④ • **간이스프링클러설비** (주택전용 제외) 설치대상물

최소 선임기준

소방안전관리자	소방안전관리보조자
• 특정소방대상물마다 1명	• **300세대 이상 아파트**: 1명(단, 300세대 초과마다 1명 이상 **추가**) • **연면적 15000㎡ 이상**: 1명(단, 15000㎡ 초과마다 1명 이상 **추가**) 보기 ④ • **공동주택**(기숙사), **의료시설**, 노유자시설, 수련시설 및 **숙박시설**(바닥면적 합계 1500㎡ 미만이고, 관계인이 24시간 상시 근무하고 있는 숙박시설 제외) : 1명

23 ①

① 2급 소방안전관리자 자격증을 받은 사람은 3급 소방안전관리대상물에 선임 가능하므로 정답
② 교육을 수료한 사람 → 자격증을 받은 사람
③ 소방안전관리보조자 선임자격
④ 위험물기능사 자격이 있고 2급 소방안전관리자 자격증을 받은 사람

(1) 특급 소방안전관리대상물의 소방안전관리자 선임조건 [교재1권 11]

자격	경력	비고
• 소방기술사 • 소방시설관리사	경력 필요 없음	특급 소방안전관리자 자격증을 받은 사람
• 1급 소방안전관리자(소방설비기사)	5년	
• 1급 소방안전관리자(소방설비산업기사)	7년	
• 소방공무원	20년	
• 소방청장이 실시하는 특급 소방안전관리대상물의 소방안전관리에 관한 시험에 합격한 사람	경력 필요 없음	

(2) 1급 소방안전관리대상물의 소방안전관리자 선임조건 [교재1권 12]

자격	경력	비고
• 소방설비기사·소방설비산업기사	경력 필요 없음	1급 소방안전관리자 자격증을 받은 사람
• 소방공무원	7년	
• 소방청장이 실시하는 1급 소방안전관리대상물의 소방안전관리에 관한 시험에 합격한 사람	경력 필요 없음	
• 특급 소방안전관리대상물의 소방안전관리자 자격이 인정되는 사람		

(3) 2급 소방안전관리대상물의 소방안전관리자 선임조건 [교재1권 12-13]

자격	경력	비고
• 위험물기능장·위험물산업기사·위험물기능사	경력 필요 없음	2급 소방안전관리자 자격증을 받은 사람
• 소방공무원	3년	
• 소방청장이 실시하는 2급 소방안전관리대상물의 소방안전관리에 관한 시험에 합격한 사람	경력 필요 없음	
• 「기업활동 규제완화에 관한 특별조치법」에 따라 소방안전관리자로 선임된 사람(소방안전관리자로 선임된 기간으로 한정)	경력 필요 없음	
• 특급 또는 1급 소방안전관리대상물의 소방안전관리자 자격이 인정되는 사람		

(4) 3급 소방안전관리대상물의 소방안전관리자 선임조건 [교재1권 13]

자격	경력	비고
• 소방공무원	1년	3급 소방안전관리자 자격증을 받은 사람
• 소방청장이 실시하는 3급 소방안전관리대상물의 소방안전관리에 관한 시험에 합격한 사람	경력 필요 없음	

• 「기업활동 규제 완화에 관한 특별조치법」에 따라 소방안전관리자로 선임된 사람(소방안전관리자로 선임된 기간으로 한정) • 특급 소방안전관리대상물, 1급 소방안전관리대상물 또는 2급 소방안전관리대상물의 소방안전관리자 자격이 인정되는 사람	경력 필요 없음	3급 소방안전 관리자 자격증을 받은 사람

(5) 소방안전관리보조자 선임자격
[교재1권] 14

① 특급·1급·2급 또는 3급 소방안전관리대상물의 소방안전관리자 자격이 있는 사람
② 건축, 기계제작, 기계장비설비 설치, 화공, 위험물, 전기, 전자 및 안전관리에 해당하는 국가기술자격이 있는 사람
③ **공공기관**·특급·1급·2급·3급 소방안전관리에 관한 **강습교육**을 수료한 사람 [보기 ③]
④ 소방안전관리대상물에서 소방안전관련업무에 **2년** 이상 근무한 경력이 있는 사람

24 ①

 소방안전관리자의 실무교육

실시기관	실무교육주기
한국소방안전원	선임된 날부터 **6개월 이내**, 그 이후 **2년**마다 1회

2021년 3월 5일에 선임되었으므로, 선임한 날(다음 날)로부터 6개월 이내인 2021년 9월 1일이 된다.

• '선임한 날부터'라는 말은 '선임한 날 다음 날'부터 세는 것을 의미한다.

[비교] **실무교육**

소방안전 관련업무 경력보조자	소방안전관리자 및 소방안전관리보조자
선임된 날로부터 **3개월** 이내, 그 이후 **2년**마다 1회 실무교육을 받아야 한다.	선임된 날로부터 **6개월** 이내, 그 이후 **2년**마다 1회 실무교육을 받아야 한다.

25 ①
문제 14번 참조

제2과목
문제는 여기로! → 문제 p.1-125

26 ①

2F(2층)에서 발신기 오작동이 발생하였으므로 2층이 발화층이 되어 **지구표시등**은 **2층**에만 점등된다. 경보층은 발화층(2층), 직상 4개층(3~6층)이므로 경종은 2~6층이 울린다.

자동화재탐지설비의 직상 4개층 우선경보방식 적용대상물
11층(공동주택 16층) 이상의 특정소방대상물의 경보

자동화재탐지설비 직상 4개층 우선경보방식		
발화층	경보층	
	11층(공동주택 16층) 미만	11층(공동주택 16층) 이상
2층 이상 발화	전층 일제경보	• 발화층 • 직상 4개층
1층 발화		• 발화층 • 직상 4개층 • 지하층
지하층 발화		• 발화층 • 직상층 • 기타의 지하층

27 ②

① 방사형 → 직사형
② 0.15MPa 이하 → 0.17~0.7MPa 이하
④ 상관없다. → 직각으로 해야 한다.

옥내소화전 방수압력 측정
(1) 측정장치 : 방수압력측정계(피토게이지)
(2)

방수량	방수압력	
130L/min	0.17~0.7MPa 이하	보기 ③

(3) 방수압력 측정방법 : 방수구에 호스를 결속한 상태로 노즐의 선단에 방수압력측정계(피토게이지)를 근접 $\left(\dfrac{D}{2}\right)$ 시켜서 측정하고 방수압력측정계의 압력계상의 눈금을 확인한다. 보기 ②

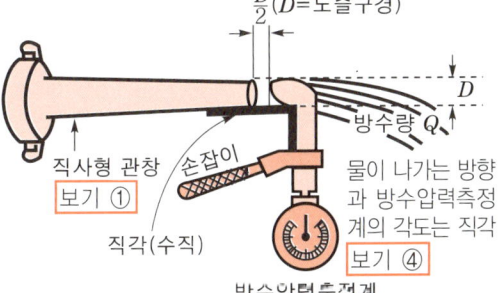

▎방수압 측정 ▎

28 ①

① **습식** 스프링클러설비는 감지기를 사용하지 **않음**으로 감지기 동작과는 무관

감지기 사용유무

습식 · 건식 스프링클러설비	준비작동식 · 일제살수식 스프링클러설비
감지기 ×	감지기 ○

시험밸브 개방시 작동 또는 점등되어야 할 것
(1) 펌프작동
(2) 감시제어반 밸브개방표시등(습식 : 알람밸브표시등) 점등
(3) 음향장치(사이렌)작동
(4) 화재표시등 점등

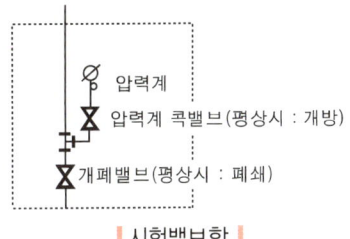

▎시험밸브함 ▎

29 ④

④ 보기를 볼 때 심폐소생술(CPR) 실시 후 자동심장충격기(AED)를 사용하는 경우이므로 보기 ④ 정답

심폐소생술(CPR) 순서	자동심장충격기(AED) 사용 순서
① 반응 확인 순서 ①	① 전원 켜기
② 119 신고 순서 ②	② 두 개의 패드 부착
③ 호흡 확인	③ 심장리듬 분석 순서 ④
④ 가슴압박 30회 시행 순서 ③	④ 심장충격 실시
⑤ 인공호흡 2회 시행	⑤ 심폐소생술 실시
⑥ 가슴압박과 인공호흡의 반복	
⑦ 회복 자세	

30 ④

④ 예비전원감시램프가 점등되어 있으므로 예비전원 불량 여부를 확인해야 한다.

31 ①

동력제어반에 주펌프의 **기동표시등**과 **펌프기동표시등**이 **점등**되어 있으므로 **감시제어반**에서 펌프를 **수동**조작하고 있는 것으로 판단된다. 그러므로 **선택스위치 : 수동**, **주펌프 : 기동**, **충압펌프 : 정지**

감시제어반	동력제어반
① 선택스위치 : **수동** ② 주펌프 : **기동** ③ 충압펌프 : **정지**	① POWER 램프 : **점등** ② 주펌프 선택스위치 : 어느 위치든 관계 없음 ③ 주펌프 기동램프 : **점등** ④ 주펌프 정지램프 : **소등** ⑤ 주펌프 펌프기동램프 : **점등**

32 ①

해설

① 프리액션밸브는 방화문 감지기와는 무관함

프리액션밸브 개방조건
(1) SVP(수동조작함) 수동조작 버튼 기동 보기②
(2) 감시제어반에서 동작시험 보기③
(3) 감시제어반에서 수동조작 보기④
(4) 해당 방호구역의 감지기 **2개회로** 작동
(5) 밸브자체에 부착된 **수동기동밸브** 개방

33 ③

해설 **수동기동장치 작동시**

구 분	감시제어반 표시등	작동상태
㉠	감지기	소등
㉡	댐퍼 확인	점등
㉢	댐퍼수동기동	점등
㉣	송풍기 확인	점등

감지기 작동시 점등되는 것	급기댐퍼 수동기동장치 작동시 점등하는 것
① 감지기램프 ② 댐퍼확인램프 ③ 송풍기확인램프	① 댐퍼수동기동램프 ② 댐퍼확인램프 ③ 송풍기확인램프

34 ②

해설

② **계단감지기** 점검시에는 **계단램프**가 점등되어야 하므로 ②번 정답

① 아무것도 점등되지 않음

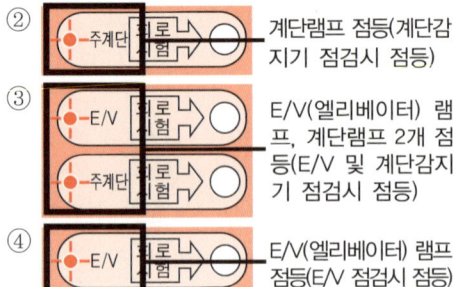

② 계단램프 점등(계단감지기 점검시 점등)
③ E/V(엘리베이터) 램프, 계단램프 2개 점등(E/V 및 계단감지기 점검시 점등)
④ E/V(엘리베이터) 램프 점등(E/V 점검시 점등)

35 ③

해설

주펌프 수동기동방법	충압펌프 수동기동방법
① 선택스위치 : **수동** ② 주펌프 : **기동** ③ 충압펌프 : **정지** ④ 음향장치 : **부저**	① 선택스위치 : **수동** ② 주펌프 : **기동** ③ 충압펌프 : **정지** ④ 음향장치 : **부저**

36 ③

해설

㉠ 턱을 목 아래쪽으로→ 턱을 들어올려
㉢ 공기가 배출되도록 해야 한다. → 숨을 불어넣은 후에는 입을 떼고 코도 놓아주어서 공기가 배출되도록 한다.

37 ③

해설

① 동작하고 있다. → 동작하고 있지 않다.
주펌프, 충압펌프 램프가 소등되어 있으므로 주펌프 및 충압펌프는 동작하고 있지 않다.

② 꺼져있다. → 켜져있다.

③ 알람밸브 개방램프가 소등되어 있으므로 알람밸브는 개방되어 있지 않다. 그러므로 옳다.

④ 수동 → 자동

이것은 표시등으로 선택스위치가 정지위치에 있으면 꺼지고, 자동이나 수동위치에 있으면 켜진다. 수동위치에만 있을 때 켜지는 것이 아니다.

시험밸브 개방시 작동 또는 점등되어야 할 것
(1) 펌프작동
(2) 감시제어반 밸브개방표시등(습식 : 알람밸브 표시등)
(3) 음향장치(사이렌) 작동
(4) 화재표시등 점등

38 ③

① 안정 → 불안정
전압지시가 **낮음**으로 표시되어 있으므로 전력이 **불안정**

② 예비전원스위치는 예비전원 이상 유무를 확인하는 버튼으로 전원을 공급하지는 않는다.
③ 예비전원감시램프가 점등되어 있으므로 예비전원배터리가 문제있다는 뜻임

④ 예비전원감시 : **점등**되어 있으므로 예비전원이 불량이자 소방설비가 작동되지 않을 가능성이 높다.

39 ③

▎주펌프 수동기동방법▕

감시제어반	동력제어반
① 선택스위치 : **수동** 보기 ㉠ ② 주펌프 : **기동** 보기 ㉡	① 주펌프 선택스위치 : **수동** 보기 ㉢ ② 주펌프기동버튼(기동스위치) : **누름** 보기 ㉢

▎충압펌프 수동기동방법▕

감시제어반	동력제어반
① 선택스위치 : **수동** ② 충압펌프 : **기동**	① 충압펌프 선택스위치 : **수동** 보기 ㉣ ② 충압펌프기동버튼(기동스위치) : **누름** 보기 ㉣

40 ①

① 습식 스프링클러설비 : 동결 우려 장소(추운 곳) 사용제한

스프링클러설비의 종류

구 분		장 점	단 점
폐쇄형 헤드 사용	습식	•**구조**가 **간단**하고 **공사비 저렴** •소화가 신속 •타방식에 비해 유지·관리 용이	•**동결** 우려 장소 사용**제한** •헤드 오작동시 수손피해 및 배관 부식 촉진
	건식	•동결 우려 장소 및 옥외 사용 가능	•살수개시시간 지연 및 복잡한 구조 •화재 초기 **압축공기**에 의한 화재 촉진 우려 •일반헤드인 경우 **상향형**으로 시공하여야 함
	준비작동식	•동결 우려 장소 사용 가능 •헤드 오작동(개방)시 수손피해 우려 없음 •헤드개방 전 경보로 조기 대처 용이	•감지장치로 감지기별도 시공 필요 •구조 복잡, 시공비 고가 •2차측 배관 부실 시공 우려

| 개방형 헤드 사용 | 일제살수식 | • **초기화재**에 신속 대처 용이
• 층고가 높은 장소에서도 소화 가능 | • 대량살수로 수손피해 우려
• 화재감지장치 별도 필요 |

41 ④

㉠ 도통시험버튼이 눌러져 있지 않으므로 도통시험을 실시하는 것이 아님

㉡ 발신기램프가 점등되어 있으므로 화재통보기기는 발신기이다.

㉢ 점멸되지 않는 것은 → 점멸되는 것은

㉣ 전압지시 정상램프가 점등되어 있으므로 수신기의 전원상태는 이상이 없다.

42 ③

① 주펌프 기동확인램프가 **점등**되어 있지만, **주펌프 P/S**(압력스위치)는 소등되어 있으므로 주펌프 압력스위치는 미작동 상태이다. 그러므로 옳다.

② 감시제어반 선택스위치 : **수동**, 주펌프 : **기동**으로 되어 있으므로 주펌프는 기동하고 있다. 이 상태에서 주펌프 : **정지**로 내리면 주펌프는 정지하므로 옳다.

③ 자동으로 → 수동으로
감시제어반 선택스위치 : **수동**, 주펌프 : **기동**, 충압펌프 : **기동**으로 되어 있으므로 현재 주펌프, 충압펌프 모두 **수동**으로 작동하고 있다.

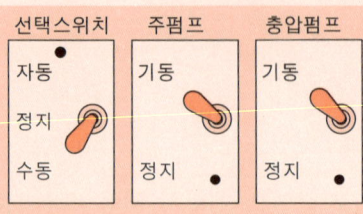

④ 기동확인등은 펌프가 기동될 때 점등되므로 감시제어반 선택스위치 : **수동**, 충압펌프 : **기동**으로 되어 있으므로 충압펌프 기동확인램프가 점등되어야 한다. 소등되어있다면 불량이 맞다.

43 ②

도통시험 정상램프가 점등되어 있으므로 회로단선 여부는 ×이고, 불량내용은 이상없음

44 ④

① 그림 A : 2층 지구표시등이 점등되어 있고, 도통시험 정상램프가 점등되어 있으므로 옳다. (○)

② 그림 A : 도통시험스위치가 눌러져 있으므로 스위치주의표시등이 점등되는 것은 정상이므로 옳다. (○)

③ 그림 B : 3층 회로시험버튼이 눌러져 있고, 도통시험 단선램프가 점등되어 있으므로 옳다. (○)

④ 그림 C : 2~5층 회로시험버튼이 눌러져 있고, 도통시험 단선램프가 점등되어 있으므로 1층은 단서유무를 알 수 없고, 2~5층은 도통시험결과 단선이다. 그러므로 틀린 답 (✕)

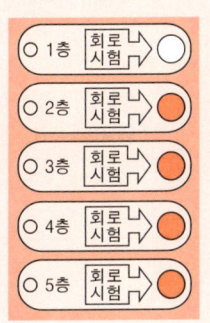

45 ②

② 선택스위치 : **수동**, 주펌프 : **기동**이므로 주펌프를 **수동**으로 기동 중임

감시제어반

평상시 상태	수동기동 상태	점검시 상태
① 선택스위치 : 연동	① 선택스위치 : 수동	① 선택스위치 : 정지
② 주펌프 : 정지	② 주펌프 : 기동	② 주펌프 : 정지
③ 충압펌프 : 정지	③ 충압펌프 : 기동	③ 충압펌프 : 정지

46 ②

㉠ 수동 → 연동
㉡ 기동 → 정지

평상시 상태	수동기동 상태	점검시 상태
① 선택스위치 : 연동	① 선택스위치 : 수동	① 선택스위치 : 정지
② 주펌프 : 정지	② 주펌프 : 기동	② 주펌프 : 정지
③ 충압펌프 : 정지	③ 충압펌프 : 기동	③ 충압펌프 : 정지

47 ③

① 스위치 주의표시등이 점등되어 있으므로 눌러져 있는 주경종, 지구경종 정지스위치 등을 **정상위치**로 **복구**시켜야 한다. 119에 신고할 필요는 없으므로 틀린 답 (✕)

② 스위치 주의표시등이 점등되어 있으므로 눌러져 있는 주경종, 지구경종 정지스위치등을 정상위치로 복구시켜야 한다. 화재가 발생한 경우는 아니므로 화재위치를 확인할 필요는 없다. 그러므로 틀린 답 (✕)

④ 스위치 주의표시등은 주경종, 지구경종 정시스위치 등이 눌러져 있을 때 점등되는 것으로 예비전원 상태와는 무관하다. 그러므로 틀린 답 (✕)

48 ②

옥내소화전 방수압력 측정

(1) 측정장치 : 방수압력측정계(피토게이지)

(2)
방수량	방수압력
130L/min	0.17~0.7MPa 이하

(3) 방수압력 측정방법 : 방수구에 호스를 결속한 상태로 노즐의 선단에 방수압력측정계(피토게이지)를 근접$\left(\dfrac{D}{2}\right)$시켜서 측정하고 방수압력측정계의 압력계상의 눈금을 확인한다.

∥ 방수압력 측정 ∥

49 ④

5층 선로 단선 확인순서

(1) 도통시험스위치 버튼 누름

(2) 5층 회로시험 버튼 누름

용어 회로도통시험

수신기에서 감지기 사이 회로의 단선 유무와 기기 등의 접속 상황을 확인하기 위한 시험

중요 P형 수신기의 동작시험

구 분	순 서
동작시험순서	① 동작시험스위치 누름 ② 자동복구스위치 누름 ③ 회로시험스위치 돌림
동작시험복구 순서	① 회로시험스위치 돌림 ② 동작시험스위치 누름 ③ 자동복구스위치 누름
회로도통시험 순서	① 도통시험스위치를 누름 ② 각 경계구역 동작버튼을 차례로 누름(회로시험스위치를 각 경계구역별로 차례로 회전)
예비전원시험 순서	① 예비전원시험스위치 누름 ② 예비전원 결과 확인

50 ②

② 감지기 작동은 자동으로 작동시키는 경우이므로 모든 스위치를 **자동**으로 놓으면 된다.

∥ 수동조작시 상태 ∥

조 작	상 태
급기송풍기 : **수동**	➡ 급기송풍기 **작동**
급기댐퍼 : **수동**	➡ 급기댐퍼 **개방**

2018년 기출문제

문제는 여기로! → 문제 p. 1-141

01	02	03	04	05	06	07	08	09	10
③	③	③	③	②	①	③	②	①	④
11	12	13	14	15	16	17	18	19	20
②	②	③	④	③	①	①	④	②	①
21	22	23	24	25	26	27	28	29	30
②	①	①	②	④	③	②	④	②	②
31	32	33	34	35	36	37	38	39	40
④	①	③	①	③	④	①	③	③	④
41	42	43	44	45	46	47	48	49	50
④	②	①	④	①	②	④	③	③	④

제 ① 과목

문제는 여기로! → 문제 p. 1-141

01 ③

 해설

> ③ 풀어둔 → 매어둔

소방대상물
(1) **건**축물 보기 ①
(2) **차**량 보기 ②
(3) **선**박(매어둔 선박) 보기 ③
(4) 선박건조구조물 보기 ④
(5) **산**림
(6) **인**공구조물 또는 **물**건

기억법 건차선 산인물

| 운항 중인 선박 |

02 ③

 해설

> ③ 200만원 이하의 과태료

300만원 이하의 **과**태료
(1) 방염대상물품을 **방염성능기준** 이상으로 설치하여야 하는 규정을 위반한 자 보기 ①
(2) **소방훈련** 및 **교육**을 하지 아니한 자 보기 ②
(3) 소방안전관리**업**무를 하지 아니한 특정소방대상물의 **관계인** 또는 **소방안전관리자** 보기 ④
(4) **소방안전관리업무**를 성실하게 수행할 수 있도록 지도와 감독을 하지 아니한 관계인
(5) 건설현장 소방안전관리대상물의 **소방안전관리업무**를 하지 아니한 자
(6) 소방시설 등의 **점검결과**를 **보고**하지 아니한 자 또는 거짓으로 한 자
(7) 피난시설의 위치, 피난경로 또는 대피요령이 포함된 피난유도 안내정보를 제공하지 아니한 자

● 소방안전관리자 선임을 하지 아니한 자 : 300만원 이하의 벌금

03 ③

 해설

> ③ 1.5m 이내 → 1.2m 이내

무창층
지상층 중 다음에 해당하는 개구부면적의 합계가 그 층의 바닥면적의 $\frac{1}{30}$ 이하가 되는 층을 말한다.

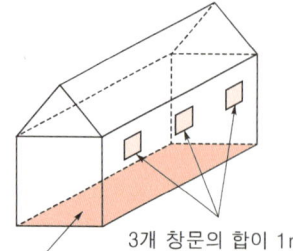

개구부 : '창문'을 말해요.

3개 창문의 합이 1m² 이하
바닥면적 30m²

┃무창층

(1) 크기는 지름 **50cm** 이상의 원이 통과할 수 있을 것 보기 ①

화재발생시 사람이 통과할 수 있는 어깨너비, 키 등의 최소기준을 생각해 봐요.

나! 창문

지름 50cm 이상, 통과

1.2m 이내
바닥면

(2) 해당층의 바닥면으로부터 개구부 밑부분까지의 높이가 **1.2m** 이내일 것 보기 ③

(3) **도로** 또는 **차량**이 **진입**할 수 있는 **빈터**를 향할 것 보기 ②

(4) 화재시 건축물로부터 쉽게 피난할 수 있도록 개구부에 **창살**이나 그 밖의 장애물이 설치되지 않을 것

(5) **내부** 또는 **외부**에서 **쉽게** 부수거나 열 수 있을 것 보기 ④

04 ③

해설 소방안전관리자의 선임연기 신청자
2, 3급 소방안전관리대상물의 관계인 보기 ㉢ ㉣

05 ②

해설 소방시설 등 자체점검의 점검대상, 점검자의 자격, 점검횟수 및 시기

점검구분	점검횟수 및 점검시기
작동점검	작동점검은 **연 1회** 이상 실시하며, 종합점검대상은 종합점검(최초점검 제외)을 받은 달부터 **6개월**이 되는 달에 실시 보기 ②
종합점검	〈점검횟수〉 ㉠ **연 1회** 이상(특급 소방안전관리대상물은 반기에 1회 이상) 실시 ㉡ ㉠에도 불구하고 소방본부장 또는 소방서장은 소방청장이 소방안전관리가 우수하다고 인정한 특정소방대상물에 대해서는 3년의 범위에서 소방청장이 고시하거나 정한 기간 동안 종합점검을 면제할 수 있다(단, 면제기간 중 화재가 발생한 경우는 제외). 〈점검시기〉 ㉠ 소방시설 등이 신설된 경우에 해당하는 특정소방대상물은 건축물을 사용할 수 있게 된 날부터 **60일** 이내 실시 ㉡ ㉠을 제외한 특정소방대상물은 건축물의 사용승인일이 속하는 달에 실시(단, 학교의 경우 해당 건축물의 사용승인일이 1월에서 6월 사이에 있는 경우에는 6월 30일까지 실시할 수 있다.) ㉢ 건축물 사용승인일 이후 다중이용업소에 따라 종합점검대상에 해당하게 된 경우에는 그 다음 해부터 실시 ㉣ 하나의 대지경계선 안에 2개 이상의 자체점검대상 건축물 등이 있는 경우 그 건축물 중 사용승인일이 가장 빠른 연도의 건축물의 사용승인일을 기준으로 점검할 수 있다.

06 ①

해설 피난계단의 종류 및 피난시 이동경로

피난계단의 종류	피난시 이동경로
피난계단	옥내 → 계단실 → 피난층 보기 ①
특별피난계단	옥내 → 노대 또는 부속실 → 계단실 → 피난층

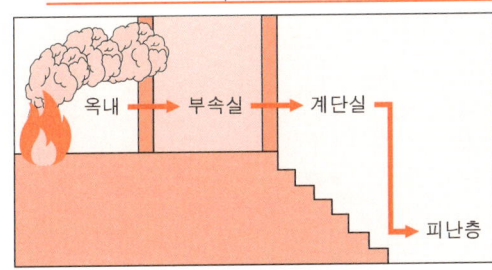

┃특별피난계단┃

07 ③

해설 ③ 전화통신용 시설 → 방송국·촬영소

방염성능기준 이상의 실내장식물 등을 설치하여야 할 장소
(1) 조산원, 산후조리원, 공연장, 종교집회장
(2) **11층** 이상의 층(**아파트** 제외)
(3) **체**력단련장 보기 ④
(4) 문화 및 집회시설(옥내에 있는 시설)
(5) 운동시설(**수영장** 제외)
(6) **숙**박시설 · **노**유자시설
(7) 의료시설(요양병원 등), 의원, 치과의원, 한의원
(8) 수련시설(**숙**박시설이 있는 것) 보기 ②
(9) **방**송국 · 촬영소 보기 ③ 문제 08
(10) 종교시설
(11) 합숙소
(12) 다중이용업소(장례식장, 단란주점영업, 유흥주점영업, 노래연습장의 영업장 등)
보기 ①

기억법 방숙체노

08 ②

해설 ② 통신용 시설 → 방송국 및 촬영소

문제 07 참조

09 ①

해설 20만원 이하의 과태료
화재로 **오인**할 만한 우려가 있는 불을 피우거나 **연막소독**을 실시하고자 하는 자가 신고를 하지 아니하여 소방자동차를 출동하게 한 자 보기 ①

10 ④

해설 300만원 이하의 벌금
자체점검결과 **소화펌프 고장** 등 중대위반사항이 발견된 경우 필요한 조치를 하지 않은 **관계인** 또는 관계인에게 중대위반사항을 알리지 아니한 **관리업자** 등

11 ②

해설
① 크다. → 작다.
③ 높다. → 낮다.
④ 작다. → 크다.

가연물의 특성
(1) 산소와의 친화력이 크다.
(2) 활성화에너지가 **작다**. 보기 ①

용어 활성화에너지(최소 점화에너지)

가연물이 처음 연소하는 데 필요한 열

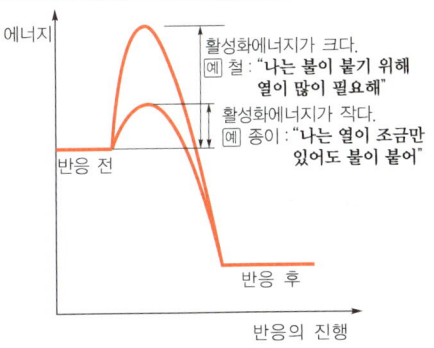

┃활성화에너지┃

(3) 열전도율이 낮다(작다). 보기 ③

- 철 : 열전도 빠르다(크다).
  → 불에 잘 타지 않는다.
- 종이 : 열전도 느리다(작다).
  → 불에 잘 탄다.

|열전도|

(4) 연소열이 크다. 보기 ②
(5) 비표면적이 크다. 보기 ④
(6) 건조도가 높다.

12 ③

 연소점
(1) 인화점보다 5~10℃ 높으며, 연소상태가 5초 이상 유지되는 온도 보기 ③
(2) 점화에너지에 의해 화염이 발생하기 시작하는 온도
(3) 발생한 화염이 꺼지지 않고 지속되는 온도
(4) 연소를 지속시킬 수 있는 최저온도
(5) 연소상태가 계속(유지)될 수 있는 온도

기억법 연5510유

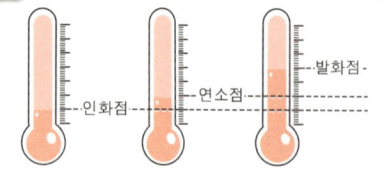

|인화점·연소점·발화점|

13 ③

 ③ 높을수록 → 낮을수록

발화점
(1) 외부로부터의 직접적인 에너지 공급 없이 물질 자체의 열축적에 의하여 착화되는 최저온도 보기 ①
(2) 가연성 물질을 공기 중에서 가열함으로써 발화되는 최저온도 보기 ②
(3) 발화점 = 착화점 = 착화온도
(4) 발화점이 낮을수록 위험하다. 보기 ③
(5) 발화점은 보통 인화점보다 수백도가 높은 온도이다. 보기 ④

14 ④

① A – 일반화재 – 폴리에틸렌
② B – 유류화재 – 알코올
③ C – 전기화재 – 통전 중인 전기기기

화재의 종류

종류	적응물질	소화약제
일반화재 (A급)	• 보통가연물(폴리에틸렌 등) 보기 ① • 종이 • 목재, 면화류, 석탄 • 재를 남김	① 물 ② 수용액
유류화재 (B급)	• 유류 • 알코올 보기 ② • 재를 남기지 않음	① 포(폼)
전기화재 (C급)	• 변압기 • 배전반 보기 ③ • 통전 중인 전기기기	① 이산화탄소 ② 분말소화약제 ③ 주수소화 금지
금속화재 (D급)	• 가연성 금속류 (나트륨 등) 보기 ④	① 금속화재용 분말소화약제 ② 건조사(마른 모래)
주방화재 (K급)	• 식용유 • 동·식물성 유지	① 강화액

15 ③

 열전달

종류	설명
전도 (conduction)	• 하나의 물체가 다른 물체와 **직접 접촉**하여 전달되는 것
대류 (convection)	• **유체**의 흐름에 의하여 열이 전달되는 것
복사 (radiation)	• 화재시 열의 이동에 **가장 크게 작용**하는 열이동방식 • **화염의 접촉 없이** 연소가 확산되는 현상 보기 ③ • 화재현장에서 **인접건물**을 **연소**시키는 주된 원인 보기 ③

16 ①

① 제1류 위험물의 특성
② 제2류 위험물의 특성
③ 제3류 위험물의 특성
④ 제4류 위험물의 특성

제1류 위험물(산화성 고체)
(1) 강산화제로서 다량의 산소 함유 보기 ①
(2) 가열, 충격, 마찰 등에 의해 분해, 산소 방출

비교

제3류 위험물 (자연발화성 물질 및 금수성 물질)	제4류 위험물 (인화성 액체)
① 물과 반응하거나 자연발화에 의해 발열 또는 가연성 가스 발생 보기 ③ ② 용기 파손 또는 누출에 주의	① 인화가 용이 ② 대부분 물보다 가볍고, 증기는 **공기보다 무거움** 보기 ④ ③ 주수소화가 불가능한 것이 대부분임

17 ①

① 제2류 위험물의 특성
② 제1류 위험물의 특성
③ 제3류 위험물의 특성
④ 제5류 위험물의 특성

제2류 위험물(가연성 고체)
(1) 저온착화하기 쉬운 가연성 물질 보기 ①
(2) 연소시 유독가스 발생

18 ④

④ 제4류 위험물의 특성

제5류 위험물의 특성
(1) 가연성으로 **산소**를 함유하여 **자기연소** 보기 ①
(2) **가열, 충격, 마찰** 등에 의해 착화, 폭발 보기 ②
(3) **연소속도**가 **매우 빨라서** 소화 곤란 보기 ③
(4) 자기반응성 물질

19 ②

㉠ 꽂아둔다. → 뽑아둔다.
㉣ 비닐장판 밑으로 전선이 보이지 않게 정리하여 넣어둔다. → 비닐장판이나 양탄자 밑으로는 전선이 지나지 않도록 한다.

전기안전관리 화재예방요령
(1) 하나의 콘센트에 여러 가지 전기기구를 꽂아서 사용하지 않는다. 보기 ㉠
(2) 사용하지 않는 기구는 전원을 끄고 플러그를 뽑아둔다.
(3) 플러그를 뽑을 때는 선을 당기지 말고 몸체를 잡고 뽑는다.
(4) **과전류 차단장치**를 설치한다. 보기 ㉡
(5) 규격퓨즈를 사용하고 끊어질 경우 그 원인을 조치한다. 보기 ㉢
(6) 전기시설 설치시 등록업체에 의뢰하여 정확하게 시공한다.
(7) 콘센트에 플러그는 흔들리지 않게 완전히 꽂아 사용한다.
(8) 누전차단기를 설치하고 월 1~2회 동작여부를 확인한다.
(9) 전선은 묶거나 꼬이지 않도록 한다.
(10) 전기담요는 접힌 부분에 열이 발생하므로 밟거나 접어서 사용하지 않는다.
(11) 비닐전선은 열에 약하므로 백열전등이나 전열기구 등 고열을 발생하는 기구에는 고무코드전선을 사용한다.
(12) **비닐장판**이나 **양탄자 밑**으로는 전선이 지나지 않도록 한다. 보기 ㉣
(13) 전기기구는 'KS' 제품을 사용하고 사용 전 사용설명서를 읽어본다.
(14) 전선이 쇠붙이나 움직이는 물체와 접촉되지 않도록 한다.

20 ①
해설 누전차단기
월 1~2회 동작 여부를 확인한다. 보기 ①

21 ②
해설 LPG(액화석유가스)의 폭발범위

부 탄	프로판
1.8~8.4% 보기 ②	2.1~9.5%

22 ①
해설

종류 구분	액화석유가스 (LPG)	액화천연가스 (LNG)
주성분	• 프로판(C_3H_8) • 부탄(C_4H_{10}) 기억법 P프부	• 메탄(CH_4) 보기 ① 기억법 N메
비중	1.5~2(누출시 낮은 곳 체류)	0.6(누출시 천 장 쪽 체류)
폭발 범위 (연소 범위)	• 프로판 : 2.1~ 9.5% • 부탄 : 1.8~ 8.4%	• 5~15%
용도	• 가정용 • 공업용 • 자동차연료용	• 도시가스

23 ①
해설 LPG vs LNG

구 분	LPG	LNG
증기 비중	1보다 큰 가스	1보다 작은 가스
비 중	1.5~2	0.6
탐지기의 위치	탐지기의 **상단**은 바 닥면의 **상방** 30cm 이내에 설치	탐지기의 **하단**은 천 장면의 **하방** 30cm 이내에 설치 보기 ①

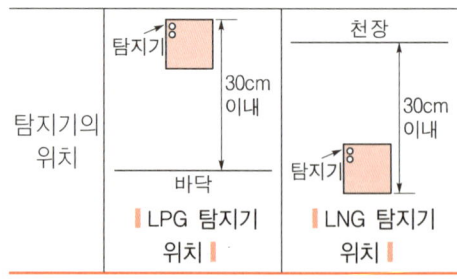

24 ②
해설

② 관리사무소 외에 설치하여야 한다.
→ 관리사무소 내에 설치할 수 있다.

종합방재실의 위치
(1) **1층** 또는 **피난층** 보기 ①
(2) 초고층 건축물에 특별피난계단이 설치되어 있고, 특별피난계단 출입구로부터 **5m** 이내에 종합방재실을 설치하려는 경우에는 **2층** 또는 **지하 1층**에 설치할 수 있다.
(3) 공동주택의 경우에는 관리사무소 내에 설치할 수 있다. 보기 ②
(4) 비상용 승강장, 피난 전용 승강장 및 특별피난계단으로 이동하기 쉬운 곳
(5) 재난정보 수집 및 제공, 방재활동의 거점역할을 할 수 있는 곳
(6) **소방대**가 쉽게 도달할 수 있는 곳 보기 ④
(7) 화재 및 침수 등으로 인하여 피해를 입을 우려가 적은 곳 보기 ③

25 ④
해설

④ 작업·감독 업무내용

화기취급 작업절차 중 안전조치 업무내용
(1) 가연물 이동 및 보호조치 보기 ①
(2) 소방시설 작동 확인 보기 ②
(3) 용접·용단장비·보호구 점검 보기 ③
(4) 화재안전교육
(5) 비상시 행동요령 교육

제 ② 과목
문제는 여기로! → 문제 p.1-147

26 ③

①·④ 경보설비
② 소화설비
③ 소화활동설비

소화활동설비
(1) **연**결송수관설비
(2) **연**결살수설비
(3) **연**소방지설비
(4) **무**선통신보조설비
(5) **제**연설비 보기 ③
(6) **비**상**콘**센트설비

기억법 3연무제비콘

27 ①

 특정소방대상물별 소화기구의 능력단위기준

특정소방대상물	소화기구의 능력단위	건축물의 주요 구조부가 내화구조이고, 벽 및 반자의 실내에 면하는 부분이 불연재료·준불연재료 또는 난연재료로 된 특정소방대상물의 능력단위
● **위**락시설 기억법 위3(위상)	바닥면적 30m²마다 1단위 이상	바닥면적 60m²마다 1단위 이상
● **공**연장 ● **집**회장 ● **관**람장 및 문화재 ● **의**료시설 및 **장**례식장 기억법 5공연장 문의 집관람(손오공 연장 문의 집관람)	바닥면적 50m²마다 1단위 이상	바닥면적 100m²마다 1단위 이상
● **근**린생활시설 ● **판**매시설 보기 ① ● **운**수시설 ● **숙**박시설 ● **노**유자시설 ● **전**시장 ● 공동**주**택 ● **업**무시설 ● **방**송통신시설 ● 공**장**·**창**고시설 ● **항**공기 및 자동**차**관련시설, **관광**휴게시설 기억법 근판숙노전 주업 방차창 1항 관광 (근판숙노전 주업 방차창 일본항 관광)	바닥면적 100m²마다 1단위 이상	바닥면적 200m²마다 1단위 이상
● 그 밖의 것	바닥면적 200m²마다 1단위 이상	바닥면적 400m²마다 1단위 이상

판매시설로서 **내화구조**이고 **불연재료·준불연재료·난연재료**인 경우가 **아니므로** 바닥면적 100m²마다 1단위 이상이므로

$$\frac{3000\text{m}^2}{100\text{m}^2} = 30단위$$

● 30단위를 30개라고 쓰면 틀린다. 특히 주의!

3단위 소화기를 설치하므로

$$소화기개수 = \frac{30단위}{3단위} = 10개$$

28 ②

㉠ 호스 탈락 : 호스가 용기와 분리된 그림(그림 B)
㉡ 호스 파손 : 호스가 찢어진 그림(그림 A)
㉢ 노즐 파손 : 노즐이 깨진 그림(그림 C)
㉣ 혼 파손 : 나팔모양의 혼이 깨진 그림(그림 D)

소화기 점검
호스·혼·노즐

| 호스 파손 |

| 호스 탈락 |

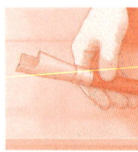
| 노즐 파손 |

| 혼 파손 |

자동화재탐지설비 음향장치의 경보

발화층	경보층	
	11층(공동주택 16층) 미만	11층(공동주택 16층) 이상
2층 이상 발화	전층 일제경보	• 발화층 • 직상 4개층
1층 발화		• 발화층 • 직상 4개층 • 지하층
지하층 발화		• 발화층 • 직상층 • 기타의 지하층

지하 2층 발화이므로 **발화층**(지하 2층), **직상층**(지하 1층), **기타**의 **지하층**(지하 3·4층) 우선경보

참고 음향장치의 경보방식

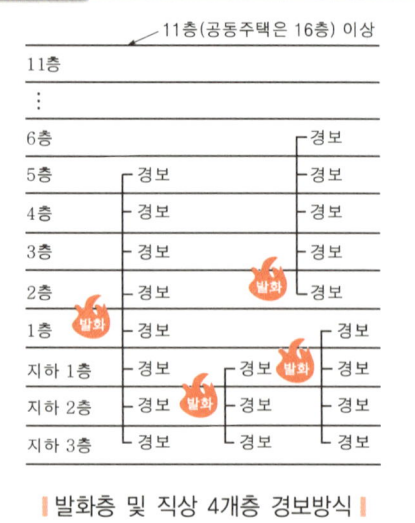

| 발화층 및 직상 4개층 경보방식 |

29 ④

 자동화재탐지설비의 부착높이 및 감지기 1개의 바닥면적

(단위 : m²)

부착높이 및 소방대상물의 구분		감지기의 종류				
		차동식·보상식 스포트형		정온식 스포트형		
		1종	2종	특종	1종	2종
4m 미만	내화구조	90	70	70	60	20
	기타구조	50	40	40	30	15
4m 이상 8m 미만	내화구조	45	35	35	30	—
	기타구조	30	25	25	15	—

기억법	차	보	정
	97	97	762
	54	54	43①
	④3	④3	③3
	3②	3②	②①

※ 동그라미(○) 친 부분은 뒤에 5가 붙음

30 ②

 자동화재탐지설비 발화층 및 직상 4개층 경보 적용대상물
11층(공동주택 **16층**) 이상의 특정소방대상물의 경보

31 ④

 P형 수신기의 동작시험

동작시험순서	동작시험 복구순서
① 동작시험스위치 누름	① 회로시험스위치 돌림
② 자동복구스위치 누름	② 동작시험스위치 누름
③ 회로시험스위치 돌림	③ 자동복구스위치 누름

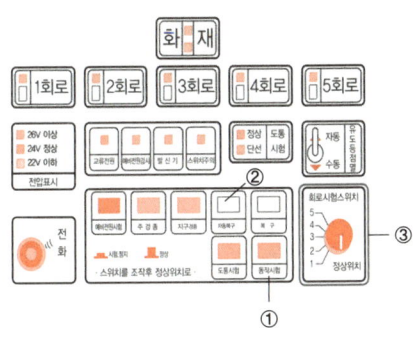

┃P형 수신기 동작시험 순서┃

32 ①

해설 자동화재탐지설비 점검

동작시험순서	회로도통시험순서 보기 ①
• 동작(화재)시험스위치 및 자동복구 스위치를 누름 • 각 회로(경계구역) 버튼 누름	• 도통시험스위치를 누름 • 회로시험스위치를 각 경계구역별로 차례로 회전(각 경계구역 동작버튼을 차례로 누름)

33 ①

해설 회로도통시험

단 선	정 상
0V	4~8V

┃단선인 경우(적색등 점등)┃

34 ③

해설 회로도통시험순서
도통시험스위치 누름 → 회로시험스위치 돌림

비교 예비전원시험순서
예비전원 시험스위치 누름 → 예비전원 결과 확인

35 ①

해설
① 구조대에 대한 설명
② 피난사다리에 대한 설명
③ 완강기에 대한 설명
④ 피난교에 대한 설명

피난기구의 종류

구 분	설 명
피난사다리	건축물화재시 안전한 장소로 피난하기 위해서 건축물의 개구부에 설치하는 기구 ┃피난사다리┃
완강기	사용자의 몸무게에 의하여 자동적으로 내려올 수 있는 기구 중 사용자가 교대하여 **연속적으로 사용할 수 있는 것** ┃완강기┃
간이완강기	사용자의 몸무게에 의하여 자동적으로 내려올 수 있는 기구 중 사용자가 **연속적으로 사용할 수 없는 것**

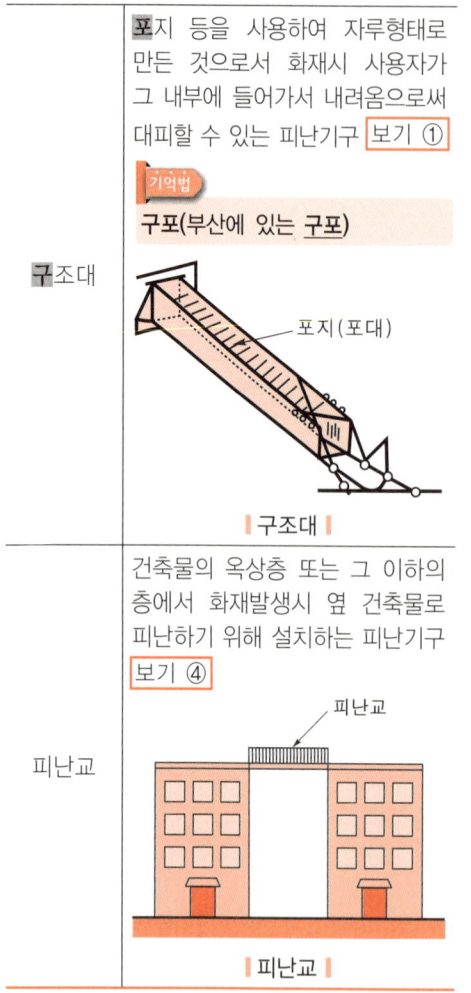

	구조대	포지 등을 사용하여 자루형태로 만든 것으로서 화재시 사용자가 그 내부에 들어가서 내려옴으로써 대피할 수 있는 피난기구 보기 ① **기억법** 구포(부산에 있는 구포)
	피난교	건축물의 옥상층 또는 그 이하의 층에서 화재발생시 옆 건축물로 피난하기 위해 설치하는 피난기구 보기 ④

설치 장소별 구분	층별	3층	4층 이상 10층 이하
노유자시설		• 미끄럼대 • 구조대 • 피난교 • 다수인 피난장비 • 승강식 피난기	• 구조대[1] • 피난교 • 다수인 피난장비 • 승강식 피난기
의료시설·입원실이 있는 의원·접골원·조산원		• 미끄럼대 • 구조대 • 피난교 • 피난용 트랩 • 다수인 피난장비 • 승강식 피난기	• 구조대 • 피난교 • 피난용 트랩 • 다수인 피난장비 • 승강식 피난기
영업장의 위치가 4층 이하인 다중이용업소		• 미끄럼대 • 피난사다리 • 구조대 • 완강기 • 다수인 피난장비 • 승강식 피난기	• 미끄럼대 • 피난사다리 • 구조대 • 완강기 • 다수인 피난장비 • 승강식 피난기
그 밖의 것 (사무실)		• 미끄럼대 • 피난사다리 • 구조대 • 완강기 • 피난교 • 피난용 트랩 • 간이완강기[2] • 공기안전매트 • 다수인 피난장비 • 승강식 피난기	• 피난사다리 보기 ① • 구조대 보기 ② • 완강기 • 피난교 • 간이완강기[2] • 공기안전매트 • 다수인 피난장비 • 승강식 피난기 보기 ③

1) **구조대**의 적응성은 장애인관련시설로서 주된 사용자 중 스스로 피난이 불가한 자가 있는 경우 추가로 설치하는 경우에 한한다.
2) 간이완강기의 적응성은 **숙박시설**의 **3층 이상**에 있는 객실에 추가로 설치하는 경우에 한한다.

37 ④

해설 인명구조기구
(1) **방열**복 보기 ①
(2) 방**화**복(안전모, 보호장갑, 안전화 포함) 보기 ③

(3) **공**기호흡기
(4) **인**공소생기 보기 ②

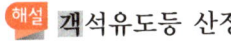 **방열화공인**

38 ①

해설 **객**석유도등 산정식

객석유도등 설치개수

$$= \frac{\text{객석통로의 직선부분의 길이[m]}}{4}$$

$$-1 \text{(소수점 올림)}$$

$$\therefore \frac{20}{4} - 1 = 4\text{개}$$

 객4

39 ③

해설
③ 옥내소화전설비의 구성요소

연결송수관설비의 구성요소
(1) 송수구 보기 ①
(2) 방수구 보기 ②
(3) 방수기구함
(4) 배관 보기 ④

40 ②

해설 **습식 설비로 하여야 하는 경우**
(1) 높이 **31m** 이상 보기 ②
(2) **11층** 이상 보기 ②

41 ④

해설
④ 폐쇄한 후 → 개방한 후

특별피난계단의 계단실 및 부속실 제연설비 점검방법
(1) **옥내**의 **감지기**(또는 수동기동장치의 스위치)를 작동시킨다.
(2) 화재경보 발생 및 댐퍼가 **개방**되는지 확인한다. 보기 ①
(3) 송풍기가 작동하여 계단실 및 부속실에 바람이 들어오는지 확인한다. 보기 ②
(4) 전실 내의 **차압을** 측정(계단실·부속실 등 차압장소의 문을 닫고 전실 안에서 측정)한다. 적정한 차압은 **40Pa(파스칼)**(옥내에 스프링클러설비가 설치된 경우 **12.5Pa**) 이상이 되어야 한다. 보기 ③
(5) 계단실·부속실의 방연풍속을 측정한다. 출입문을 개방한 후 풍속계로 방연풍속을 측정하며, 장소에 따라 **0.5m/s** 이상 또는 **0.7m/s** 이상이 되어야 한다. 보기 ④
(6) 전실 내에서 과압이 발생한 경우 과압배출장치가 작동하는지 확인한다.
(7) 확인한 후에는 수신기에서 복구를 시킨다(수동기동스위치를 작동시킨 경우에는 스위치를 복구시킴).

42 ②

해설 **비상콘센트설비**
(1) **비상콘센트의 규격**

구 분	전 압	용 량	극 수
단상교류	220V	1.5kVA 이상	2극

(2) **설치높이** : 0.8~1.5m 이하 보기 ②
(3) **수평거리** : 50m 이하(**지하상가** 또는 **지하층**의 **바닥면적 합계**가 3000m² 이상은 수평거리 25m 이하)

중요 설치높이 (교재 163, 181, 242)

소화기, 옥내소화전 방수구	기타 기기	시각경보장치
1.5m 이하	0.8~1.5m 이하	2~2.5m 이하 (천장높이가 2m 이하는 천장으로부터 0.15m 이내)

기억법 시25

43 ①

해설
② 하임리히법 : 이물질이 목에 걸렸을 때 처치법
③ 자동심장충격기 : 심정지환자에게 사용
④ 3cm 이상 → 5cm 이상

출혈시 응급처치

지혈방법	설 명
직접 압박법	• 출혈 상처부위를 **직접 압박**하는 방법 보기 ①
지혈대 사용법	• 절단과 같은 **심한 출혈**이 있을 때나 지혈법으로도 출혈을 막지 못할 경우 사용하는 방법 • 5cm 이상의 띠 사용 보기 ④

44 ④

해설
① · ② · ③ 부분층화상(2도 화상)
④ 전층화상(3도 화상)

화상의 분류

종 별	설 명
표피화상 (1도 화상)	• 표피 바깥층의 화상 • 약간의 부종과 **홍반**이 나타남

기억법 표1홍

부분층화상 (2도 화상)	• 피부의 두 번째 층까지 화상으로 손상 보기 ① • 심한 통증과 발적, 수포 발생 보기 ① • **물집**이 터져 **진물**이 나고 감염 위험 보기 ③ • 표피가 얼룩얼룩하게 되고 진피의 모세혈관이 손상 보기 ②

기억법 부2진물

전층화상 (3도 화상)	• 피부 **전층** 손상 • 피하지방과 근육층까지 손상 • 화상부위가 **건조**하며 통증이 없음 보기 ④

기억법 전3건

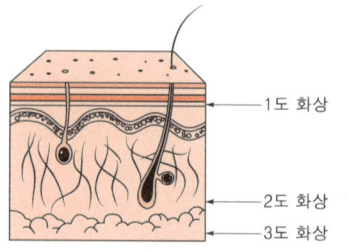

화상의 분류

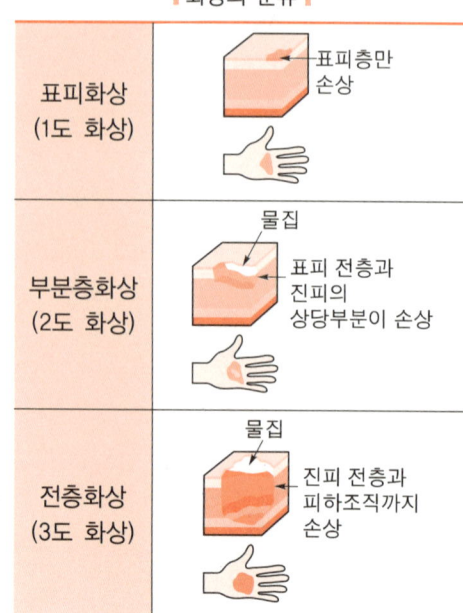

45 ①

① 옷가지를 떼어낸다. → 옷을 잘라내지 말고 수건 등으로 닦거나 접촉되는 일이 없도록 한다.

화상환자 이동 전 조치
(1) 화상환자가 착용한 옷가지가 피부조직에 붙어 있을 때에는 옷을 잘라내지 말고 수건 등으로 닦거나 접촉되는 일이 없도록 한다. 보기 ① 문제 46 보기 ①
(2) 통증 호소 또는 피부의 변화에 동요되어 **간장, 된장, 식용기름**을 바르는 일이 없도록 하여야 하고, **1·2도 화상**은 화상부위를 흐르는 물에 식혀준다. 이 때 물의 온도는 **실온**, 수압은 약하게 하여 화상부위보다 위에서 아래로 흘러내리도록 한다. **3도 화상**은 물에 적신 천을 대어 열기가 심부로 전달되는 것을 막아주고 통증을 줄여준다. 보기 ②③ 문제 46 보기 ②
(3) 화상부분의 오염 우려시는 소독거즈가 있을 경우 화상부위를 덮어주면 좋다. 그러나 골절환자일 경우 무리하게 압박하여 드레싱하는 것은 금한다. 보기 ④ 문제 46 보기 ④
(4) 화상환자가 **부분층화상**일 경우 **수포 (물집)**상태의 감염 우려가 있으니 터트리지 말아야 한다. 문제 46 보기 ③

표피화상 (1도 화상)	・피부 **최상층**(표피)의 화상 ・약간의 부종과 **홍반**이 나타나고 부어오르면서 통증을 느낌 ・일광화상 시 주로 발생 ・흉터가 없고 수일 내 피부가 회복됨
부분층화상 (2도 화상)	・피부 **중간층**(진피)까지 손상되는 화상 ・심한 통증과 **수포** 발생 ・모세혈관이 손상되어 물집이 터져 진물이 나고 감염의 위험이 있음 ・병원 진료와 항생제 복용 필요
전층화상 (3도 화상)	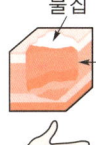 ・피부의 **3개 층**(표피, 진피, 지방층) 모두 손상되는 화상 ・피부에 체액이 통하지 않아 화상 부위가 **건조**하며 통증이 없음 ・화상 부위가 **갈색** 또는 흰색을 띠고 화상 주변 부위에 심한 통증 동반

46 ④

① 옷을 잘라낸다. → 옷을 잘라내지 말고 수건 등으로 닦는다.
② 화기를 빼지 말고 같은 온도의 물로 → 화기를 빼기 위해 실온의 물로
③ 터트려야 한다. → 터트리지 않는다.

문제 45 참조

47 ④

④ 해당 없음

초기대응체계의 인원편성

(1) 소방안전관리보조자, 경비(보안)근무자 또는 대상물관리인 등 **상시근무자**를 **중심**으로 구성한다. 보기 ①
(2) 소방안전관리대상물의 근무자의 **근무위치**, **근무인원** 등을 고려하여 편성한다. 이 경우 소방안전관리보조자(보조자가 없는 대상처는 선임대원)를 운영책임자로 지정한다. 보기 ②
(3) 초기대응체계 편성시 **1명** 이상은 수신반(또는 종합방재실)에 근무해야 하며 화재상황에 대한 모니터링 또는 지휘통제가 가능해야 한다.
(4) **휴일** 및 **야간**에 **무인경비시스템**을 통해 감시하는 경우에는 무인경비회사와 비상연락체계를 구축할 수 있다. 보기 ③

48 ③

③ 높은 자세 → 낮은 자세

화재시 일반적 피난행동

(1) 엘리베이터는 절대 이용하지 않도록 하며 계단을 이용해 옥외로 대피한다.
(2) 아래층으로 대피가 불가능한 때에는 옥상으로 대피한다. 보기 ①
(3) 아파트의 경우 세대 밖으로 나가기 어려울 경우 **세대 사이**에 설치된 **경량칸막이**를 통해 옆세대로 대피하거나 **세대 내 대피공간**으로 대피한다. 문제 49 보기 ③
(4) 유도등, 유도표지를 따라 대피한다. 보기 ②
(5) 연기 발생시 최대한 **낮은 자세**로 이동하고, 코와 입을 **젖은 수건** 등으로 막아 연기를 마시지 않도록 한다. 보기 ③
(6) 출입문을 열기 전 문손잡이가 뜨거우면 문을 열지 말고 다른 길을 찾는다.
(7) 옷에 불이 붙었을 때에는 눈과 입을 가리고 바닥에서 뒹군다.
(8) 탈출한 경우에는 절대로 다시 화재건물로 들어가지 않는다. 보기 ④

49 ③

③ 대피공간 → 경량칸막이

문제 48 참조

50 ④

④ 학습자 중심의 원칙

동기부여의 원칙

(1) 교육의 **중요성**을 전달해야 한다. 보기 ①
(2) 학습을 위해 적절한 **스케줄**을 적절히 배정해야 한다.
(3) 교육은 **시기적절**하게 이루어져야 한다.
(4) 핵심사항에 교육의 **포커스**를 맞추어야 한다.
(5) 학습에 대한 **보상**을 제공해야 한다.
(6) 교육에 **재미**를 부여해야 한다. 보기 ③
(7) 교육에 있어 **다양성**을 활용해야 한다.
(8) **사회적 상호작용**을 제공해야 한다. 보기 ②
(9) **전문성**을 공유해야 한다.
(10) **초기성공**에 대해 **격려**해야 한다.

> **비교** 학습자 중심의 원칙
> 1. 한 번에 한 가지씩 습득 가능한 분량을 교육 및 훈련시킨다.
> 2. 쉬운 것에서 어려운 것으로 교육을 실시하되 기능적 이해에 비중을 둔다. 보기 ④
> 3. 학습자에게 감동이 있는 교육이 되어야 한다.

MEMO

MEMO

반드시 합격하는 공하성 교수의
소방안전관리자 완전정복!

 시험에서 출제빈도가 높은 **이론과 기출문제 구성**

 쉽게 이해하고 핵심내용을 파악할 수 있는 **최적합 구성**

 시험에서 자주 출제되는 기출문제 **완벽 해설 강의**

1급
- ✓ 소방안전관리자 1급
  [기출문제 총집합]+[5개년 기출문제]
- ✓ 소방안전관리자 1급
  [합격노트]+[8개년 기출문제]

2급
- ✓ 소방안전관리자 2급
  [기출문제 총집합]+[5개년 기출문제]
- ✓ 소방안전관리자 2급
  [합격노트]+[8개년 기출문제]

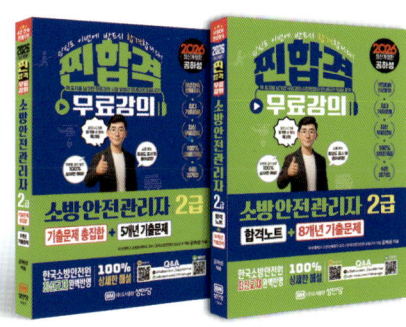

3급
- ✓ 소방안전관리자 3급
  [기출문제 총집합]+[5개년 기출문제]
- ✓ 소방안전관리자 3급
  [합격노트]+[8개년 기출문제]

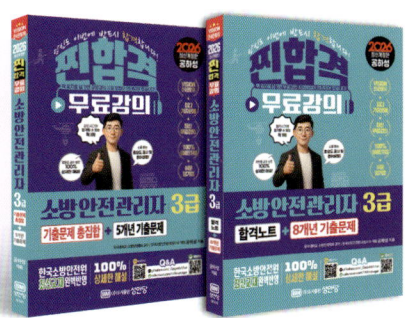

 대한민국의 안전! 이제 당신이 지켜줄 차례입니다.

찐합격 무료강의
소방안전관리자 1급

2025~2018년 기출문제 정답 및 해설

God loves you and has a wonderful plan for you.

BM Book Media Group

성안당은 선진화된 출판 및 영상교육 시스템을 구축하고
항상 연구하는 자세로 독자 앞에 다가갑니다.

당신도 이번에 반드시 **합격합니다!**